田园诗编织家
TianYuan Shi BianZhi Jia
编织人人会
不减袖子
织美衣
王春燕 著
中国纺织出版社
U0117868

目录

NO. 41 第44页
NO. 42 第45页
NO. 43 第46页
NO. 44 第47页
NO. 45 第48页
NO. 46 第49页
NO. 47 第50页
NO. 48 第51页
NO. 49 第52页
NO. 50 第53页
NO. 51 第54页
NO. 52 第55页
NO. 53 第56页
NO. 54 第57页
NO. 55 第58页
NO. 56 第59页
NO. 57 第60页
NO. 59 第62页
NO. 61 第64页
NO. 62 第65页
NO. 58 61页
NO. 60 第63页
NO. 63 第66页
NO. 64 第67页
NO. 65 第68页
NO. 66 第69页
NO. 67 第70页
NO. 68 第71页
NO. 69 第72页
NO. 70 第73页
NO. 75 第78页
NO. 74 第77页
NO. 76 第78页
NO. 77 第79页
NO. 71 第74页
NO. 72 第75页
NO. 73 第76页
NO. 79 第80页
NO. 80 第80页
NO. 78 第79页

针法图见105页
NO.01

针法图见104页
NO.02

针法图见107页

针法图见165页
NO.04

针法图见144页
NO.05

针法图见120页

NO.06

针法图见189页
NO.07

针法图见166页
NO.08

针法图见100页
NO.09

针法图见97页

NO.10

针法图见175页

NO.11

针法图见148页

针法图见140页

NO.13

针法图见115页

针法图见93页
NO.15

NO.16

针法图见99页

针法图见126页
NO.17

针法图见121页

针法图见111页

NO.19

针法图见186页

针法图见173页
NO.21

针法图见167页

针法图见154页
NO.23

针法图见112页

针法图见90页

NO.25

针法图见153页
NO.26

针法图见182页

NO.27

针法图见158页
NO.28

针法图见178页
NO.29

针法图见106页

针法图见113页
NO.31

针法图见137页

针法图见179页
NO.33

针法图见98页

针法图见152页
NO.35

针法图见128页

针法图见96页
NO.37

针法图见136页

针法图见190页
NO.39

针法图见142页

NO.41

针法图见138页

针法图见168页

NO.43
针法图见172页

针法图见114页
NO.44

针法图见174页
NO.45

NO.46

针法图见157页

针法图见116页
NO.47
JINYAN

NO.48
针法图见94页

针法图见162页
NO.49

NO.50
针法图见118页

针法图见139页
NO.51

针法图见184页
NO.52

针法图见180页

NO.53

针法图见92页
NO.54

NO.55

针法图见103页

针法图见119页

针法图见150页
NO.57

针法图见117页
NO.58

针法图见91页
NO.59

针法图见188页

针法图见176页

针法图见171页

针法图见108页

针法图见170页

针法图见169页
NO.65

针法图见156页
NO.66

针法图见160页

NO.67

针法图见164页

针法图见132页

NO.69

针法图见130页

针法图见110页
NO.71

针法图见149页

针法图见185页
NO.73

针法图见134页

针法图见109页
NO.75

针法图见146页
NO.76

针法图见124页
NO.77
针法图见122页
NO.78

针法图见102页
NO.79

针法图见143页

NO.80

织毛衣的时候，从底边起针，越往上织越紧张，因为腋下不会减针啊！常听到姐妹们这么说。这下不怕了，我们专门为你打造了一本不需要减腋下就能织出美美毛衣的书，80款绚丽夺目的美衣，风格各异且织法简单，独特之处在于都不需要减腋下。还等什么呢，现在开始轻松织毛衣吧！

棒针编织基础

一、持针和持线方法

1 *常规持针和持线方法

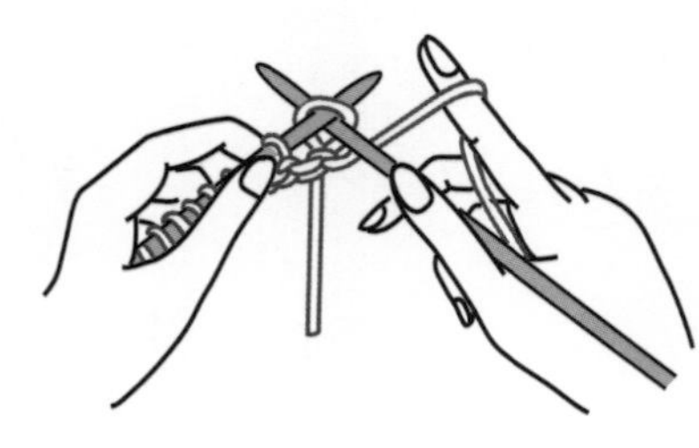

2 *常规编织方法

特点： 棒针编织的常用方法。右手进针短，快速绕线可提高编织速度。

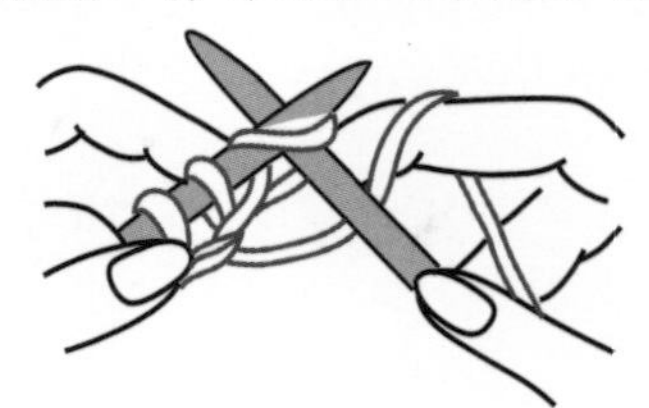
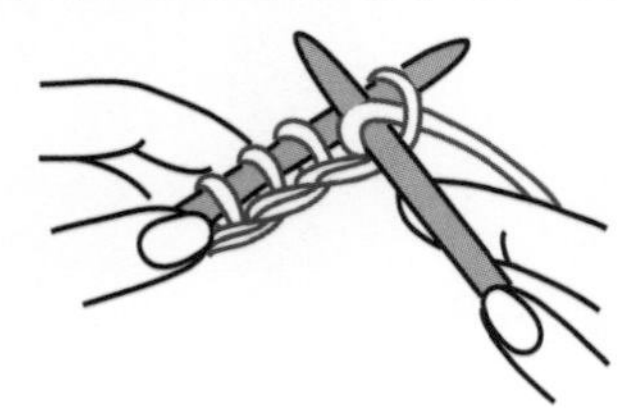
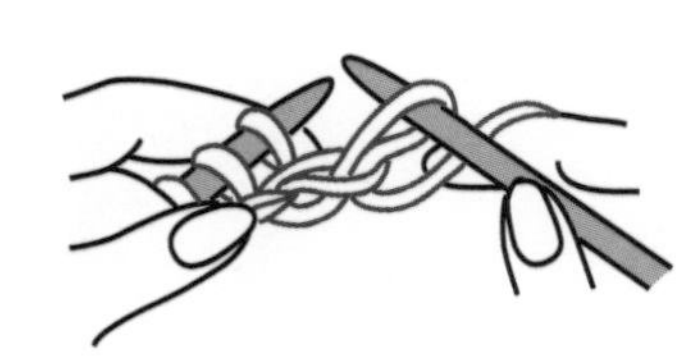

3 *左手持线编织方法

特点： 左手食指持线，类似钩针的绕线方法，编织速度快，但掌握人数较少，普及率低。

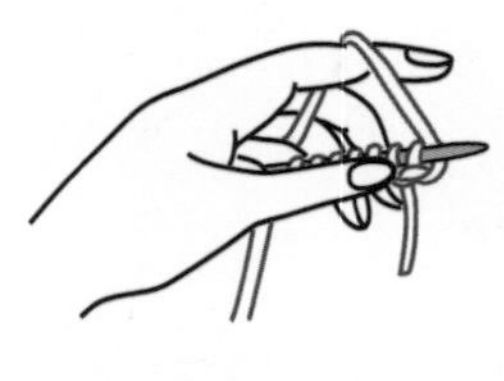
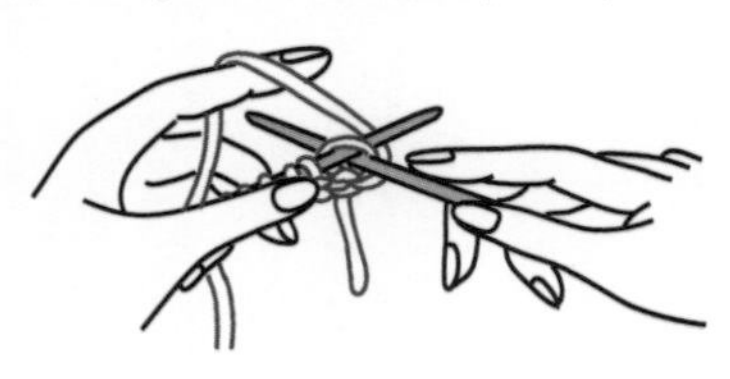

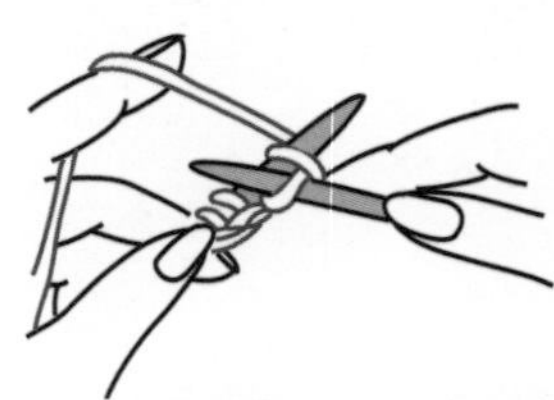
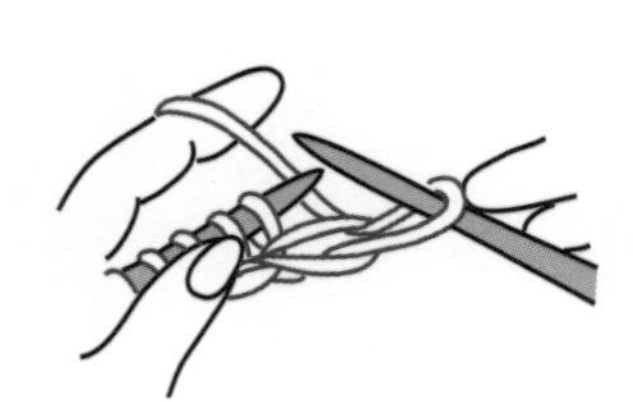
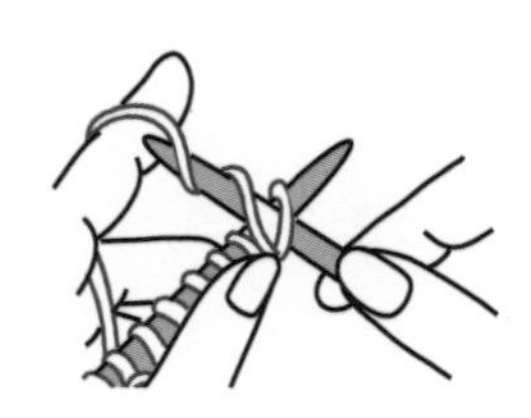

二、各种起针方法及特点

1 *双线双针起针方法

（多用于围巾的起针，也适用于部分特殊花纹的底边起针）

特点： 边沿整齐弹性略小。起针时应留出足够长的一段线。完成起针后应抽出一根针，留一根针开始编织。

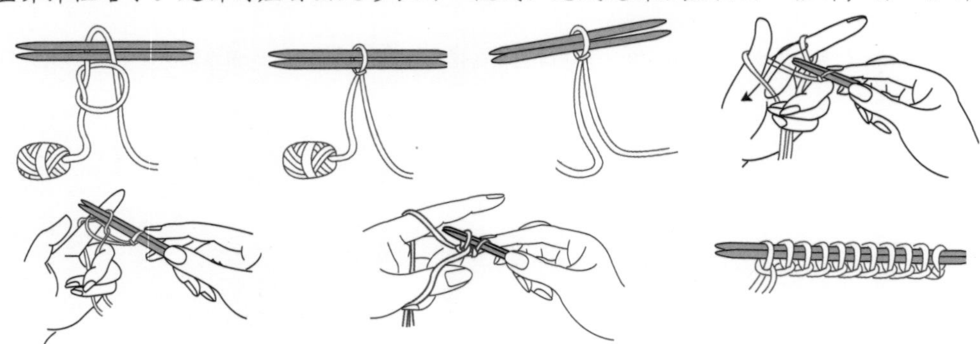

2 *编织起针方法

（多用于围巾的起针）

特点： 从线头处打结边织边套入左针，弹性较小。

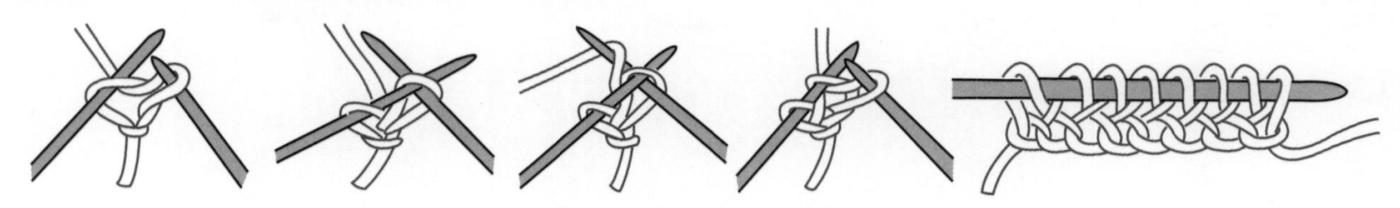

3 *绕线起针方法

（用于单罗纹、双罗纹及各种环形编织毛衣底边的起针）

特点： 方法简单，弹性较大。

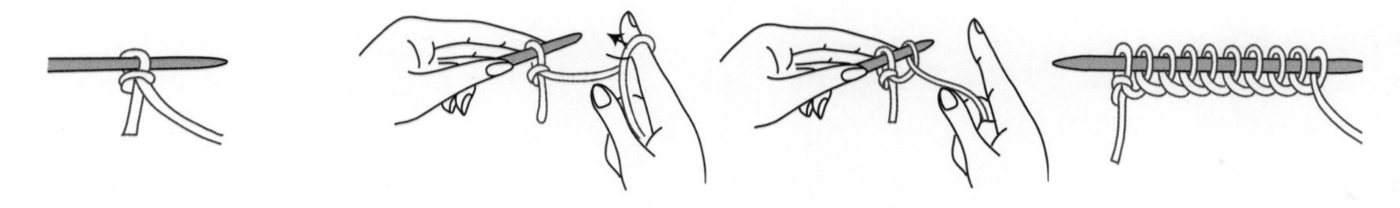

4 *单罗纹绕线起针方法

（所有单罗纹及拧针单罗纹的首选起针方法）

特点： 弹性大，但新手很难掌握，即使完成起针，在编织第一行时很容易掉针。

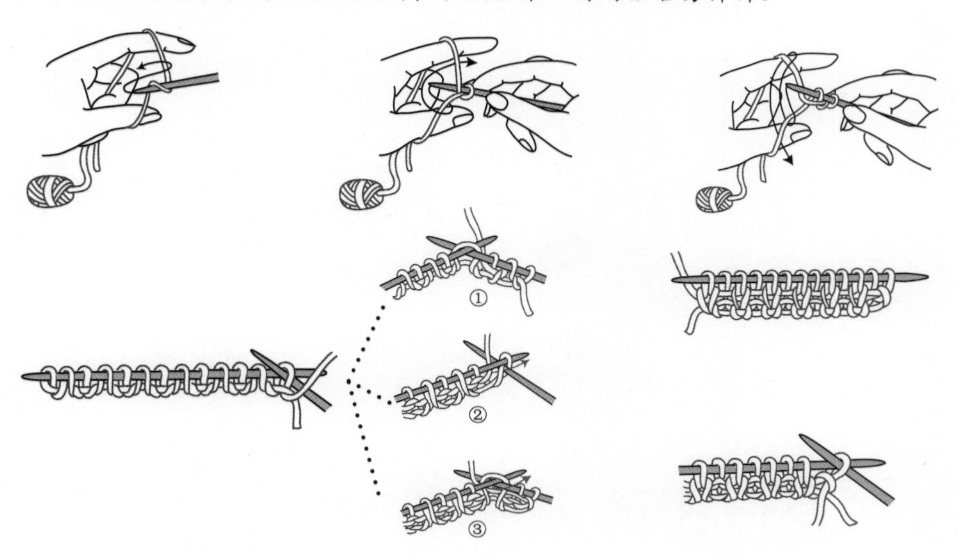

5 *单罗纹变双罗纹方法

（所有双罗纹及拧针双罗纹的首选起针方法）

特点： 按单罗纹起针方法完成起针，第1和第3针为反针，第2和第4针为正针，先织2反针，再织2正针形成双罗纹。

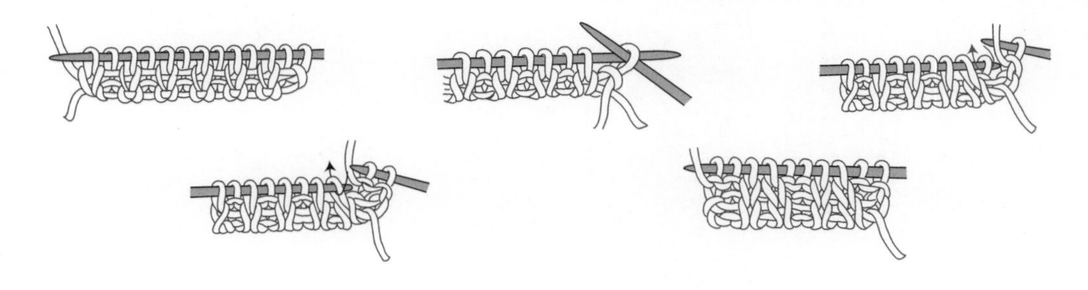

6 *钩针配合棒针起针方法

（适用于围巾）

特点： 弹性较小。

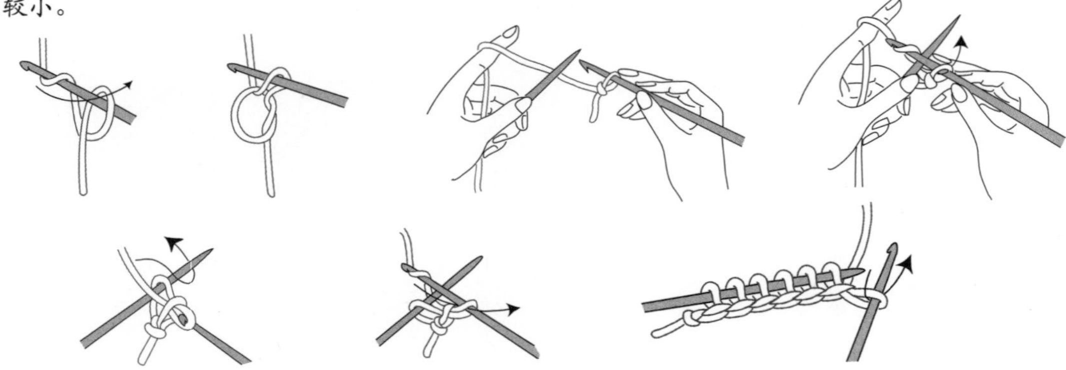

7 *中间起针向四周织的方法

（适用于环形织圆片，或从帽顶起针向下织帽子）

特点： 中间容易产生圆洞，建议穿入同色毛线后从内部系紧。

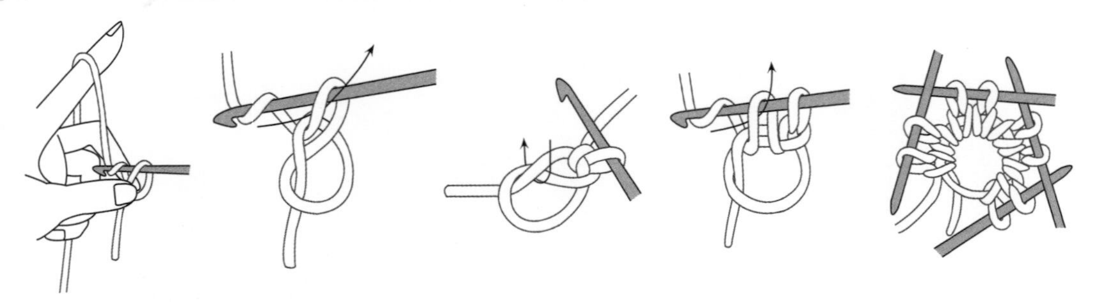

三、棒针编织符号及编织方法

1 *正针

（基本针法，适用于AB线、段染线、马海毛线及各类花式毛线）

特点： 编织效果平展整齐，但织物不够厚实。

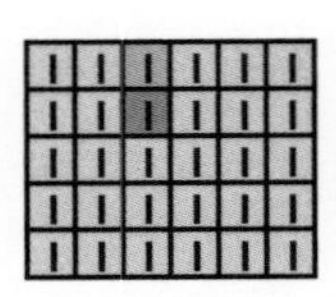

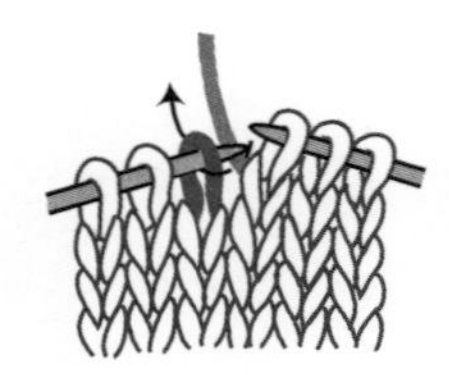

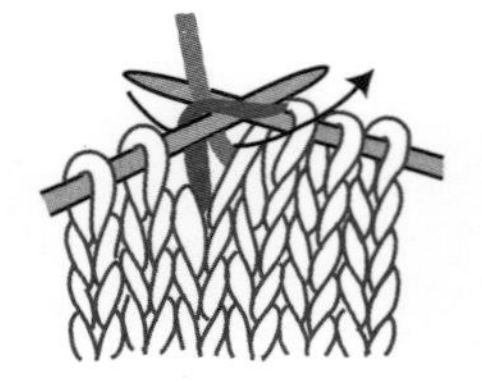

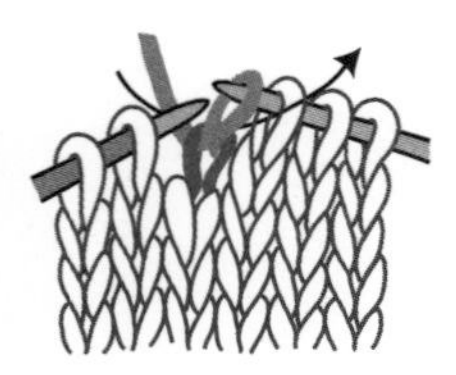

2 *反针

（基本针法，适用于AB线、段染线及各类花式毛线）

特点： 弹性比正针略大，编织效果没有正针整齐，采用纯色线时编织瑕疵更为明显，编织毛衣时不建议全身使用。

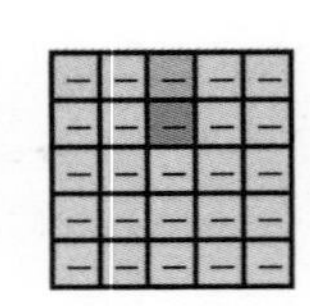

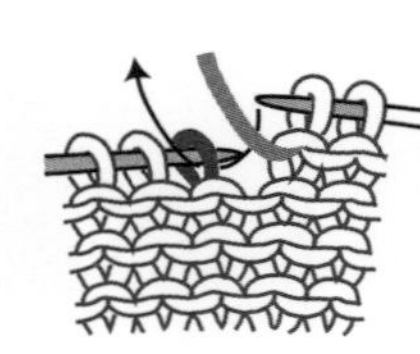

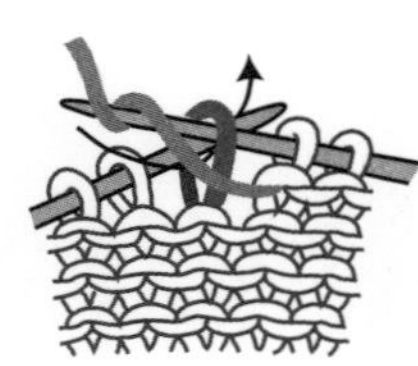

3 *空加针方法

（多用于镂空花纹）

特点： 将空加针方法按图编织组合形成镂空图案，但注意密度会发生变化，相同针数时，尺寸比正针略大。

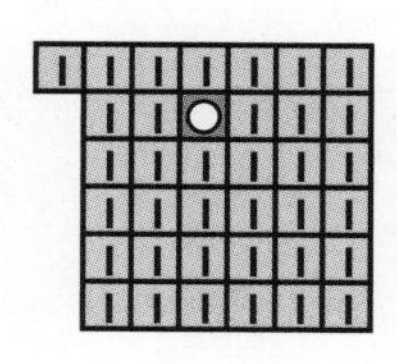
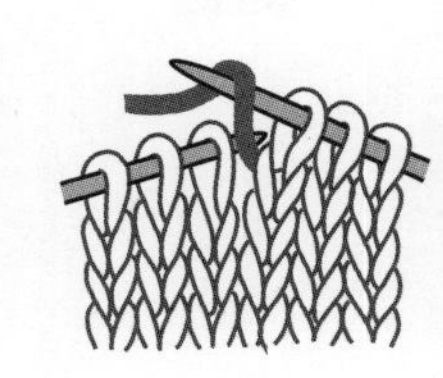
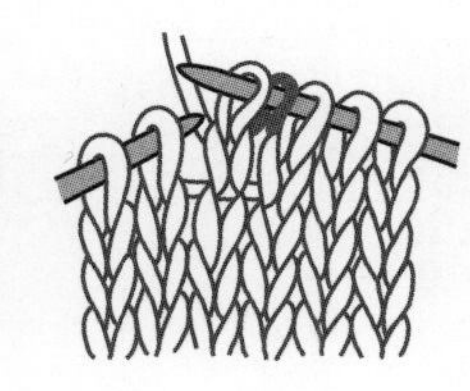
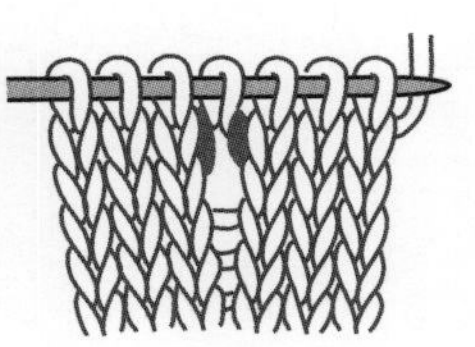

4 *拧加针方法

（多用于底边与正身之间的加针）

特点： 加针孔比空加针略小。

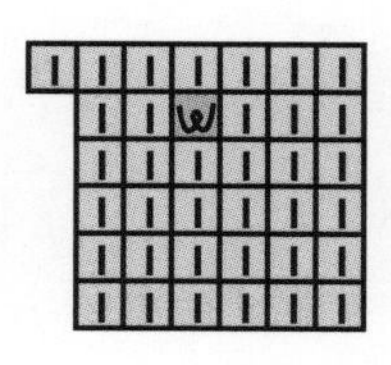
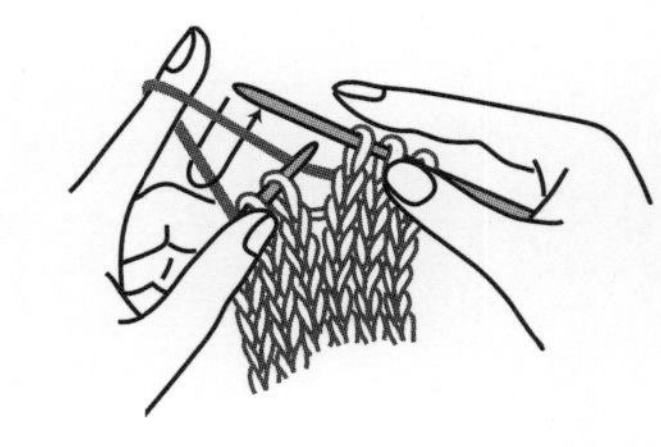
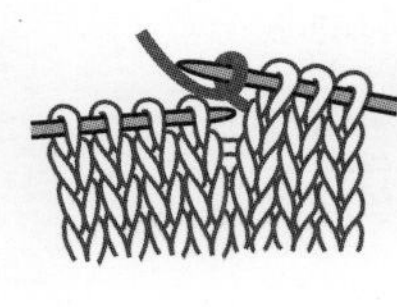
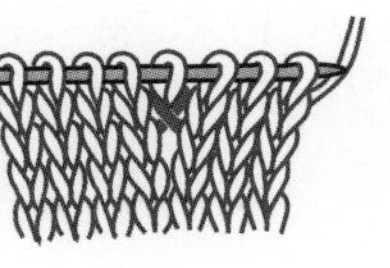

5 *左在上2针并1针方法

（多用于减针，或与空加针配合编织镂空花纹）

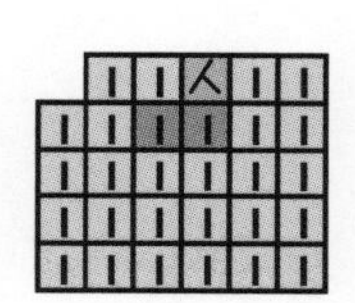
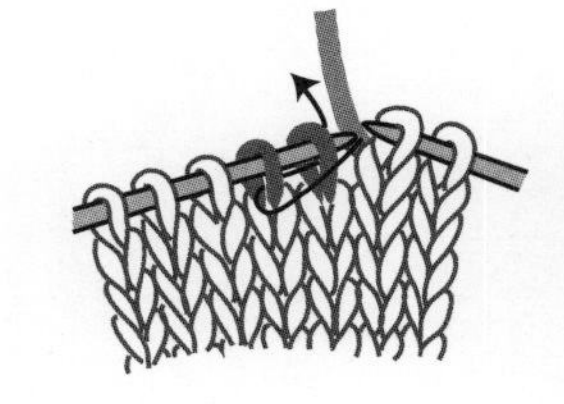
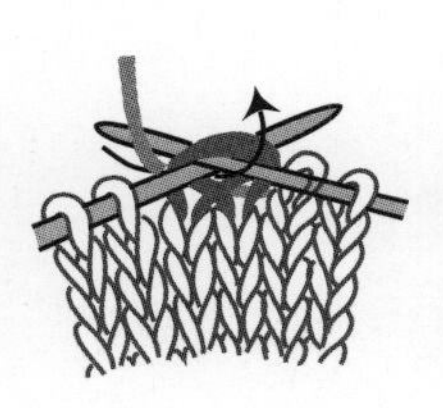
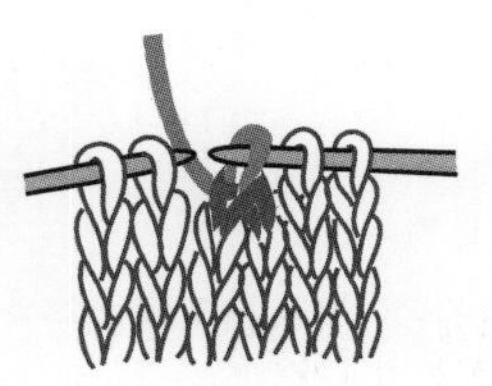

6 *右在上2针并1针方法

（多用于减针，或与空加针配合编织镂空花纹）

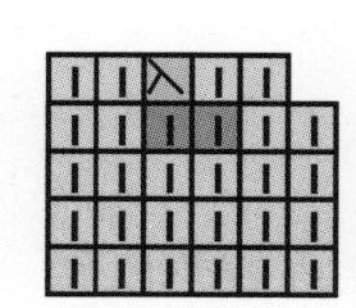
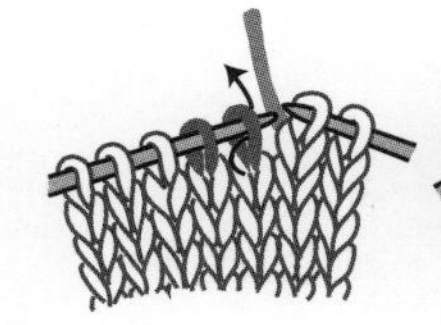
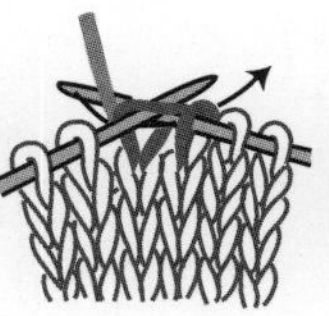

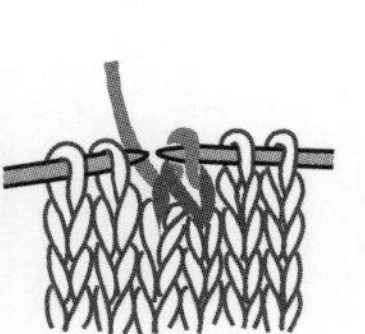

7 *反针左在上2针并1针方法

（多用于减针，与空加针配合编织镂空花纹）

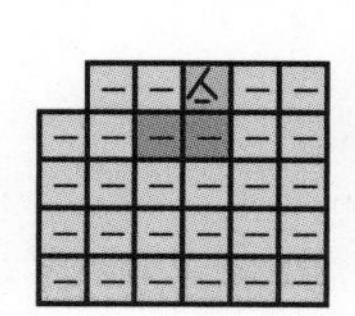
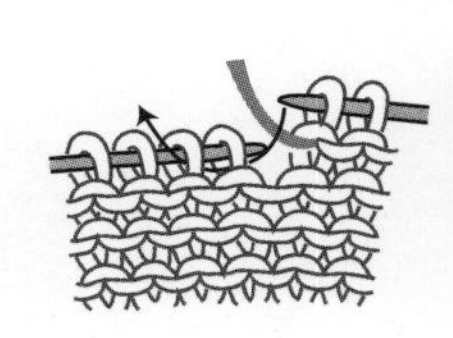
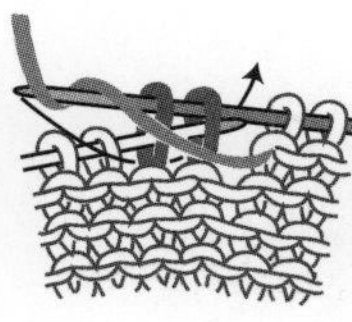
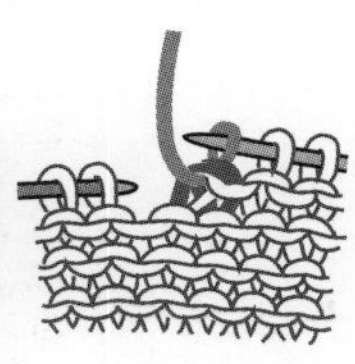

8 *反针右在上2针并1针方法

（多用于减针，或与空加针配合编织镂空花纹）

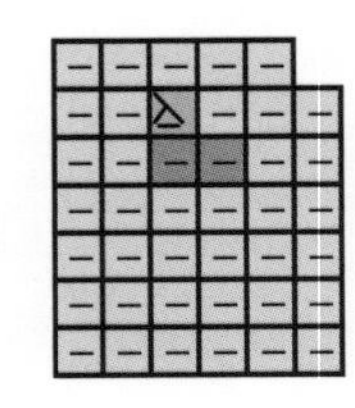
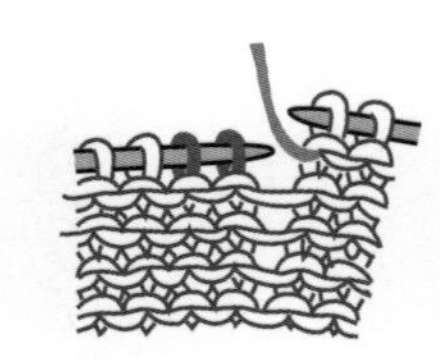
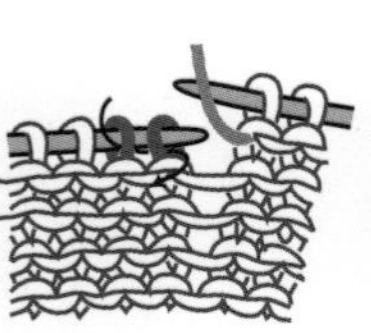
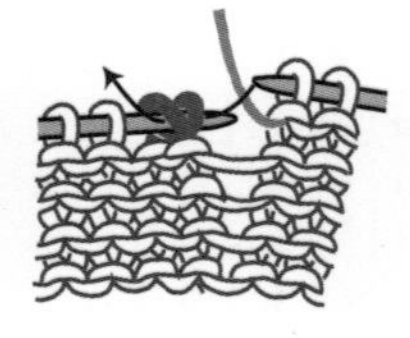
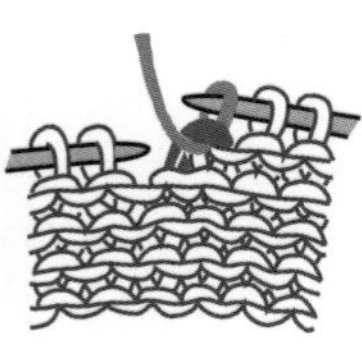

9 *左在上3针并1针

（多用于减针或配合空加针编织，代表花纹为“不对称树叶花”）

特点： 减针处会出现不规则痕迹。

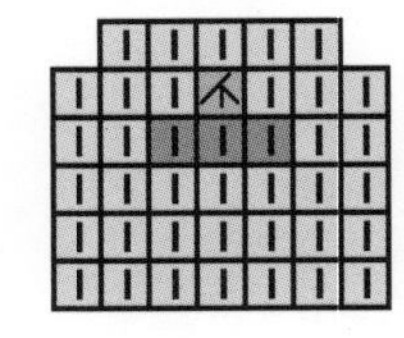
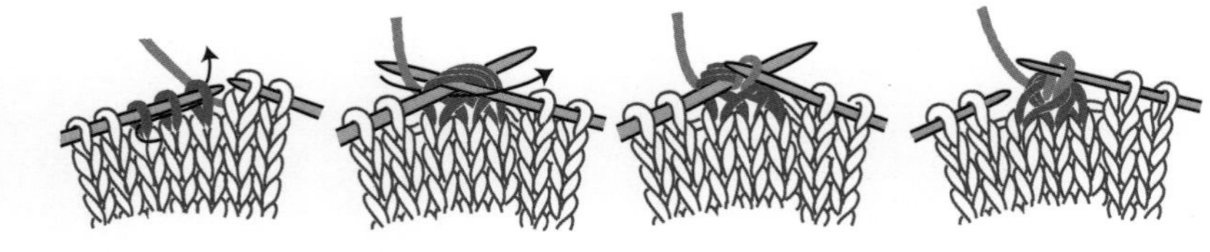

10 *右在上3针并1针

（多用于减针，或编织菠萝针）

特点： 比左在上3针并1针略复杂。

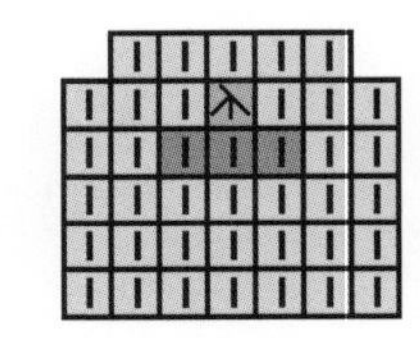
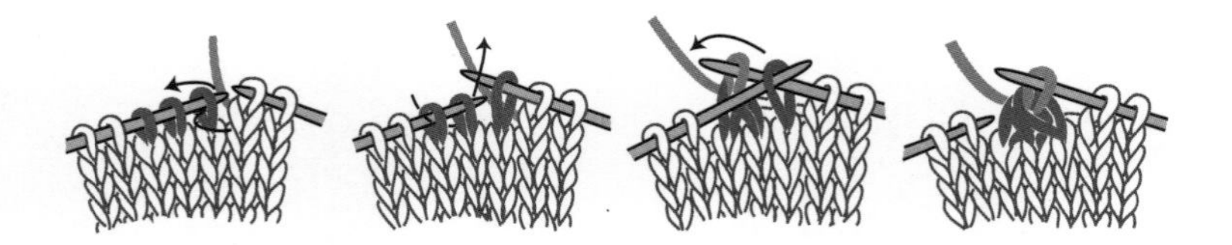

11 *中在上3针并1针

（多用于织V形领或方领领角位置）

特点： 编织V领时注意行行3针并1针，中间不隔行。

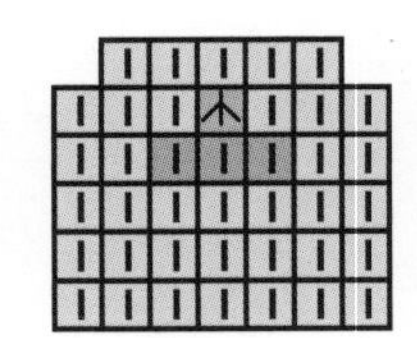
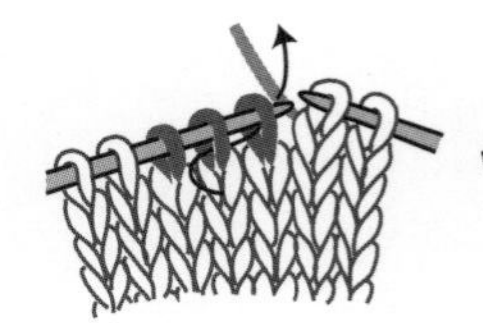
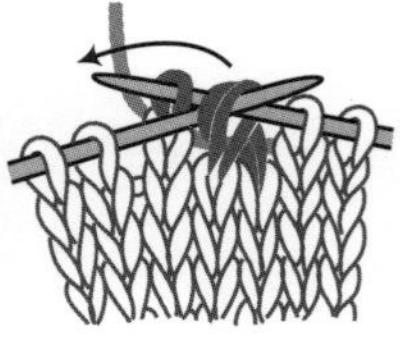
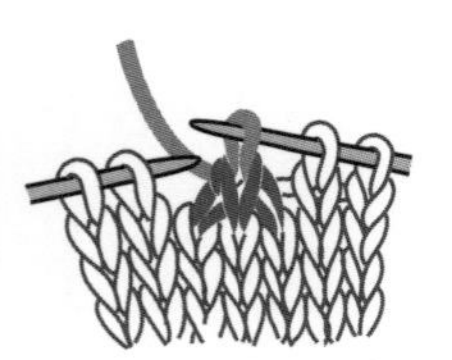

12 *反针中在上3针并1针

（用于往返织片时反面的减针）

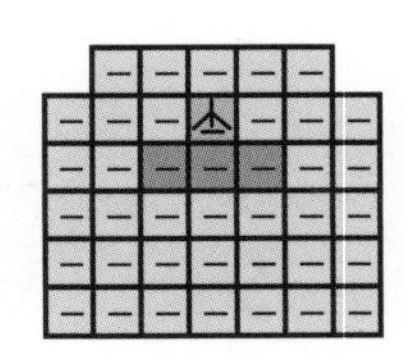
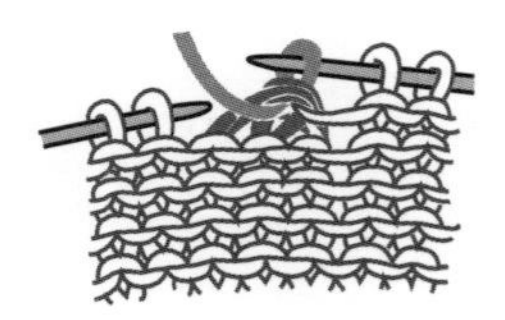

13 *浮针

（从左针挑下1针不织，跳过织第2针）

特点：针圈被拉长，多用于元宝针。

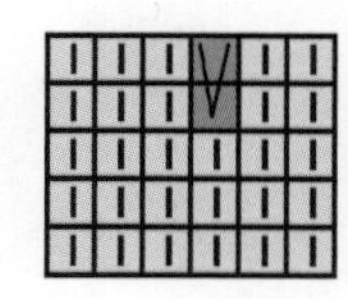
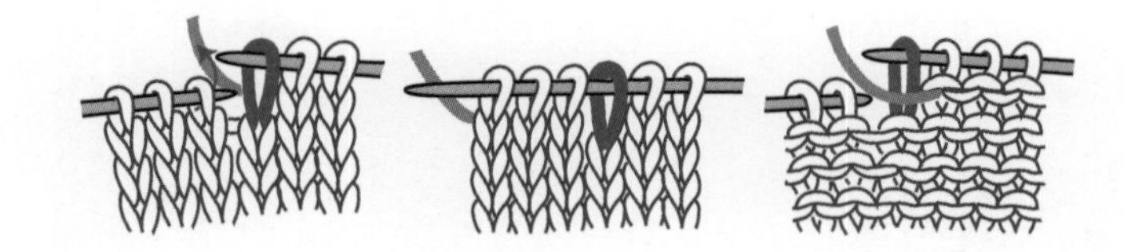

14 *拧针

（从后方斜进针编织）

特点：编织效果整齐，多用于花式的罗纹针。

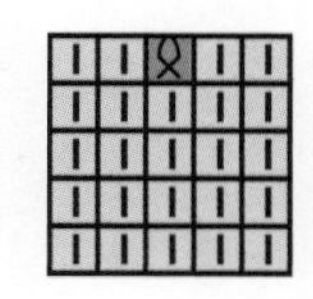
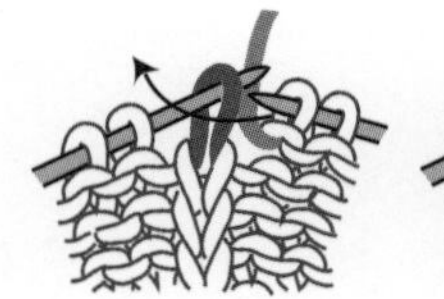

15 *左在上交叉针

（编织顺序颠倒，先从正面织第2针，然后再织第1针）

特点：与其他针法组合后编织各式花纹。

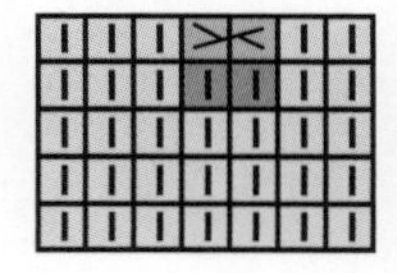
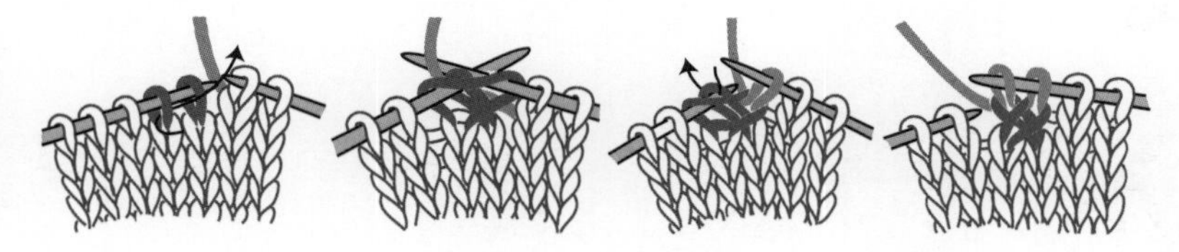

16 *右在上交叉针

（编织顺序颠倒，绕过第1针先织第2针，然后再织第1针）

特点：与其他针法组合后编织各式花纹。

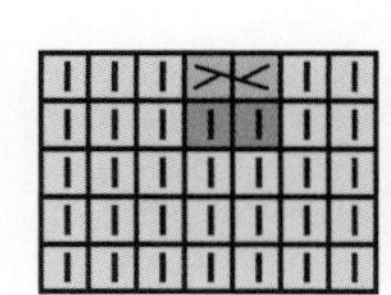
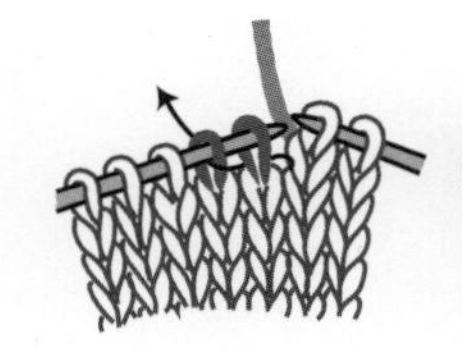
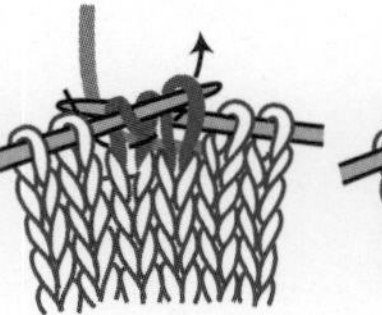
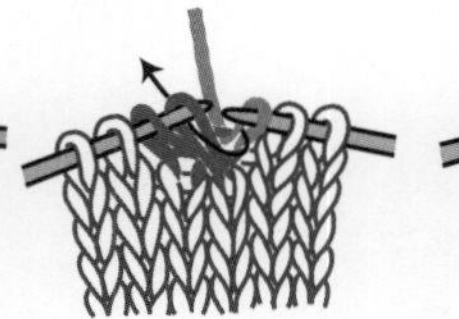
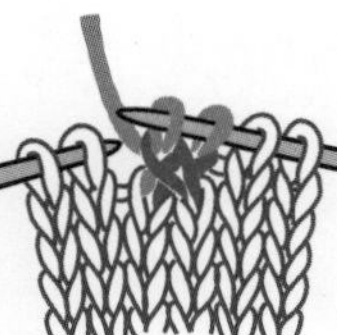

17 *4麻花针右拧

（将第1和第2针放在后面不织，先织第3和第4针，然后再织第1和第2针）

特点：4针或6针或8针的麻花，如果第一次将待织的针圈放在后面，织若干行后第二次拧麻花时依然放在后面不变。

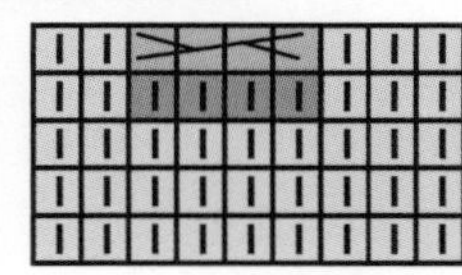
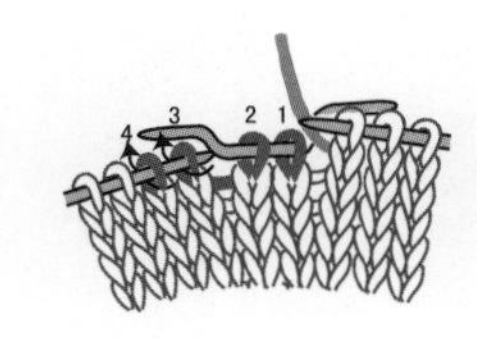

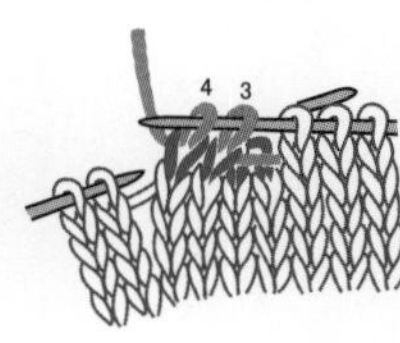

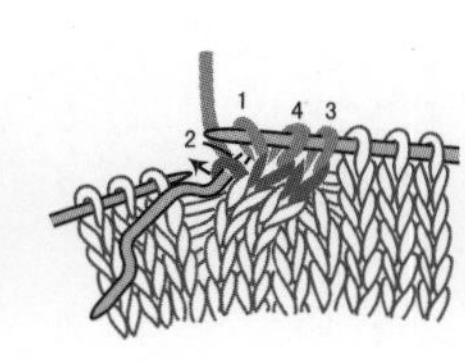

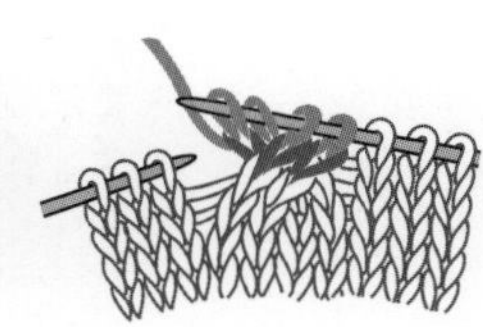

18 *4麻花针左拧

（将第1和第2针放在前面不织，从后面先织第3和第4针，然后再织第1和第2针）

特点： 4针或6针或8针的麻花，如果第一次将待织的针圈放在前面，织若干行后第二次拧麻花时依然放在前面不变。

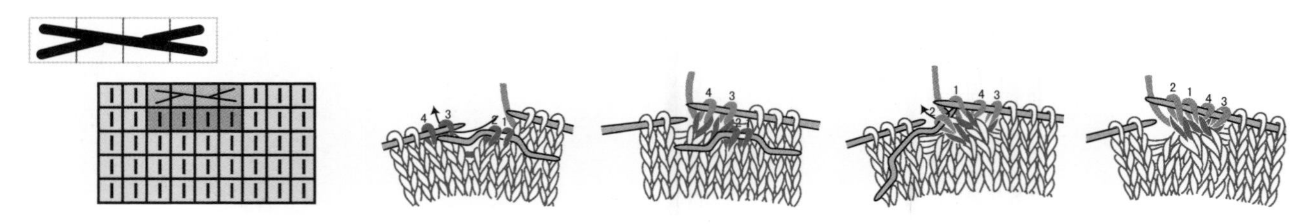

四、编织技巧

收平边方法：

1 *收平边

（将第1针挑下只织第2针，然后把第1针套在第2针上。每织1针，都将右针上的针套套过下一针）

特点： 平展整齐弹性很小，多用于正针收边。

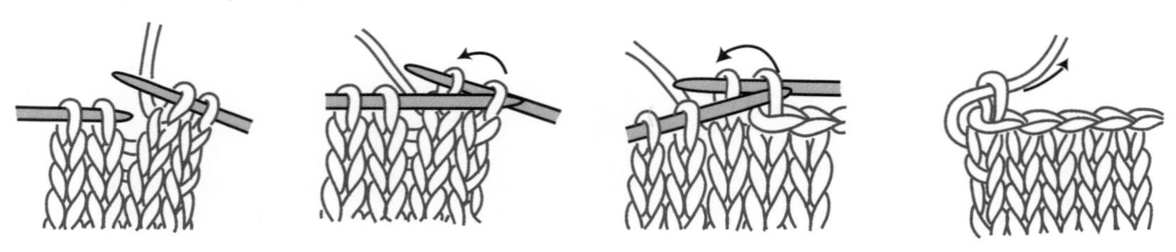

2 *单罗纹收边

（每厘米毛线可缝1针，将线头按所缝针数留出足够长后剪断，穿入毛线专用的大眼儿缝针。然后将缝针穿入第1针正针内，跳过第2针反针，从第3针正针中拉出，然后再回来穿入第2针反针中，再从第4针反针中拉出，之后再回到第3针正针穿入，从第5针正针拉出，如此重复。下图左右边针各1正针不计数。）

特点： 这种收针缝法比较整齐，但有些麻烦且不常用，多数人收机械边用编织的方法，也就是将正针织成反针，总留一个针圈，织完后套过下一针。

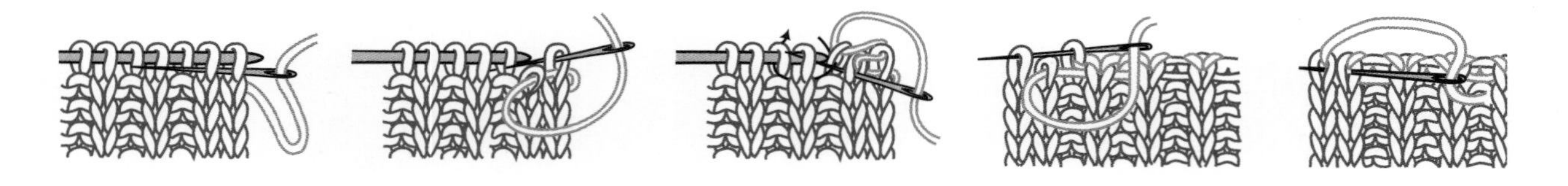

缝合方法：

1 *正针左右缝合方法

（左右片边针正中都有一条小横线，如图左1针右1针对称缝合，手法松紧适中，完成后与编织效果一样整齐。）

特点： 毛衣分前后片编织时，多用此方法缝合肋部。

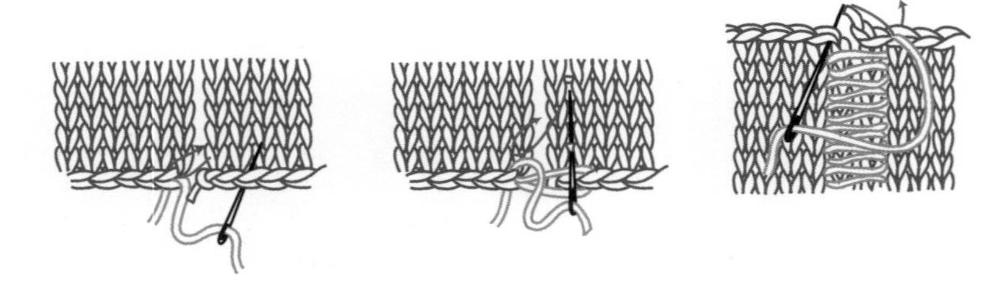

2 *正针对头缝合方法

（左右片第1针对第1针，第2针对第2针同时穿入拉出，多用于在后脖缝合翻领。）

3 *锁链针左右缝合方法

（左右各1针，只缝合反针的横针圈，缝合时注意松紧适中。）

特点： 多用于肋部或口袋的缝合。

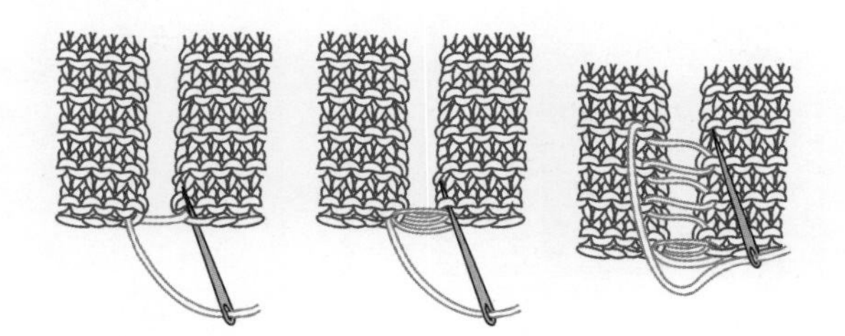

4 *锁链针对头缝合方法

（将收针处1针对1针单线缝合，注意松紧适中。）

特点： 书中介绍的缝合方法多数为单线缝合。部分针法根据花纹特点可能需要拆股用细线缝合。

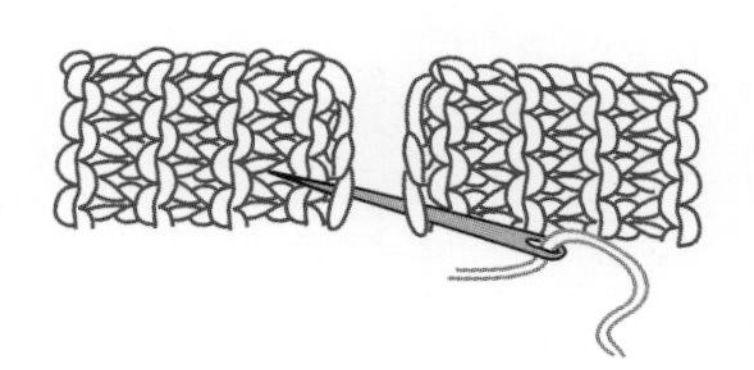

5 *正针竖缝合方法

（每次挑出第1针边针中间的小横线，左1针、右1针对称缝合。）

特点： 多用于织补。

6 *横正针与竖正针缝合方法

（左右以尺寸相对缝合，不可以针数相对为准，否则织物表现不够平展。）

特点： 多用于拼块服装。

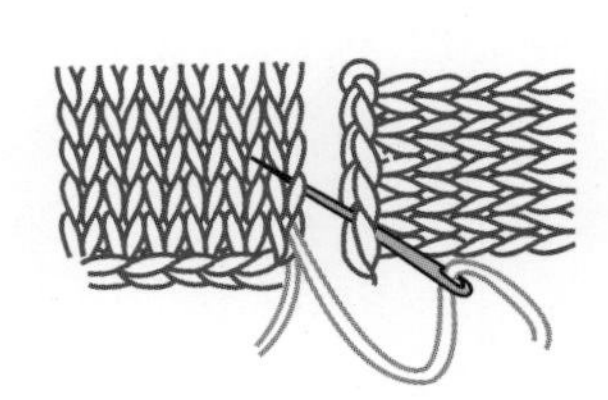

7 *肩头缝合方法

（在两片各取1针，用钩针将2针并为1针。然后再各取1针，将3针并1针，如此重复。）

特点： 多用于前后片的肩头缝合。

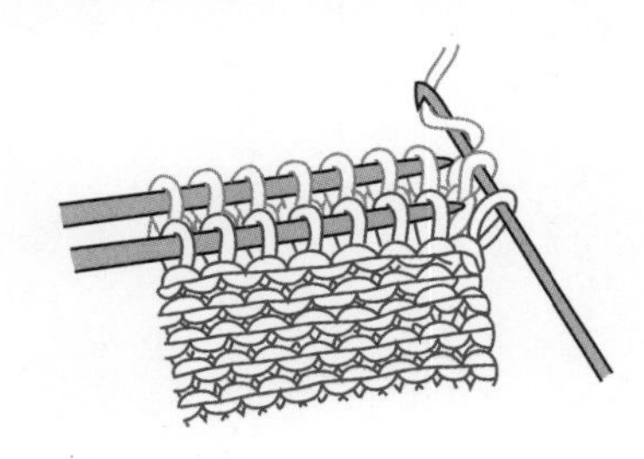

8 *侧边修整法

（将衣片从侧面挑出针圈，然后用另一根毛衣针挑下第1针，将第1针套过第2针，针圈在右针上，如此重复。）

特点： 此方法不用缝衣针，多用于整理不整齐的侧边。

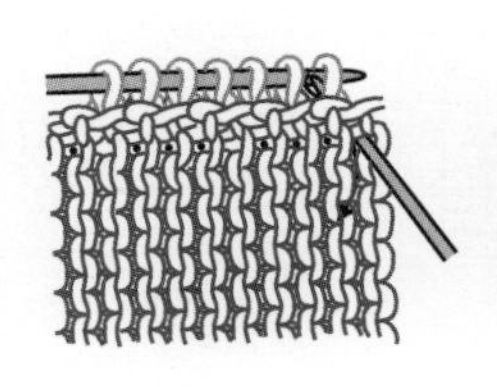

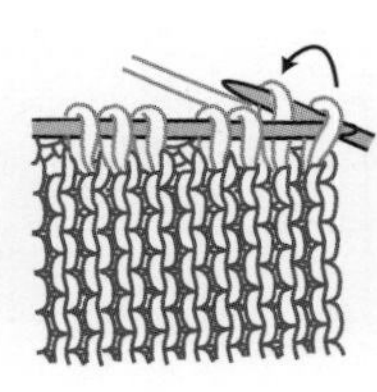

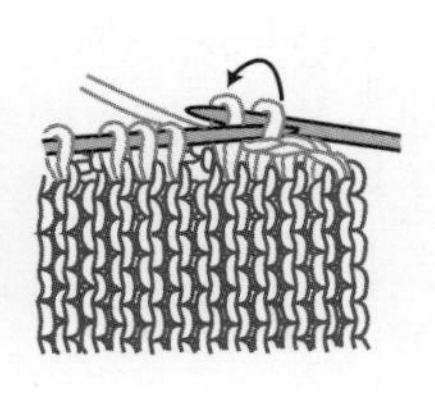

编织简述:

从后背下摆起针后往返向上直织，织相应长后，将后脖针数平收，两侧余针分别向下织形成左右前片。在肋部缝合后，再挑织领子和袖子。

编织步骤:

- 用6号针起72针往返织38cm凤尾竹针形成后背。
- 取中间的36针平收，左右各18针向上直织38cm后分别平收形成左右前片。
- 按相同数字缝合两肋。
- 用6号针沿挑领处挑出175针，往返织11cm星星海棠菱形针后，换8号针改织1cm正针后松收平边形成领子。
- 用6号针在袖窿口挑出72针环形向下织10cm正针后，改织20cm菠萝针，然后再织10cm正针，从挑针环形织袖子开始，在袖下隔5行减1针减，每次减2针，共减16次。总长至40cm时，余40针用8号针改织5cm拧针单罗纹后收机械边形成袖子。

材料:
275规格纯毛粗线
用量:
500g
工具:
6号针　8号针
尺寸(cm):
以实物为准
平均密度:
边长10cm方块=21针×24行

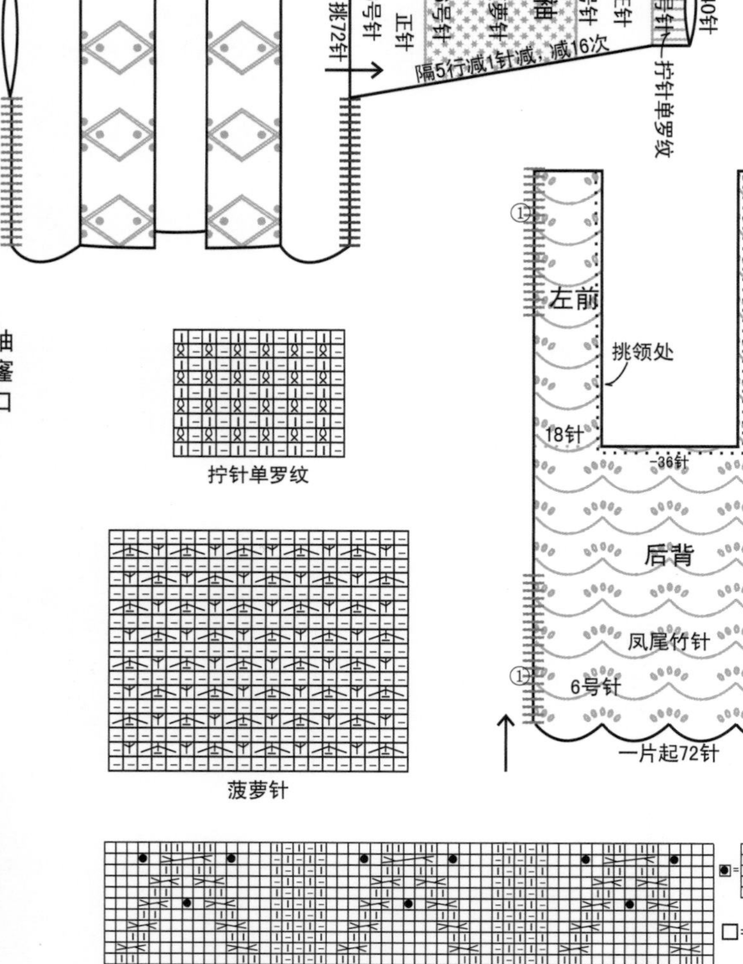

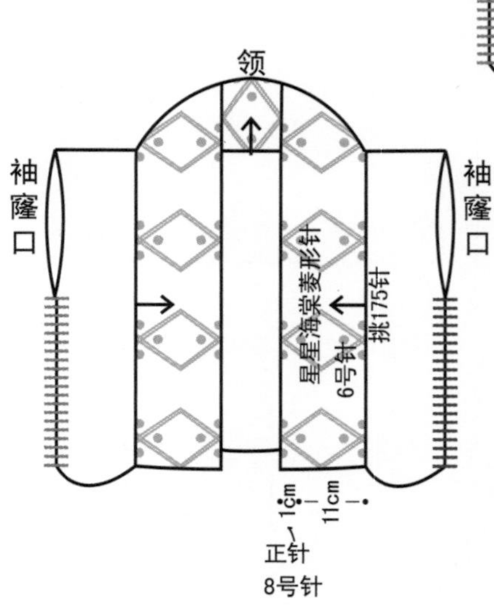

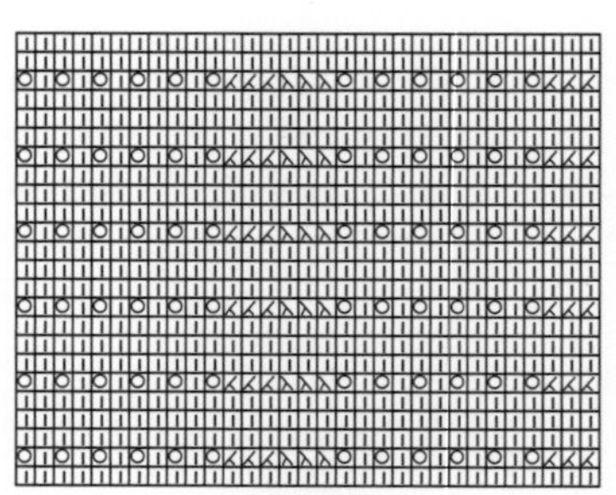
凤尾竹针

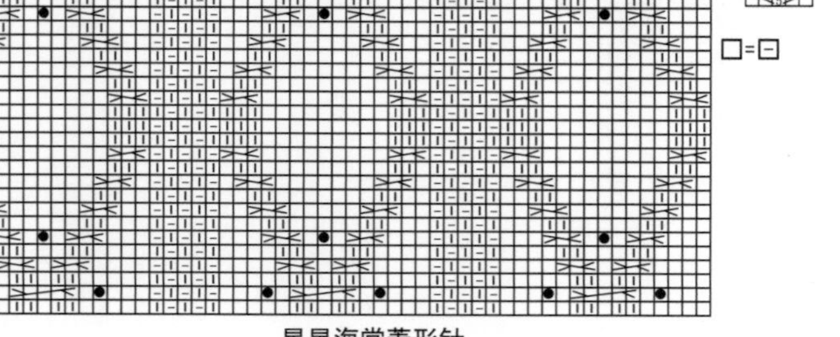

星星海棠菱形针

编织简述：

从左前片门襟处起针横向向后背正中织，完成后停针织右前片，最后在后背正中缝合，按要求缝好前后肩头和领子后，从袖窿口挑针环形向下织袖子。

编织步骤：

- 左前片用 6 号针起 136 针往返向上织双波浪凤尾针。
- 至 10cm 时，取左侧的 34 针平收。
- 余下的 102 针往返向上织 12cm 后，再取左侧的 34 针平收，往返向上织 2cm 后，再平加出 34 针，整片合成 102 针再往返向上织 18cm 后停针形成左前片。
- 按以上方法完成右前片，注意与左前片对称。
- 在两片停针的位置相对从内部松缝合形成后背正中。
- 按相同数字缝合两肩和领子。
- 用 6 号针从袖窿口挑出 34 针，环形向下织 48cm 双波浪凤尾针后收针形成袖子。

材料：
羊仔毛毛线

用量：
650g

工具：
6号针

尺寸(cm)：
衣长53　袖长48　胸围84　肩宽36

平均密度：
边长10cm方块=19针×24行

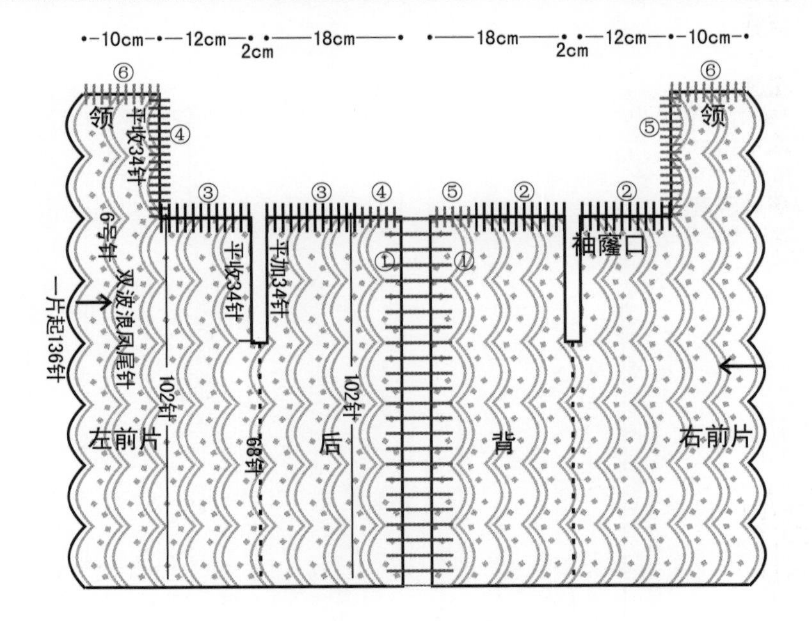

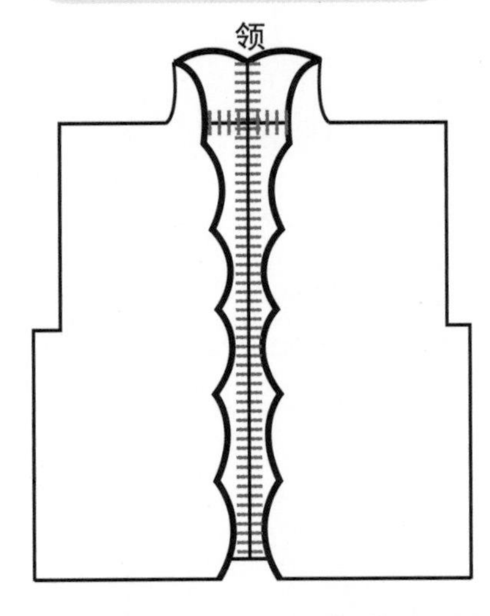

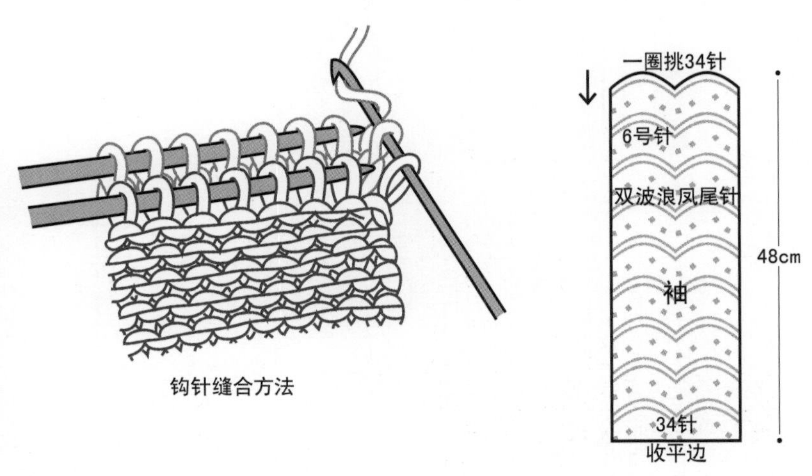
钩针缝合方法

双波浪凤尾针

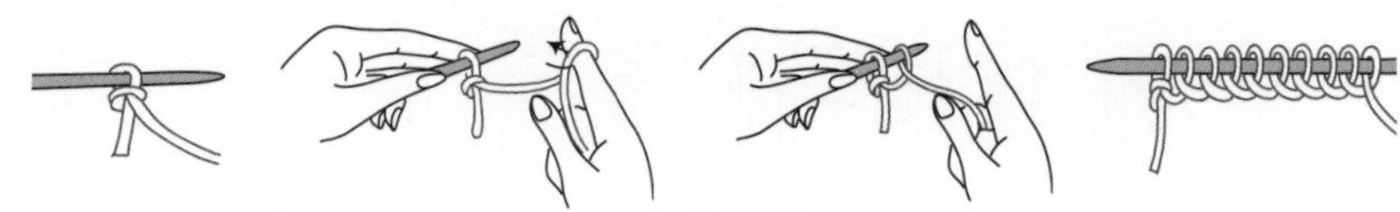
绕线起针方法

小提示
平收34针后，向上往返织2cm，然后再平加34针合成102针向上织，如此形成的开口为袖窿口。

NO.54

第57页

编织简述:

从左前片门襟处起针横向向后背正中织，完成后停针织右前片，最后在后背正中缝合，按要求缝好前后肩头和领子后，从袖窿口挑针环形向下织袖子。

编织步骤:

- 左前片用 6 号针起 295 针往返向上织曼陀罗针。
- 至 10cm 时刚好完成两层，由于花纹特点，此时余 127 针，取左侧的 27 针平收。
- 余下的 100 针按后背排花往返向上织 12cm 后，再取左侧的 30 针平收，往返向上织 2cm 后，再平加出 30 针，整片合成 100 针再往返向上织 18cm 后停针形成左前片。
- 按以上方法完成右前片，注意与左前片对称。
- 在两片停针的位置相对，然后按相同数字从内部松缝合形成后背正中。
- 再按相同数字缝合形成两肩和领子。
- 用 6 号针从袖窿口挑出 32 针，环形向下织 46cm 横条纹针后，换 8 号针改织 2cm 锁链针后收平边形成袖子。

材料:
纯毛合股线

用量:
650g

工具:
6号针　8号针

尺寸(cm):
衣长52　袖长48　胸围86　肩宽38

平均密度:
边长10cm方块=19针×24行

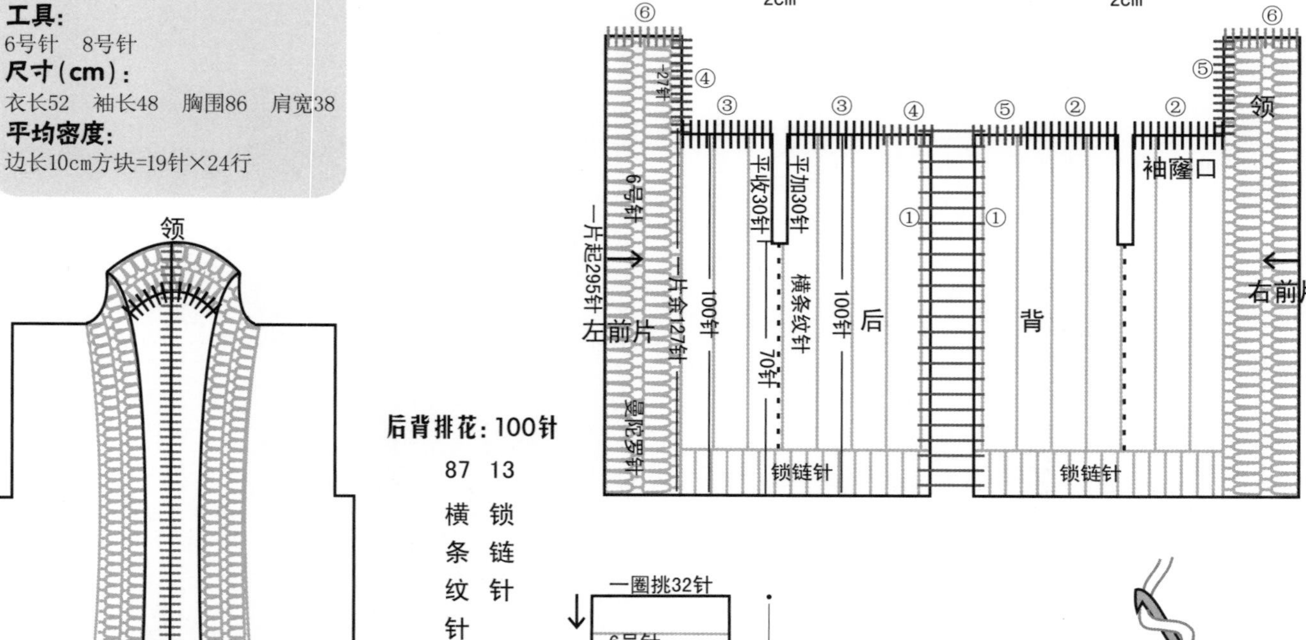

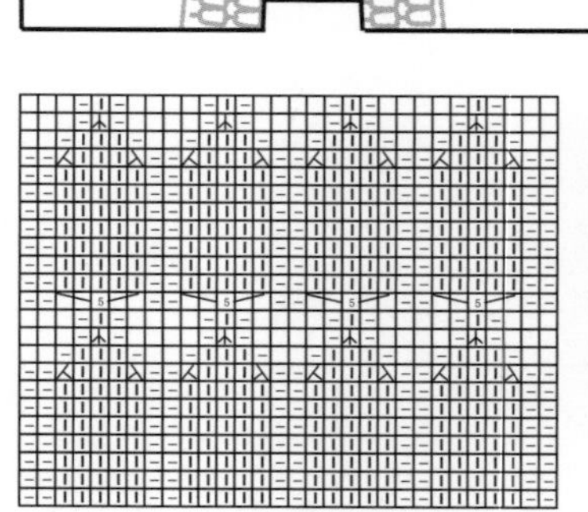
曼陀罗针

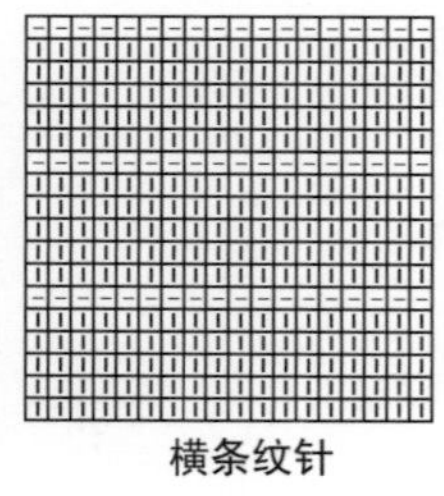
横条纹针

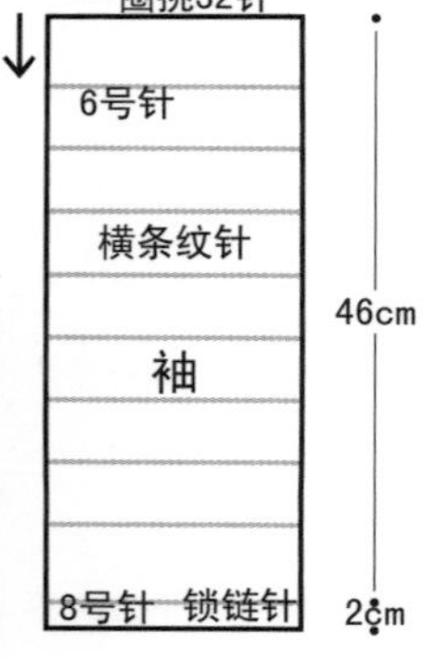

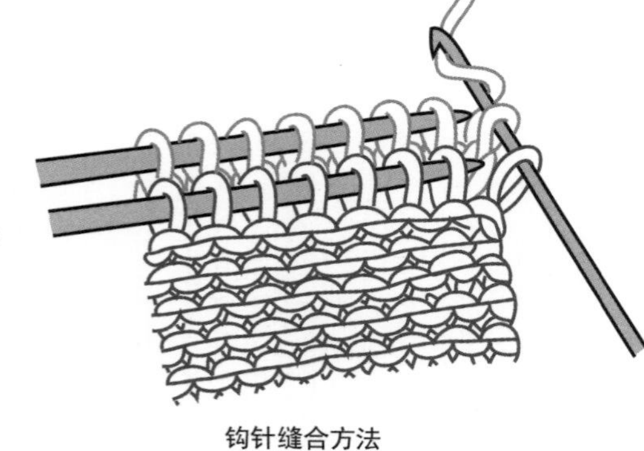
钩针缝合方法

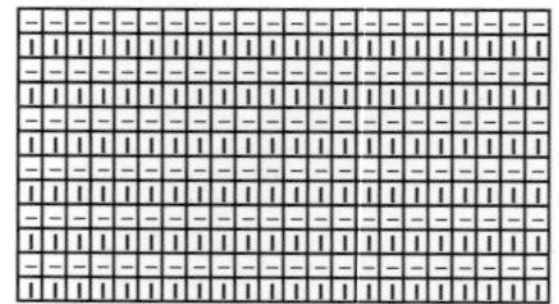
锁链针

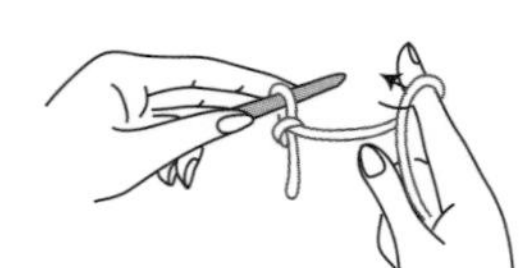
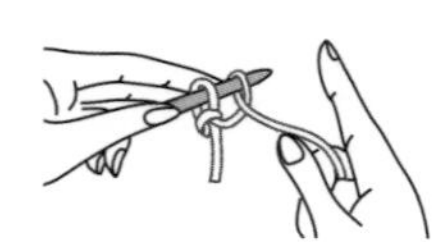
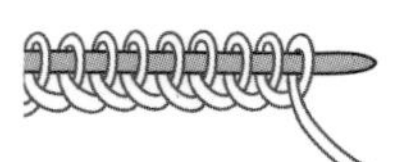
绕线起针方法

小提示

完成左、右前片后不能收针，应留好针，最后从内部钩缝以保持毛衣弹性一致。

编织简述:

首先环形织正身，平加袖口针数后合针继续环形织相应长，平收肩部针数后，将余针分左右两片织相应长后在肩头缝合，最后从两个开口处分别挑针织袖子。

编织步骤:

- 用 6 号针起 156 针按排花环形织 36cm 如意花和星星针。
- 在一侧平加 52 针与 156 针合圈按花纹排列织与正身一样的花纹至 18cm 后，平收袖一侧的 96 针，余下 112 针均分两片织 18cm 后对头缝合，形成的开口是另一袖口。
- 用 8 号针从“V”形领口整圈挑出 100 针织 3cm 拧针双罗纹后紧收双机械边。
- 用 6 号针分别从两个袖子开口处挑 48 针环形织 40cm 拧针双罗纹后收双机械边。

材料:
286规格纯毛粗线

用量：
425g

工具:
6号针　8号针

尺寸(cm):
以实物为准

平均密度:
边长10cm方块=22针×26行

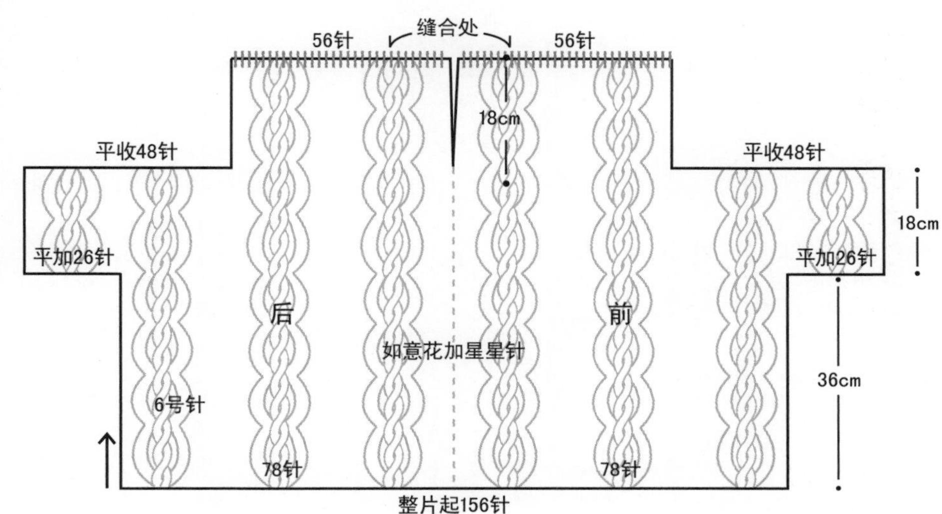

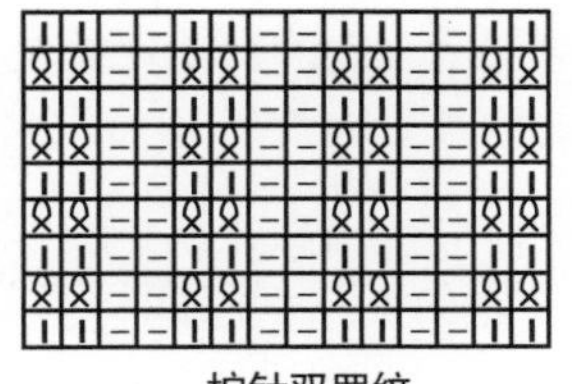
拧针双罗纹

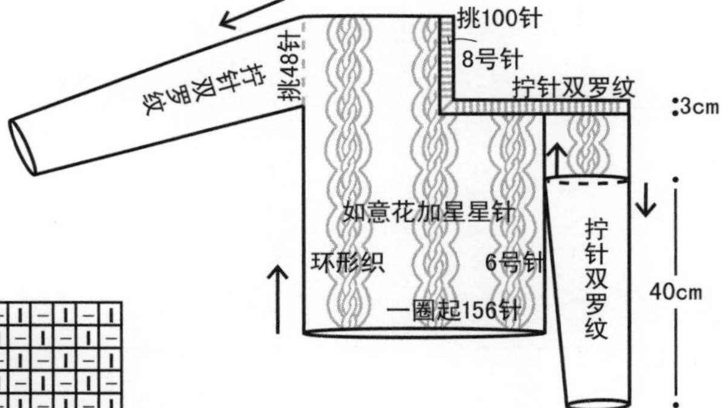

袖子排花:

20	6	20	6
如意花	星星针	如意花	星星针

□=⊟　　如意花加星星针

正身排花:

6	20	6	20	6	20	6	20	6
星星针	如意花	星星针	如意花	星星针	如意花	星星针	如意花	星星针
	20	6	20	6	20	6	20	
	如意花	星星针	如意花	星星针	如意花	星星针	如意花	

小提示

门襟或领子需要后挑针再织，正确的方法是挑出所有针数，第2行时再减至需要的针数并同时排好花纹，这样接缝处整齐又漂亮。

编织简述:

从披肩的一侧门襟边起针后往返横织，织一定长度后分两片织再合成大片向上织，形成的方洞为袖窿口，完成两个袖窿口后，织另一侧门襟。最后分别从两个袖窿口挑织袖子。

编织步骤:

- 用6号针起128针按整体排花往返向上织。
- 总长至15cm时将右侧的21针桂花针改织绵羊圈圈针。
- 总长至40cm时，取中间2针平留，左侧的77针和右侧的49针分别向上织12cm后，再加出中间的2针，合成原有的128针按花纹往返向上织。
- 总长至92cm时，重复以上减针和加针动作完成第二个袖窿口。
- 再次合成128针后按花纹往返向上织40cm后收针，与起针处花纹对称。
- 用6号针分别从袖窿口挑出50针，按袖子排花环形向下织，同时在袖下隔15行减1次针，每次减2针，共减5次，总长至35cm时余40针，换8号针改织10cm拧针双罗纹后收机械边形成袖子。

材料:
286规格纯毛手织粗线
用量:
550g
工具:
6号针 8号针
尺寸(cm):
以实物为准
平均密度:
边长10cm方块=21针×24行

袖子排花: 50针

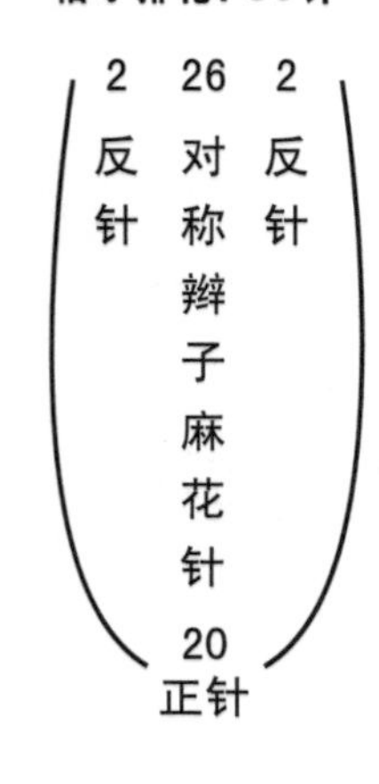

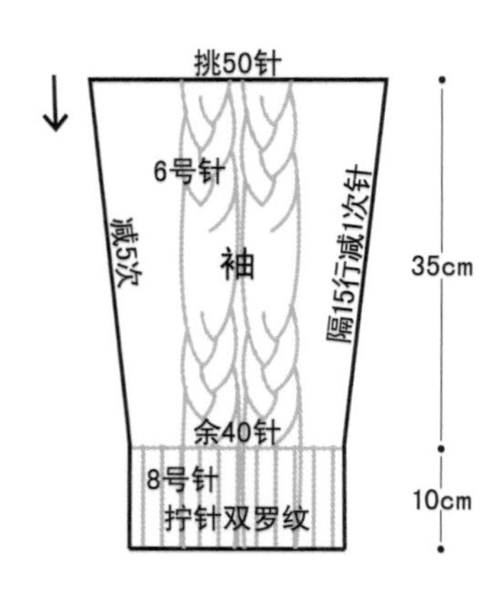

整体排花: 128针

21	2	26	2	26	2	26	2	21
单排扣花纹	反针	对称辫子麻花针	反针	对称辫子麻花针	反针	对称辫子麻花针	反针	桂花针

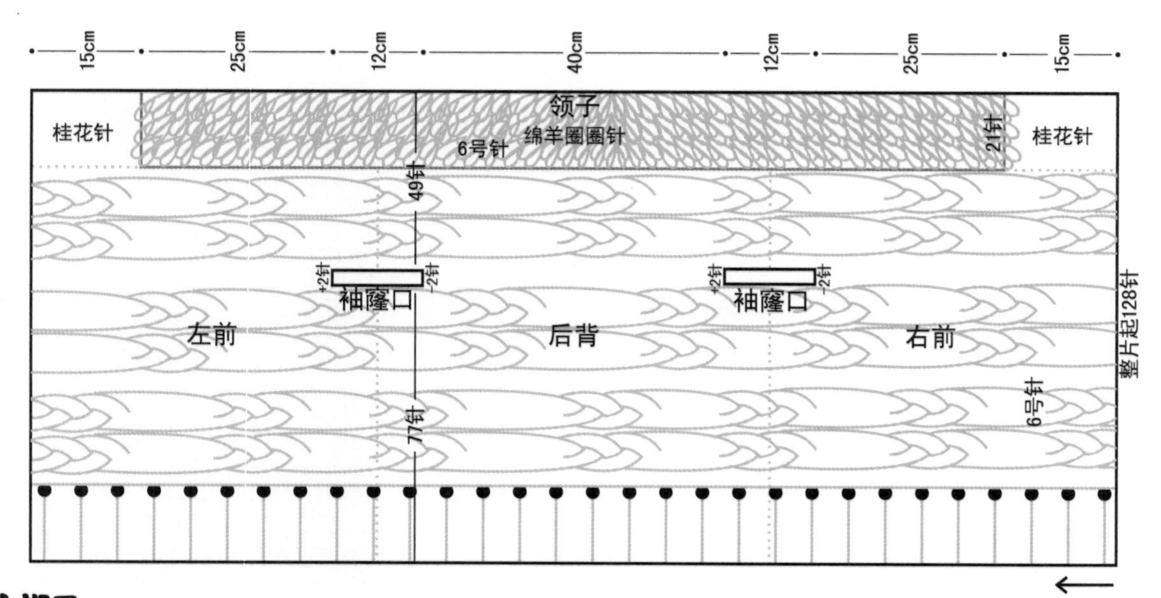

小提示
注意收针处与起针处尺寸及花纹对称。

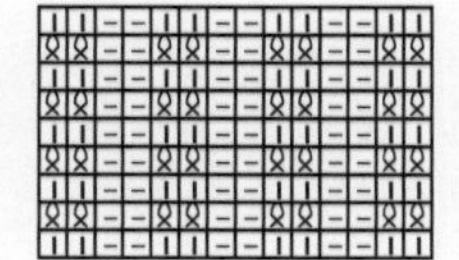

拧针双罗纹

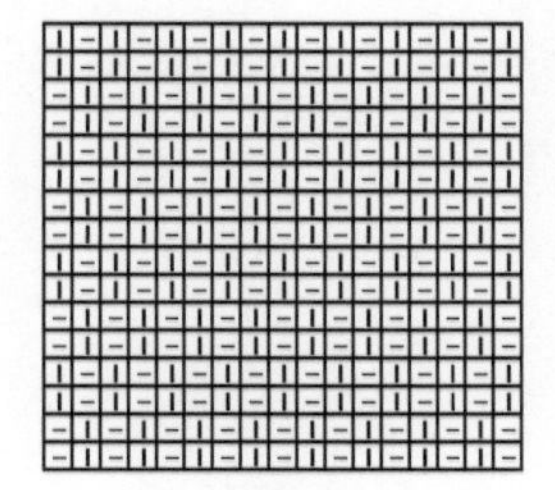

桂花针

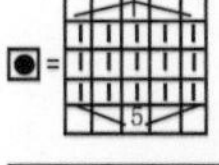

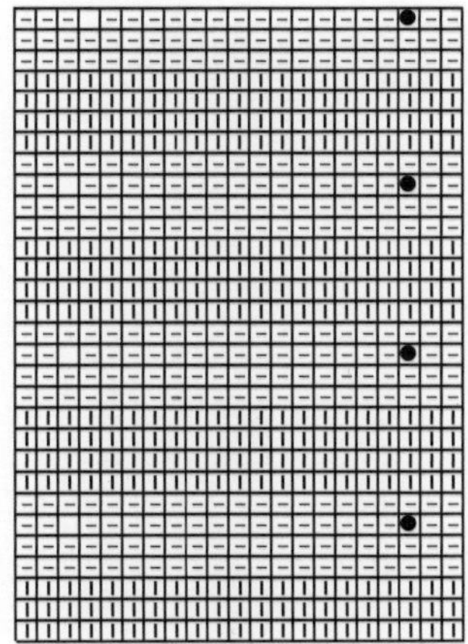

单排扣花纹

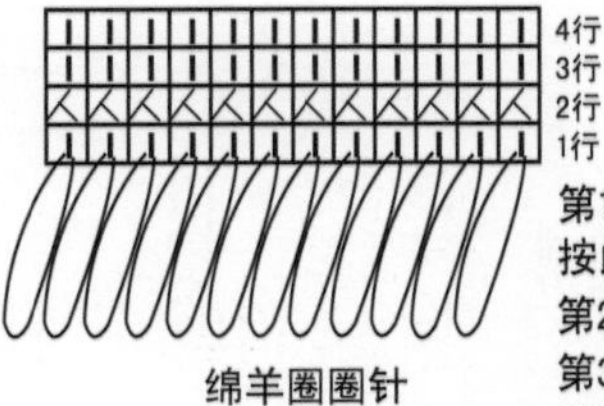

绵羊圈圈针

第1行：右手食指绕双线织正针，然后把线套绕到正面，按此方法织第2针。
第2行：由于是双线所以2针并1针织正针。
第3、第4行：织正针，并拉紧线套。
第5行以后重复第1~4行。

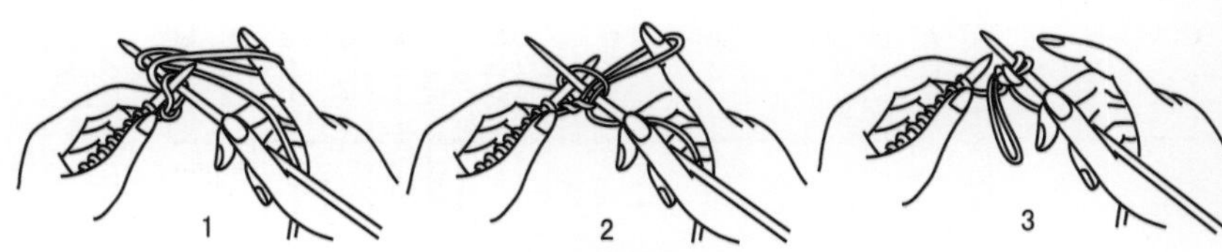

绵羊圈圈针

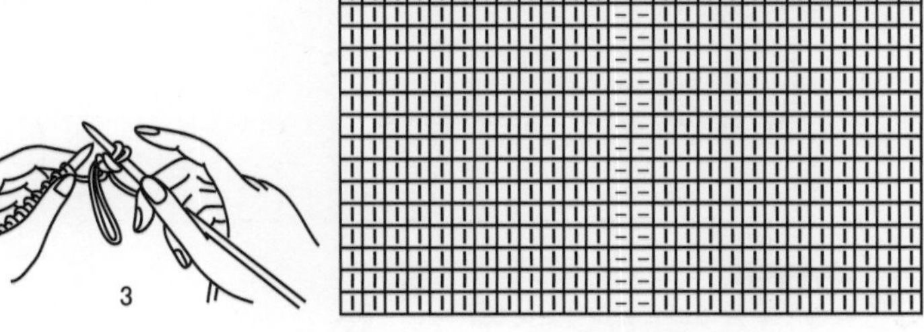

对称辫子麻花针

编织简述:

从袖口起针后环形织相应长，平加针后开始分片织，领口处再分两小片织，合针后使两袖对称；最后分别挑织下摆和领子。

编织步骤:

- 用 6 号针起 144 针环形织 15cm 4 针麻花加 2 反针。
- 以正中为界分开织大片，两端的 13 针星星方凤尾针和 10 边针重叠挑针，其余为花苞针。
- 在两肋位置正中取 2 针做加针点，隔 3 行在加针点的两侧各加 1 针，共加 16 次。
- 领部减针在 18 针麻花的外侧隔 7 行减 1 次针压减 6 次。
- 总长至 35cm 后，不加减向上分前后片直织 20cm 后，将前后片肩头按相同数字松缝合。左右门襟不缝依然向上织，至后脖正中时对头缝合。
- 从袖口环形挑出 40 针织 40cm4 麻花针加 2 反针，松收机械边。

材料:
273规格纯毛手织粗线
用量:
500g
工具:
6号针
尺寸(cm):
衣长55　袖长40（腋下至袖口）
平均密度:
边长10cm方块=19针×24行

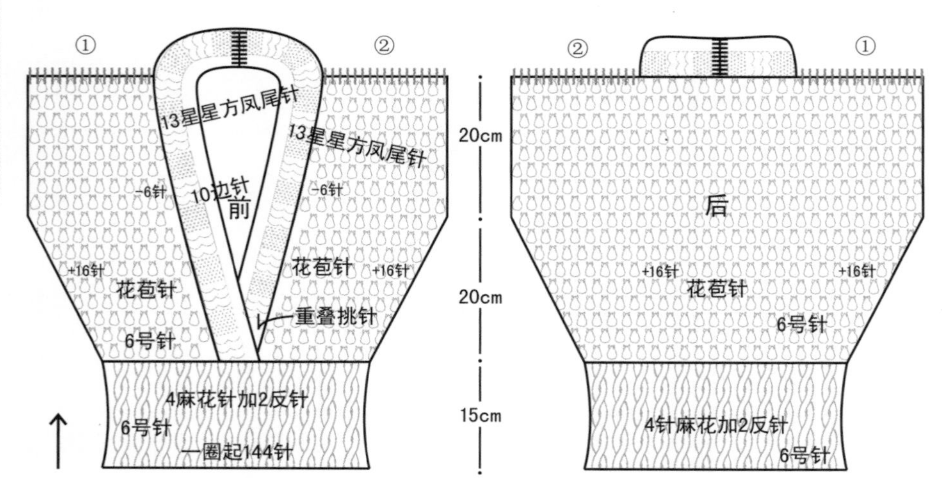

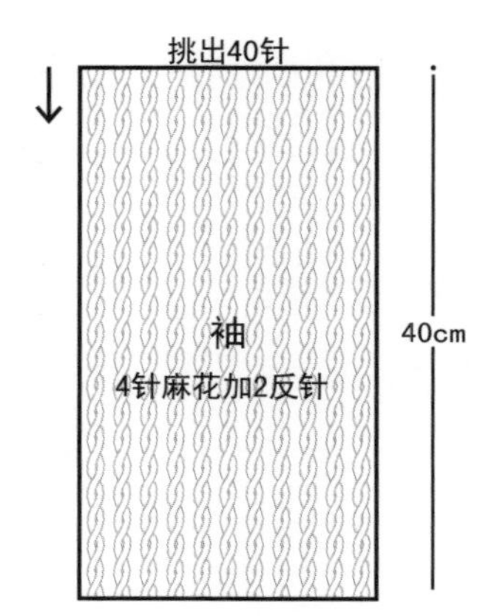

门襟排花:

1	13	10
反针	星星方凤尾针	1行反针 4行正针

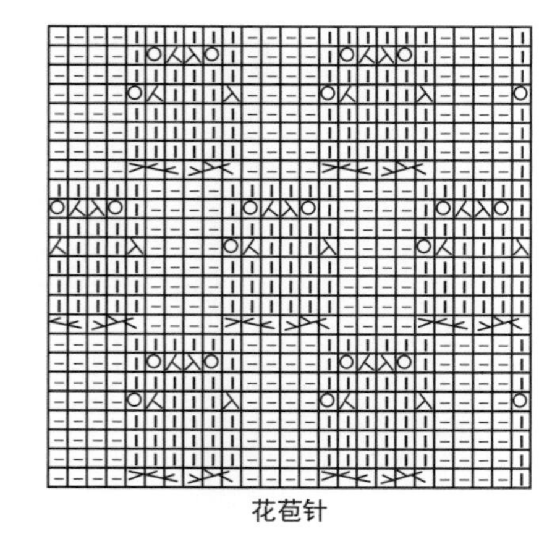
花苞针

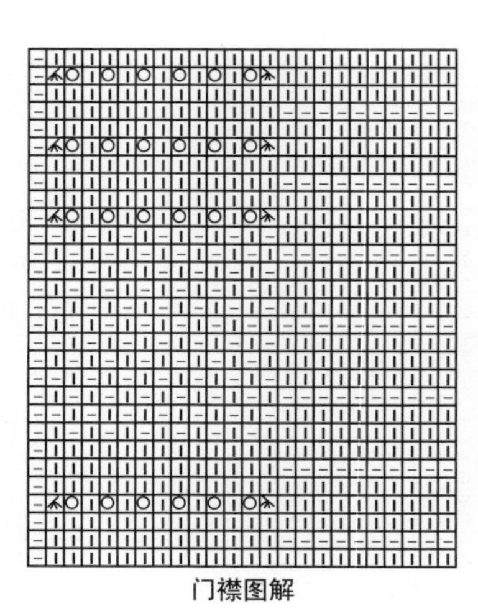
门襟图解

无洞加针法

4针麻花加2反针

小提示
肩头不要缝得过紧，以免影响毛衣舒适度。

NO.10

第13页

编织简述:

按图织一个倒“凸”形，起针处为领子，多出的部分竖对折后形成袖。分别从两袖开口环形挑针织袖子。

编织步骤:

- 从领部起 138 针用 6 号针往返织 15cm 金钱花，织片。
- 在金钱花片的左右各平加 48 针合成 234 针然后松织 35cm3 正针 3 反针条纹。
- 按图缝合①－①、②－②后形成两袖，从开口处环形挑 36 针织 18cm 金钱花形成袖口，收机械边。

材料:
286规格纯毛手织粗线

用量:
500g

工具:
6号针

尺寸(cm):
以实物为准

平均密度:
边长10cm方块=21针×25行

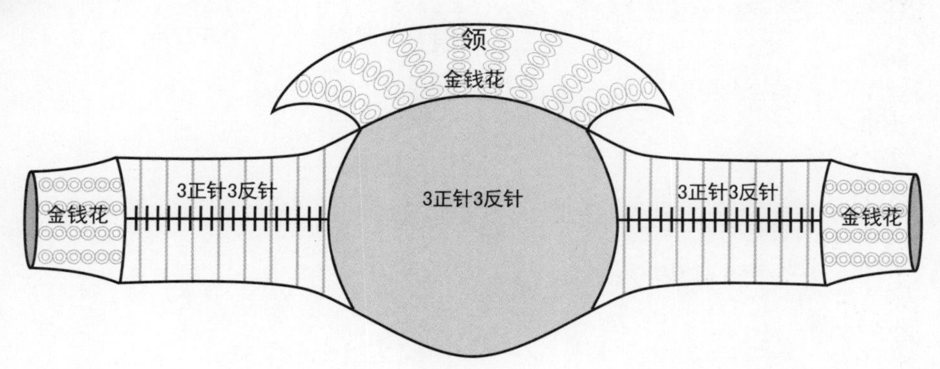

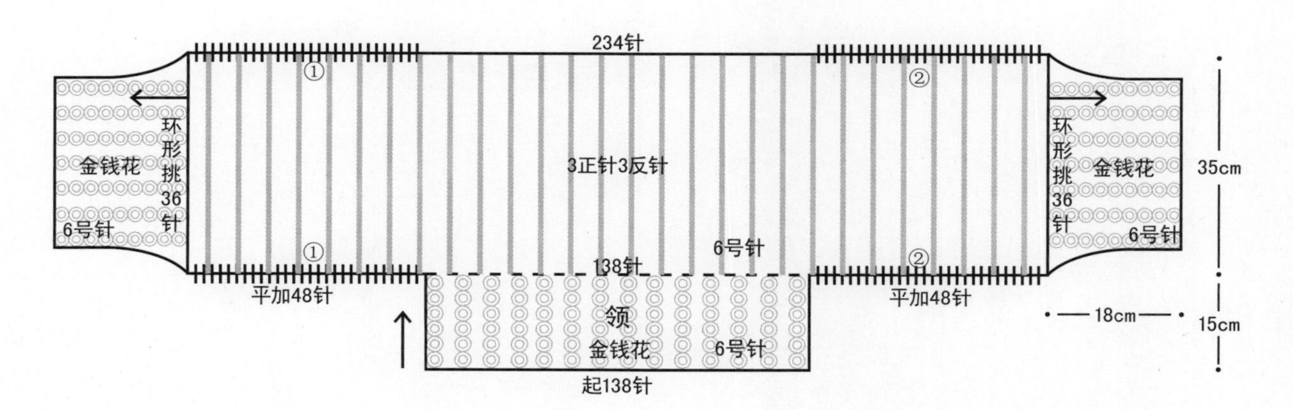

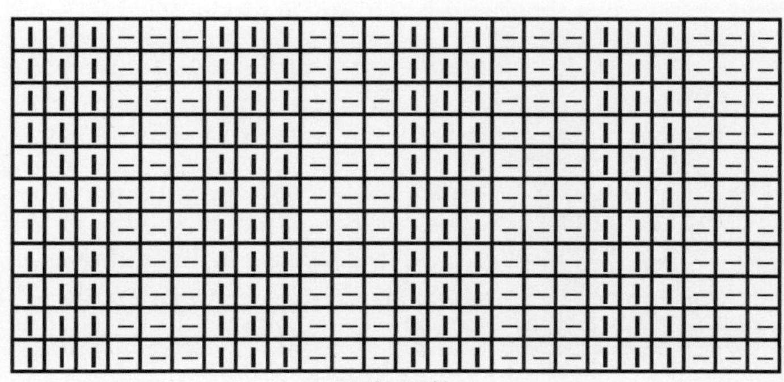
3正针3反针

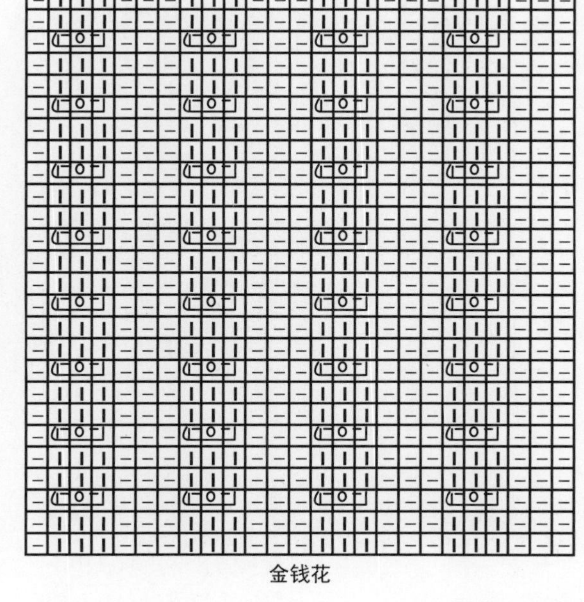
金钱花

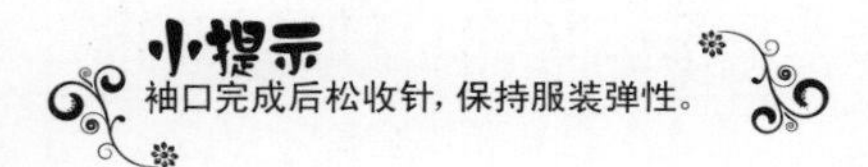

NO.34

第37页

编织简述:

从左袖起针环形织袖子，一次性加至相应针后依然环形织，从腋部分针织大片，织相应长后，从大片正中分开两片织并按规律加减针形成领口，合针后织右袖，与左袖对称；从领口挑针织领子，从下沿挑针织下摆。

编织步骤:

- 用6号针从左袖起40针环形织38cm拧针单罗纹。
- 一次性加至100针环形织10cm正针。
- 从腋部分片织8cm，再以整片正中为界左右各50针分片织20cm，并在前片横减领口，隔1行减1针减6次，不加减织9cm，隔1行加1针加6次。
- 合成100针织大片，至8cm后环形向上织10cm后并一次性减至40针织38cm拧针单罗纹，收机械边。
- 正中分片织的20cm开口为领口，从此处一次性挑出96针织10cm无反针交错麻花针后，改织6行正针约2cm松收平边。从袖口环形挑出40针织40cm4针麻花加2反针，松收机械边。
- 从下摆挑160针环形织15cm菠萝针后，再织3cm拧针单罗纹，松收机械边。

材料:
286规格纯毛手织粗线

用量:
400g

工具:
6号针

尺寸(cm):
衣长43　袖长48(腋下至袖口)
胸围72　肩宽36

平均密度:
边长10cm方块=20针×24行

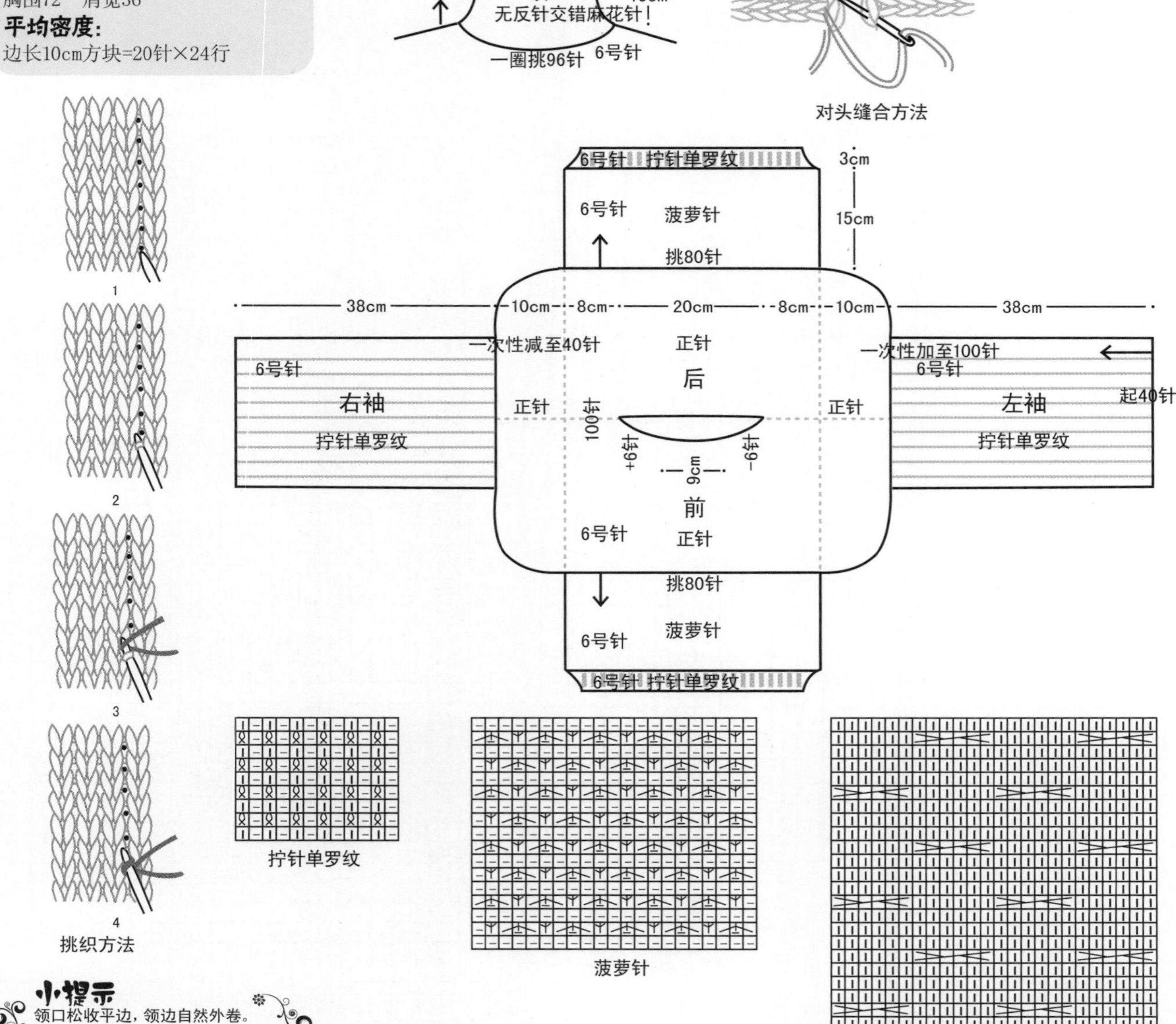

小提示
领口松收平边，领边自然外卷。

NO.16

第19页

编织简述:

按图织一个倒“凸”形，从领口起针，多出的部分竖对折后形成袖，分别从两袖开口环形挑针织袖子。

编织步骤:

- 从领部起138针用6号针往返织15cm扭针双罗纹，织片。
- 在双罗纹片的左右各平加48针合成234针后松织35cm金钱花。
- 按图缝合①-①、②-②后形成两袖，从开口处环形挑36针织18cm扭针双罗纹，收机械边。

材料:
286规格纯毛手织粗线

用量:
300g

工具:
6号针

尺寸(cm):
以实物为准

平均密度:
边长10cm方块=21针×25行

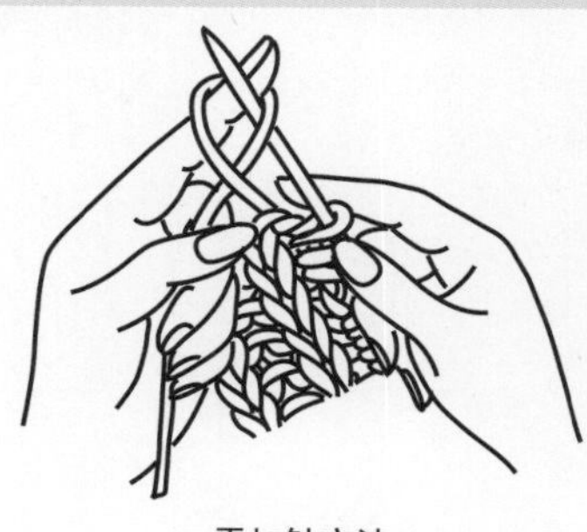

平加针方法

扭针双罗纹

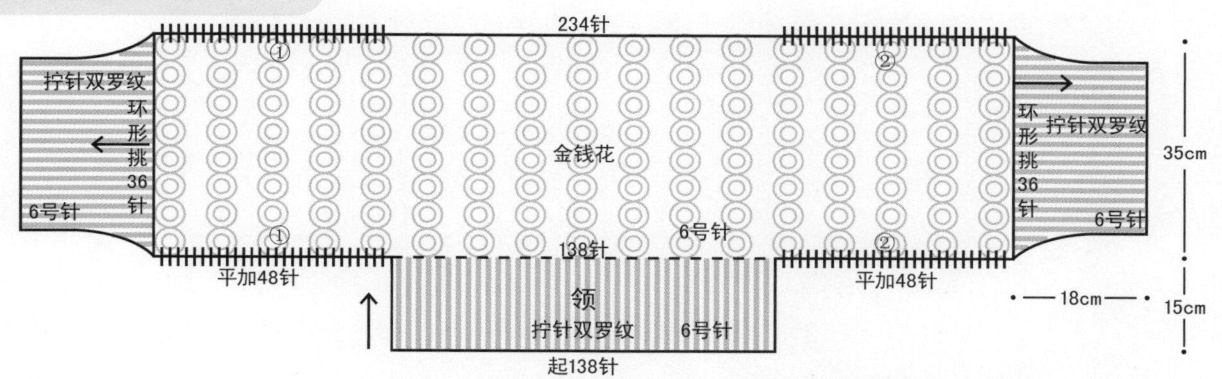

对头缝合方法

金钱花

小提示

从35cm宽的袖口直接挑36针很困难，容易形成不规则的孔洞，正确的方法是先挑出所有针数，第2行时再织减到需要的针数按花纹织。

NO.09

第12页

材料:
278规格纯毛手织粗线

用量:
550g

工具:
6号针　8号针

尺寸(cm):
衣长53　袖长35(腋下至袖口)
胸围68

平均密度:
边长10cm方块=28针×25行

编织简述:

从下摆起针后直接按花纹向上织，至腋下时只分前后片织，不必减袖窿，领口减针后，将前后片松缝合，最后从袖窿口环形挑织袖子。

编织步骤:

- 用6号针起192针环形织5cm底边花纹。
- 按图解向上织对拧麻花针加反针，总长至33cm时改织正针，同时分前后片向上织，袖窿不必减针。
- 距后脖8cm时减领口，平收领正中6针，隔1行减3针减1次，隔1行减2针减2次，隔1行减1针减3次。前后肩头缝合后，从领口处挑出88针，用8号针环形织8cm拧针单罗纹后收机械边形成高领。
- 袖从袖窿口挑出56针后，用6号针环形向下织菠萝针，至30cm时换8号针改织5cm拧针单罗纹后收机械边形成袖子。

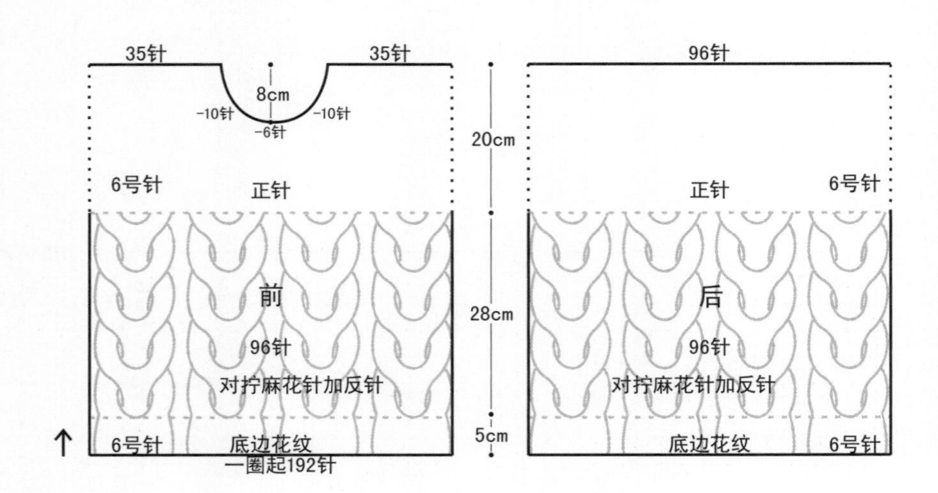

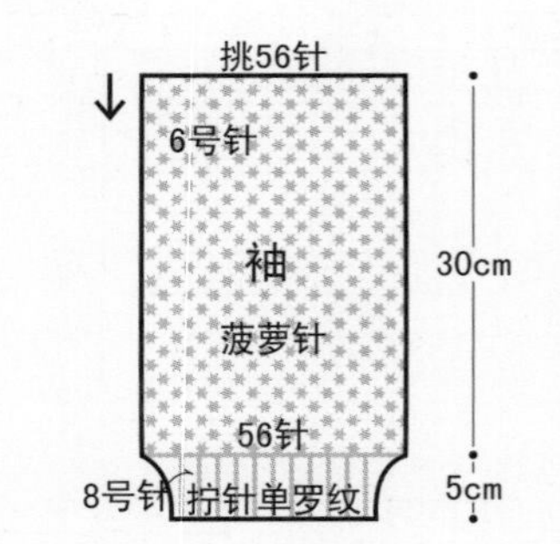

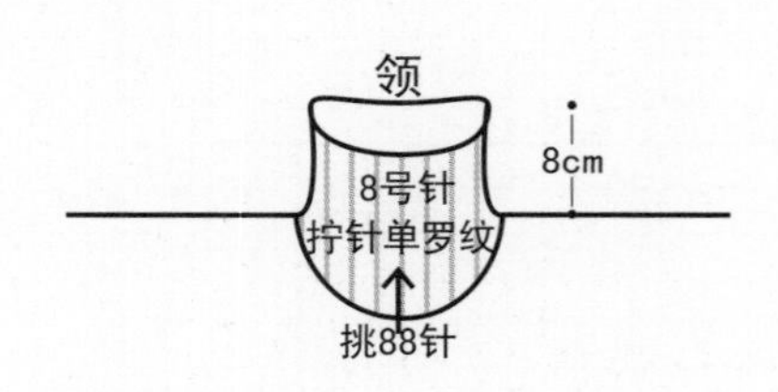

正身排花:

4反针 | 20对拧麻花针 | 4反针 | 20对拧麻花针 | 4反针 | 20对拧麻花针 | 4反针 | 20对拧麻花针 | 4反针

4反针 | 20对拧麻花针 | 4反针 | 20对拧麻花针 | 4反针 | 20对拧麻花针 | 4反针 | 20对拧麻花针 | 4反针

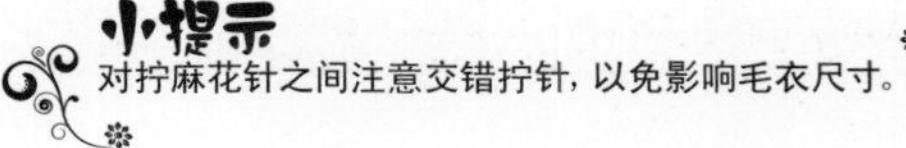

小提示
对拧麻花针之间注意交错拧针，以免影响毛衣尺寸。

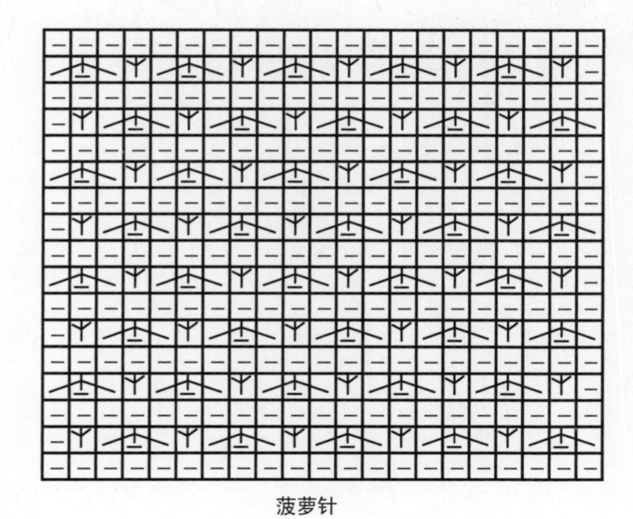

菠萝针

拧针单罗纹

```
||||||||||||||||||||————||||||||||||||||||||————
||||||||||||||||||||————||||||||||||||||||||————
||||||||||||||||||||————||||||||||||||||||||————
||||||||||||||||||||————||||||||||||||||||||————
||||||||||||||||||||————||||||||||||||||||||————
||||||||||||||||||||————||||||||||||||||||||————
||||||||||||||||||||————||||||||||||||||||||————
||||||||||||||||||||————||||||||||||||||||||————
||||||||||||||||||||————||||||||||||||||||||————
||||||||||||||||||||————||||||||||||||||||||————
||||||||||||||||||||————||||||||||||||||||||————
||||||||||||||||||||————||||||||||||||||||||————
||||||||||||||||||||————||||||||||||||||||||————
||||||||||||||||||||————||||||||||||||||||||————
||||||||||||||||||||————||||||||||||||||||||————
```

底边花纹

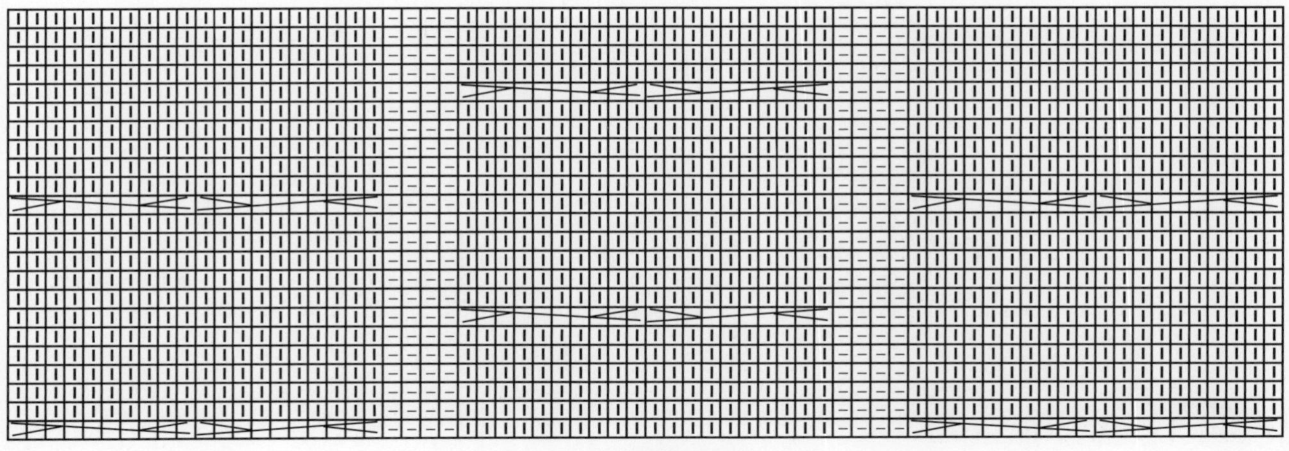

对拧麻花针加反针

NO.79
第80页

编织简述:

从下摆起针后直接按花纹向上织，至腋下时只分前后片织，不必减袖窿，领口减针后，将前后片松缝合，最后从袖窿口环形挑织袖子。

编织步骤:

- 用红色线6号针起92针织4cm拧针单罗纹，左右各8针织锁链针。
- 左右锁链针用红色线，中间的76针蜗牛针用深色线。至54cm时，取正中的36针改织4cm拧针单罗纹，并取正中的20针平收，左右各8针织锁链针，中间20织正针，两片织41cm后，用红色线改织4cm拧针单罗纹，锁链针不变。
- 在相应位置缝好扣子。

材料:
286规格纯毛手织粗线
用量:
350g
工具:
6号针
尺寸(cm):
以实物为准
平均密度:
边长10cm方块=22针×24行

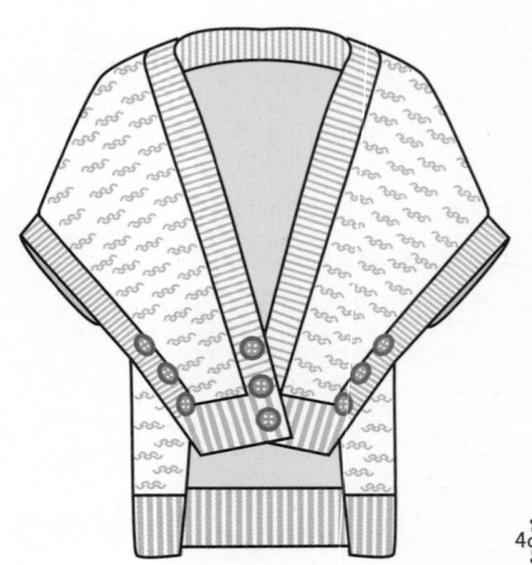

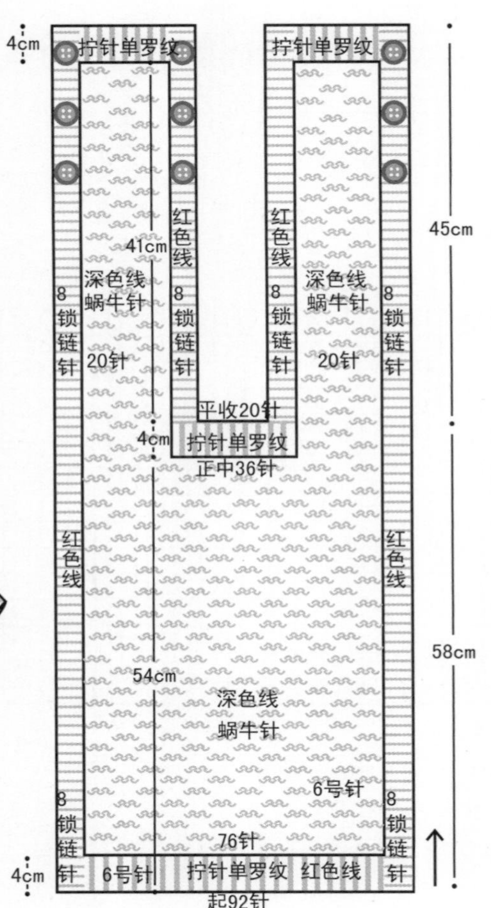

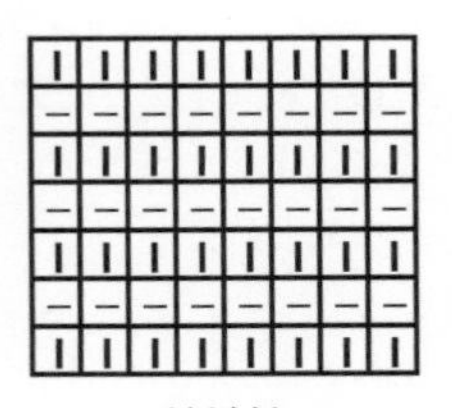
锁链针

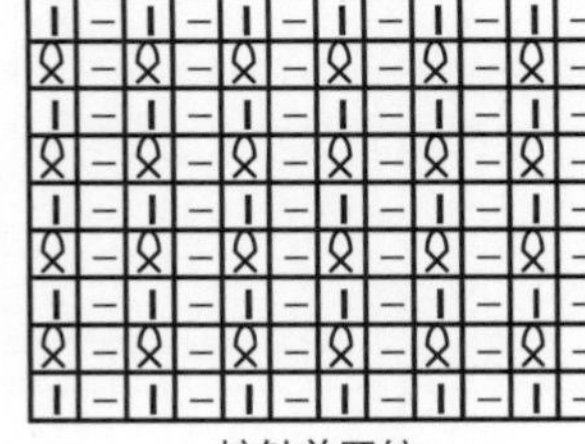
拧针单罗纹

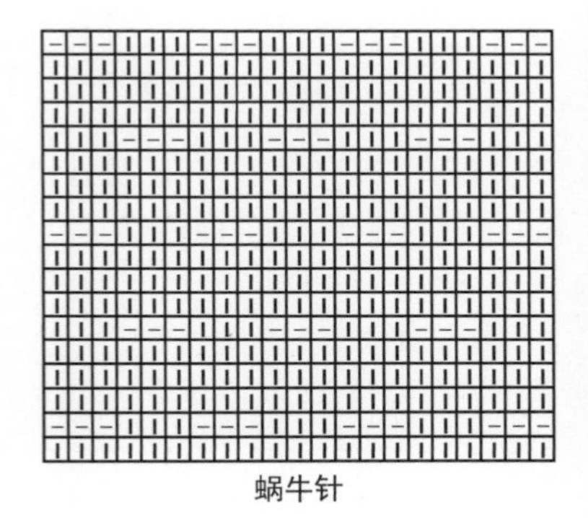
蜗牛针

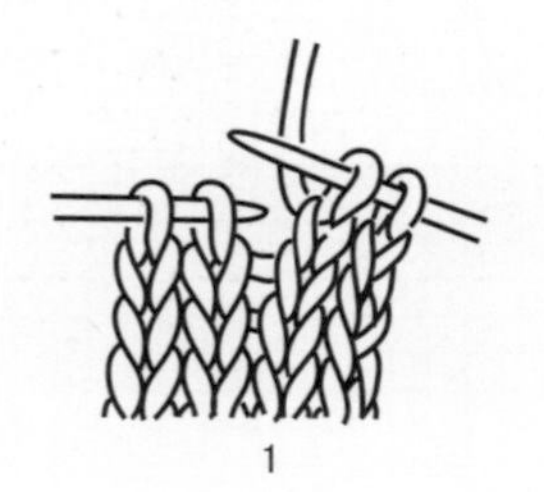
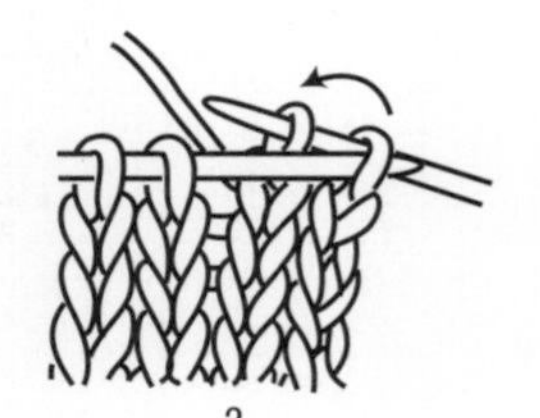
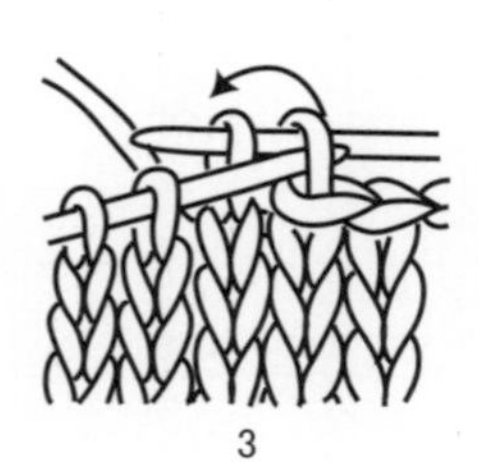
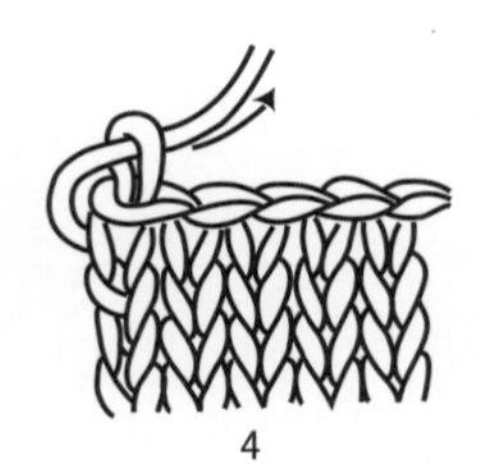
1 2 3 4
收平边方法

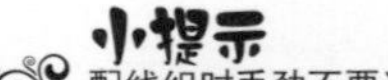
小提示
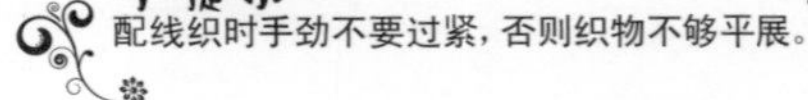
配线织时手劲不要过紧，否则织物不够平展。

NO.55

第58页

材料:
286规格纯毛手织粗线
用量:
550g
工具:
直径0.6cm粗竹针　6号针
尺寸(cm):
以实物为准
平均密度:
边长10cm方块=18针×22行

编织简述:

织一个有开口的长方形大片，按相同数字缝合后，从开口挑针织袖子。

编织步骤:

- 用直径 0.6cm 粗竹针起 186 针织金钱花，至 70cm 时从正中分两片织 20cm，总长度至 90cm 时收针。
- 按相同数字缝合（①－①，②－②），32cm 长开口为袖口。
- 袖口用 6 号针挑出 50 针织 40cm 拧针双罗纹，收机械边。

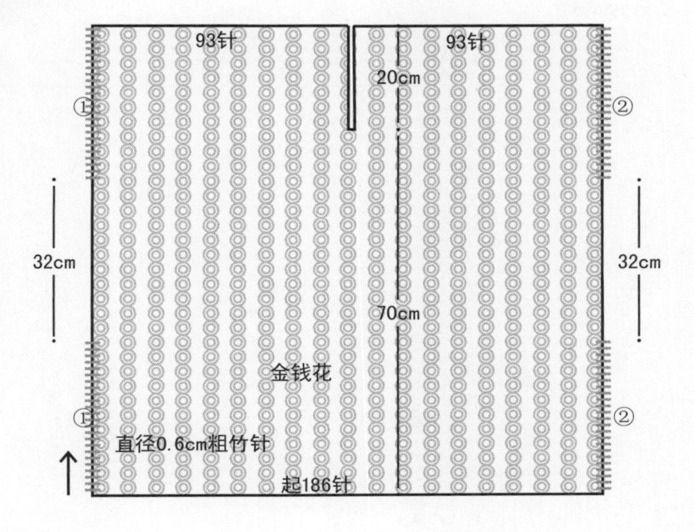

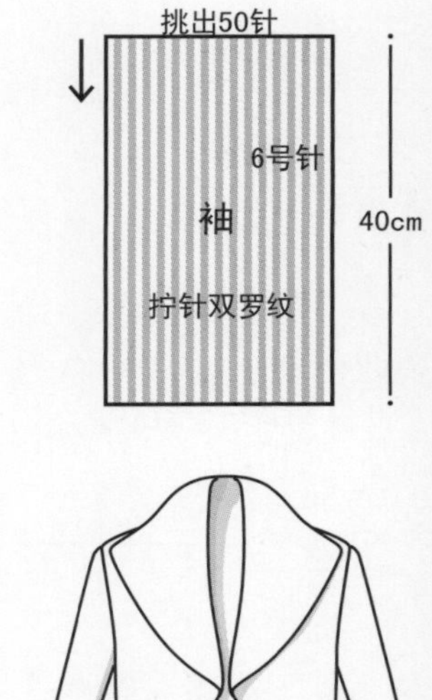

I	I	–	–	I	I	–	–	I	I	–	–	I	I
Q	Q	–	–	Q	Q	–	–	Q	Q	–	–	Q	Q
I	I	–	–	I	I	–	–	I	I	–	–	I	I
Q	Q	–	–	Q	Q	–	–	Q	Q	–	–	Q	Q
I	I	–	–	I	I	–	–	I	I	–	–	I	I
Q	Q	–	–	Q	Q	–	–	Q	Q	–	–	Q	Q
I	I	–	–	I	I	–	–	I	I	–	–	I	I
Q	Q	–	–	Q	Q	–	–	Q	Q	–	–	Q	Q
I	I	–	–	I	I	–	–	I	I	–	–	I	I

拧针双罗纹

I	I	I	–	–	–	I	I	I	–	–	–	I	I	I	–	–	–
I	I	I	–	–	–	I	I	I	–	–	–	I	I	I	–	–	–
(⌐	O	⌐)	–	–	–	(⌐	O	⌐)	–	–	–	(⌐	O	⌐)	–	–	–
I	I	I	–	–	–	I	I	I	–	–	–	I	I	I	–	–	–
I	I	I	–	–	–	I	I	I	–	–	–	I	I	I	–	–	–
(⌐	O	⌐)	–	–	–	(⌐	O	⌐)	–	–	–	(⌐	O	⌐)	–	–	–
I	I	I	–	–	–	I	I	I	–	–	–	I	I	I	–	–	–
I	I	I	–	–	–	I	I	I	–	–	–	I	I	I	–	–	–
(⌐	O	⌐)	–	–	–	(⌐	O	⌐)	–	–	–	(⌐	O	⌐)	–	–	–
I	I	I	–	–	–	I	I	I	–	–	–	I	I	I	–	–	–
I	I	I	–	–	–	I	I	I	–	–	–	I	I	I	–	–	–
(⌐	O	⌐)	–	–	–	(⌐	O	⌐)	–	–	–	(⌐	O	⌐)	–	–	–
I	I	I	–	–	–	I	I	I	–	–	–	I	I	I	–	–	–
I	I	I	–	–	–	I	I	I	–	–	–	I	I	I	–	–	–
(⌐	O	⌐)	–	–	–	(⌐	O	⌐)	–	–	–	(⌐	O	⌐)	–	–	–
I	I	I	–	–	–	I	I	I	–	–	–	I	I	I	–	–	–
I	I	I	–	–	–	I	I	I	–	–	–	I	I	I	–	–	–

金钱花

小提示
缝合时注意从同一行内的针眼里进针，以保证缝合迹整齐。

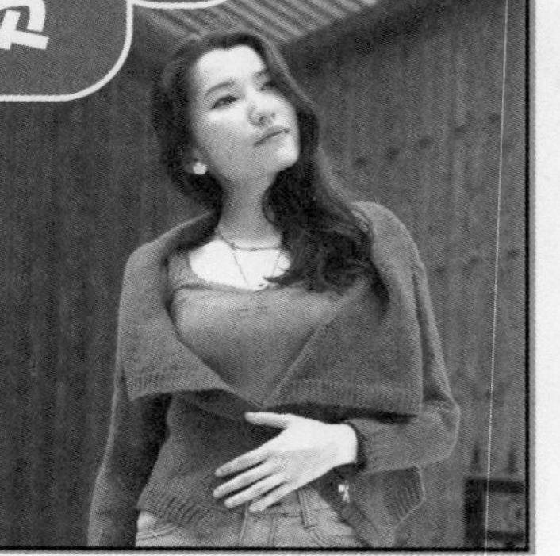

编织简述:

织一个长方形片，留出袖窿口，从此处挑针向下织袖子，在袖口处收针。

编织步骤:

- 用 6 号针起 160 针，左右各 6 针织锁链针，中间 148 针织金鱼草针。
- 总长至 20cm 时，以正中 72 针为界分三片织 15cm 后，再合成 160 针向上直织 18cm 后，改织 2cm 拧针单罗纹边。
- 从开口处挑 50 针织正针，隔 11 行减 1 针减 5 次，至 42cm 时余 40 针改织 2cm 拧针单罗纹，收机械边。

材料:
286规格纯毛手织粗线

用量:
450g

工具:
6号针

尺寸(cm):
以实物为准

平均密度:
边长10cm方块=20针×24行

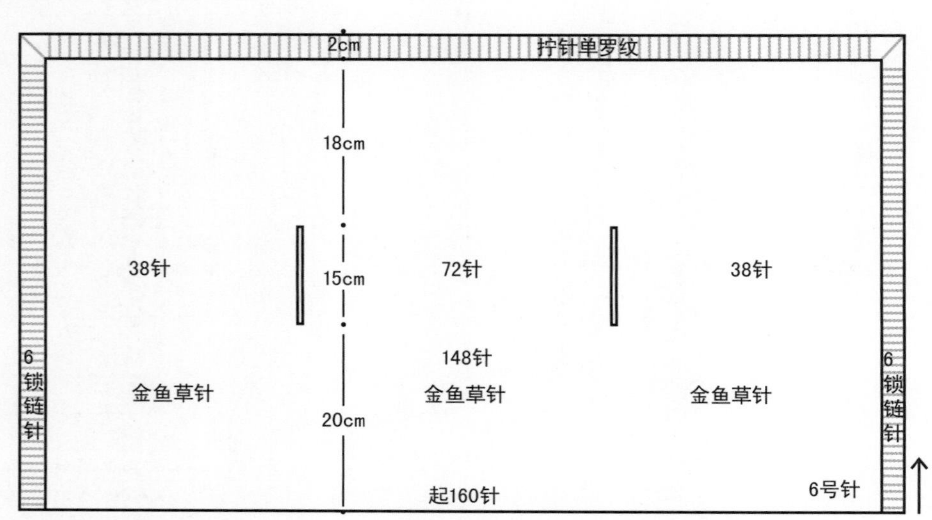

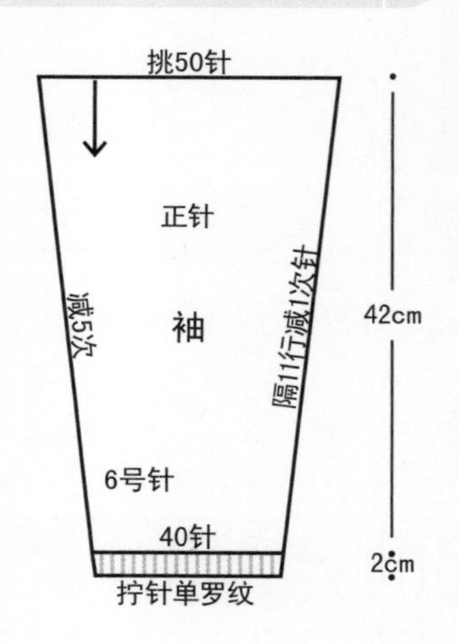

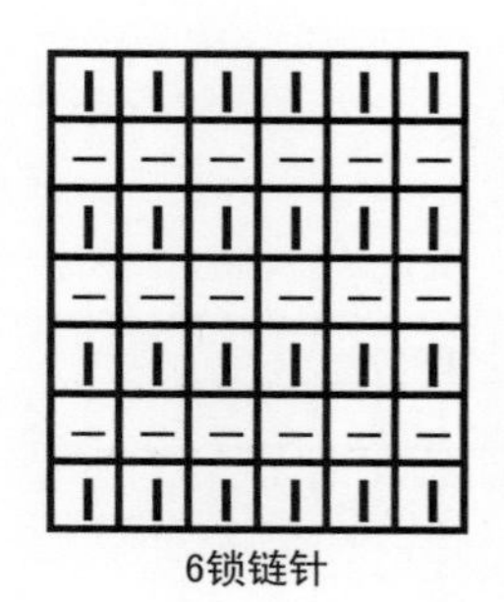
6锁链针

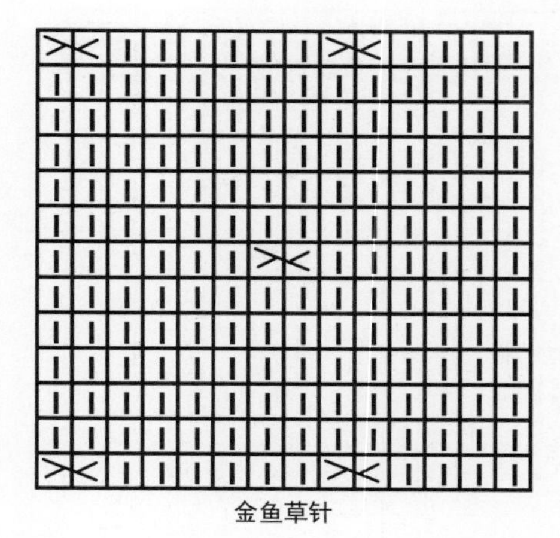
金鱼草针

拧针单罗纹

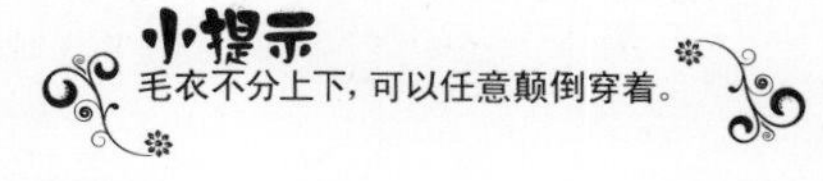

编织简述:

从下摆起针后往返向上织片，织相应长后，在两腋平收针，至领口时减领口，前后肩头缝合后，挑织翻领；从袖窿口环形挑针向下按花纹织袖子，至袖口时收针。

编织步骤:

- 用6号针起120针往返织10cm星星针。
- 按图平收左右腋部各20针，余针共三片向上织30cm星星针后减领口，领口一侧平收10针，余针向上直织8cm。
- 前后肩头缝合后，从领口处挑出71针，往返织5cm星星针后收平边形成翻领。
- 从大袖窿处环形挑出85针，用6号针织20cm双波浪凤尾针后，统一减至44针改织35cm拧针双罗纹后收机械边形成袖子。

材料:
273规格纯毛手织粗线
用量:
450g
工具:
6号针
尺寸(cm):
以实物为准
平均密度:
边长10cm方块=18针×24行

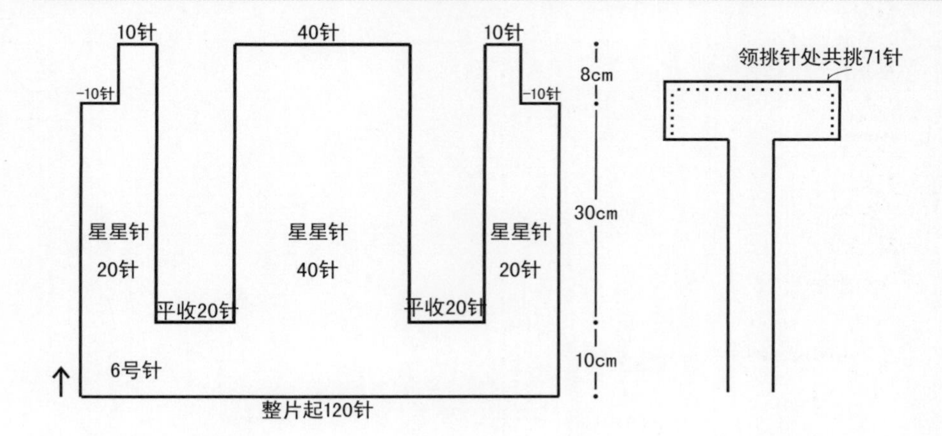

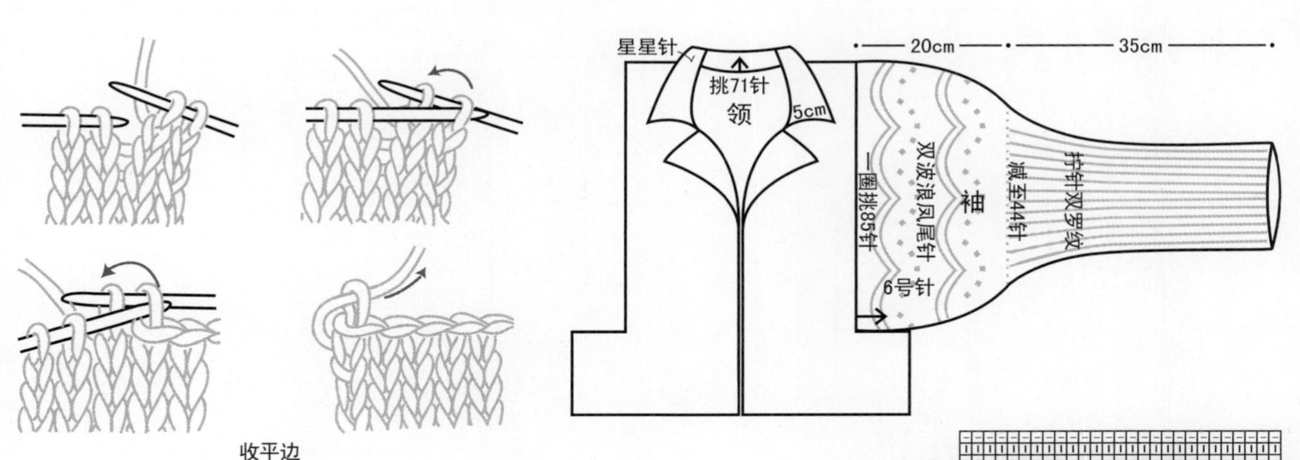

拧针双罗纹

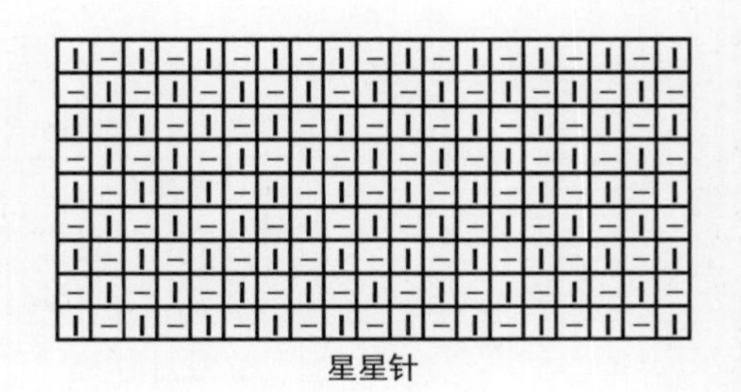
星星针

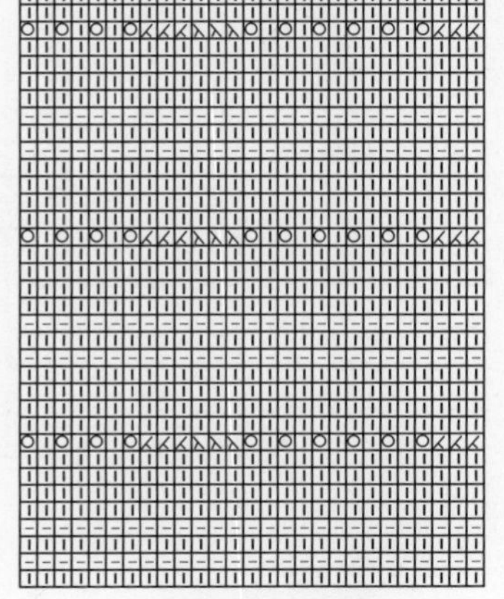
双波浪凤尾针

小提示
从领口挑织领边时，注意前领口处不挑针。

编织简述:

从下摆起针后向上环形织，至腋下时分前后片织，不减袖窿。织相应长后，取相同针数缝合前后肩头，领口针数平收形成一字领。袖从袖窿口挑针环形向下织，同时在袖下规律减针至袖口，最后收机械边形成袖边。

编织步骤:

- 用 6 号针起 140 针环形织 33cm 大雨伞花。
- 不加减针只分前后片往返向上织 19cm 后，取前后肩头各 15 针缝合，中间 40 针平收为领口。
- 从袖窿口挑出 50 针，用 6 号针环形织正针，同时在袖下隔 13 行减 1 次针，每次减 2 针，共减 5 次，总长至 36cm 时，余 40 针换 8 号针环形织 10cm 拧针单罗纹后收机械边形成袖子。

材料:
273规格纯毛手织粗线
用量:
450g
工具:
6号针　8号针
尺寸(cm):
衣长52　袖长46(腋下至袖口)
胸围70　肩宽35
平均密度:
边长10cm方块=20针×25行

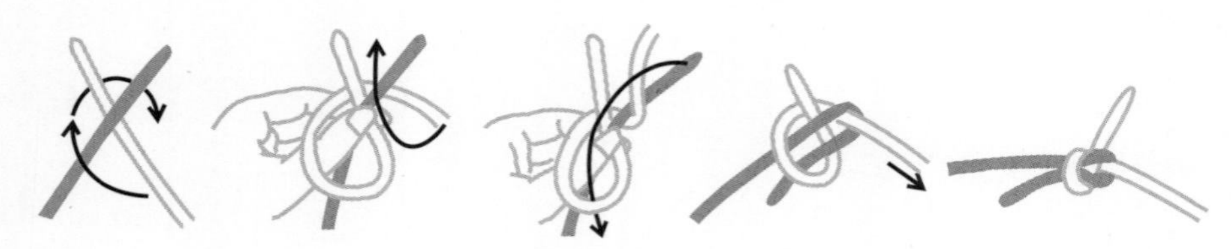
"文"字扣系线方法

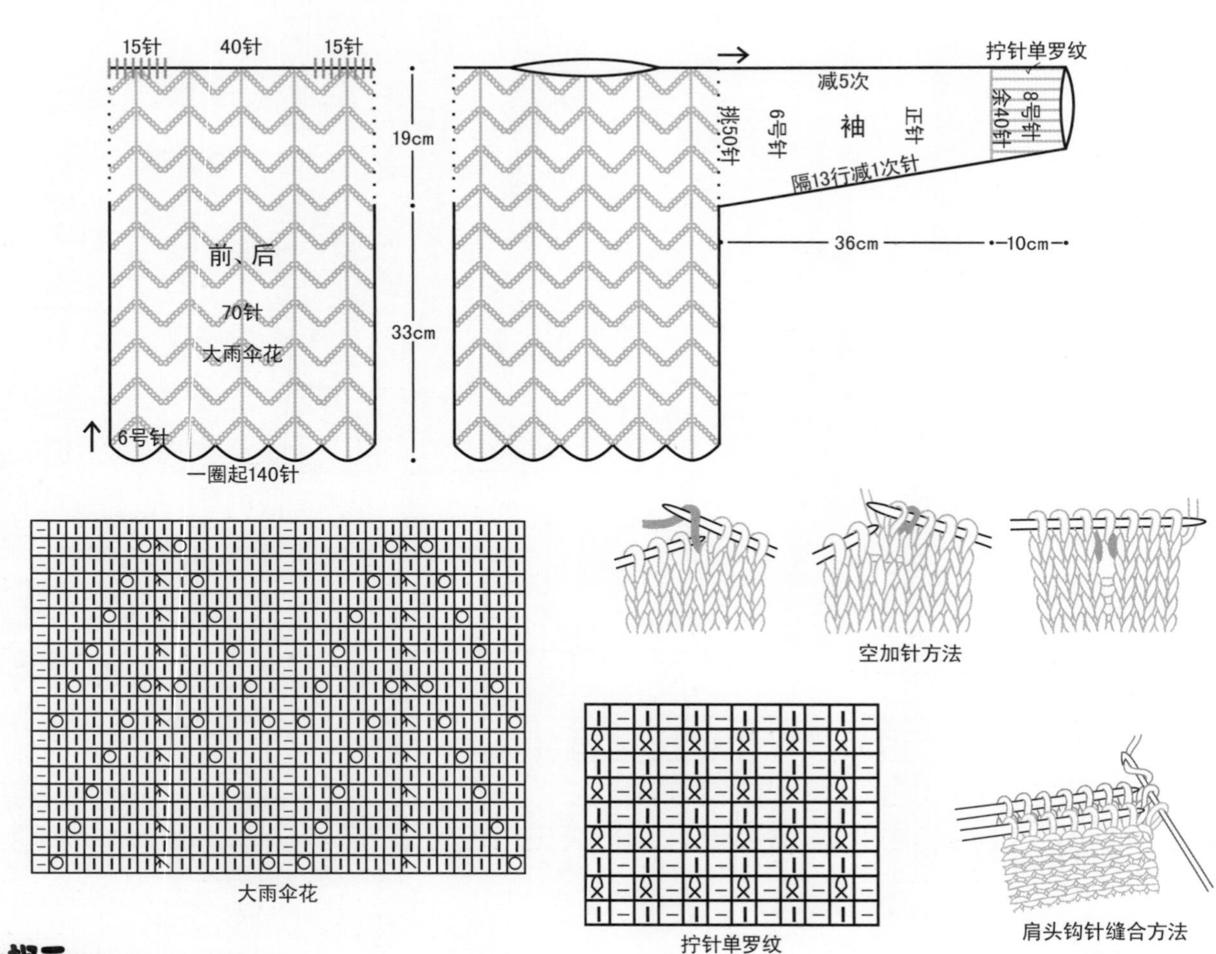

大雨伞花
空加针方法
拧针单罗纹
肩头钩针缝合方法

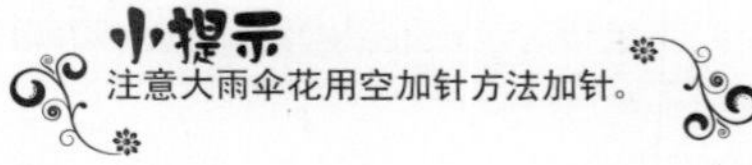
小提示
注意大雨伞花用空加针方法加针。

NO.03

第6页

编织简述:

从下摆起针后按花纹环形织，至腋下后分前后片织相应长，不必减袖窿和领口，将前后肩头缝合后，从袖窿口挑针向下环形织袖子。

编织步骤:

- 用 6 号针起 118 针环形织 2cm 锁链针后，改织 30cm 大鸳鸯花。
- 将两个完整花纹以两肋为界分前后片织，每片一个完整花纹，至 18cm 后，平收前后领边各 29 针，前后肩头各取 15 针缝合。
- 从袖窿口挑出 48 针环形织拧针单罗纹，总长至 38cm 时收机械边形成袖子。

材料:
278规格纯毛手织粗线

用量:
450g

工具:
6号针

尺寸(cm):
衣长50　袖长38（腋下至袖口）
胸围62

平均密度:
边长10cm方块=19针×24行

正身排花:

2反针 | 57 大鸳鸯花 | 2反针 | 57 大鸳鸯花

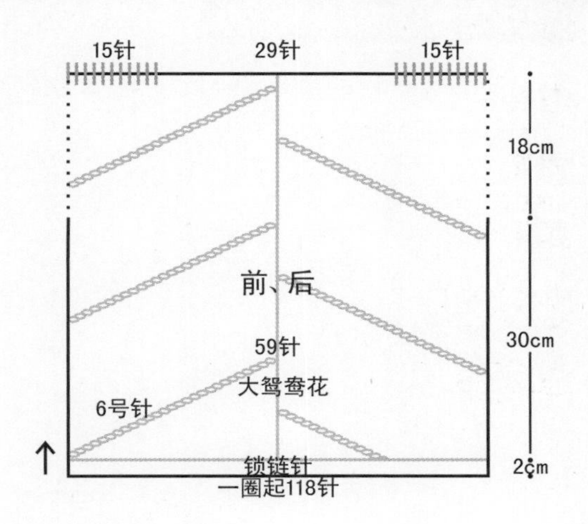

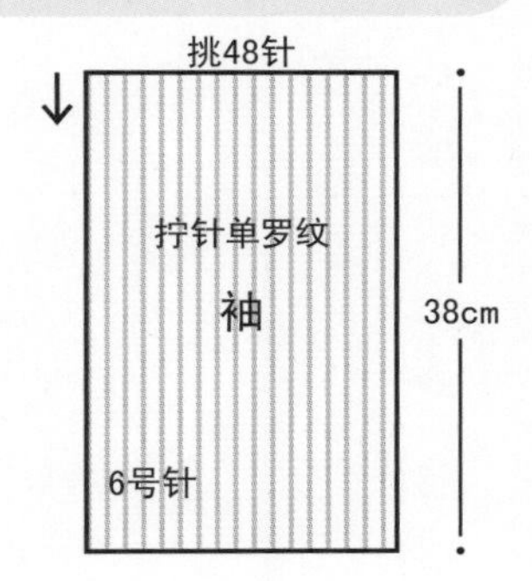

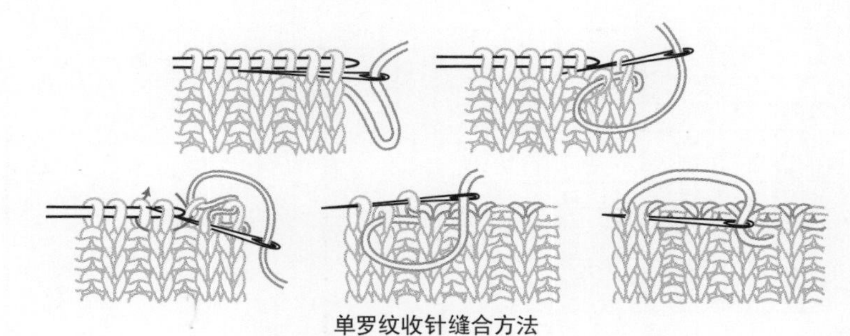
单罗纹收针缝合方法

拧针单罗纹

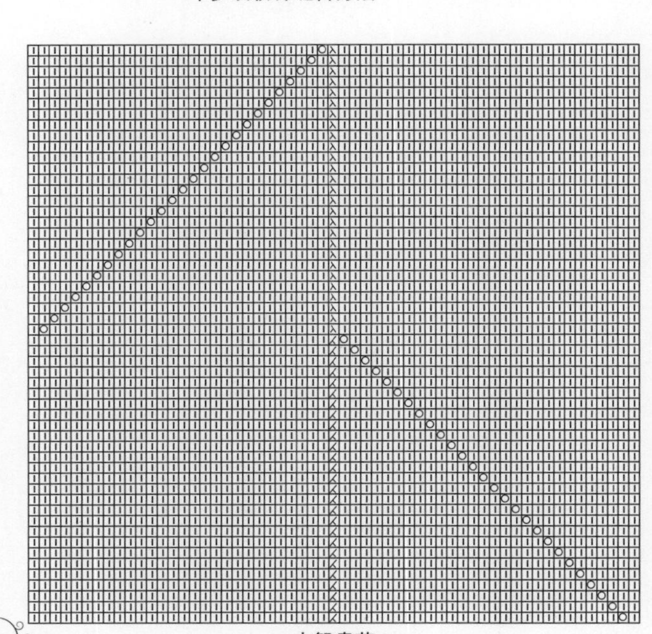
大鸳鸯花

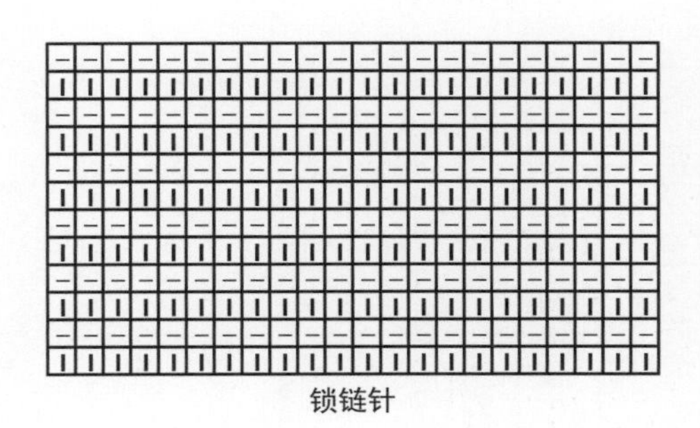
锁链针

小提示
底边起针后直接向上织，由于花纹特点形成自然的中间高、两侧低的效果。

NO.63

第66页

编织简述:

从下摆起针后往返向上织片，织相应长后，在两腋平收针，然后减领口，将前后肩头缝合后，挑织翻领；从袖窿口环形挑针向下按花纹织袖子，至袖口时收针。

编织步骤:

- 用6号针起120针往返织10cm菠萝针。
- 按图平收左右腋部各20针，余针共三片向上织30cm菠萝针后减领口，平收领一侧10针，余针向上直织8cm。
- 前后肩头缝合后，从领口处挑出71针，往返织5cm菠萝针后收平边形成翻领。
- 从大袖窿处环形挑出80针，用6号针织20cm球球针，统一减至44针改织35cm拧针双罗纹后收机械边形成袖子。

材料:
273规格纯毛手织粗线
用量:
500g
工具:
6号针
尺寸(cm):
以实物为准
平均密度:
边长10cm方块=20针×24行

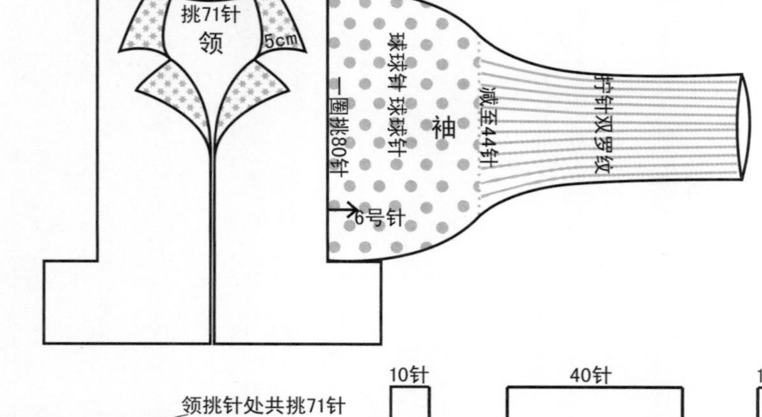

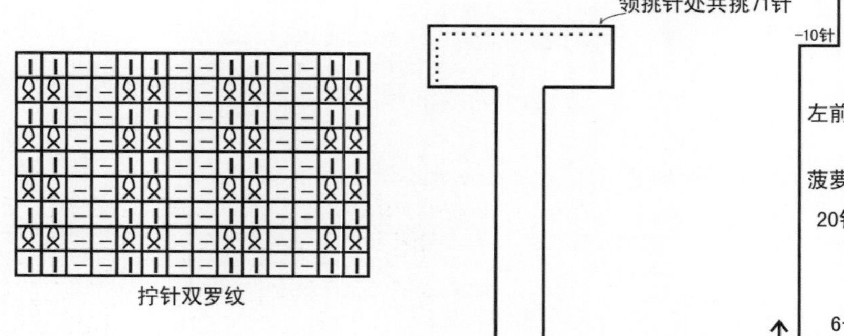

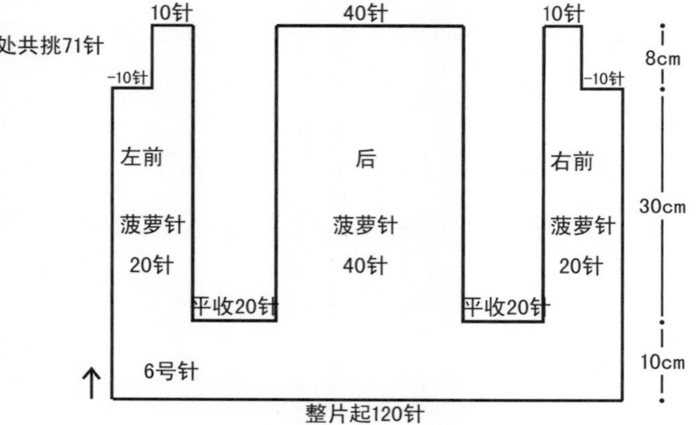

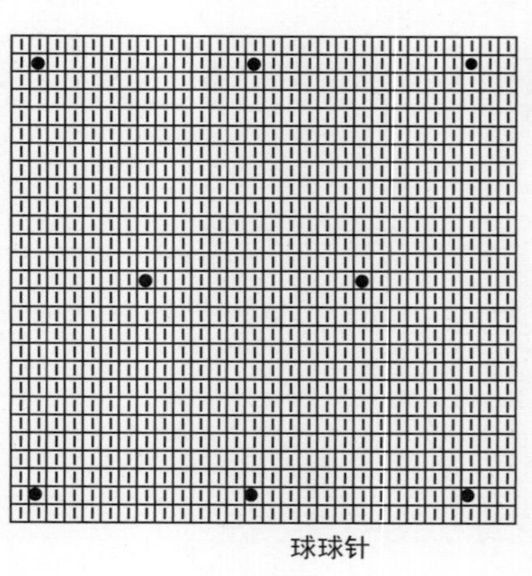
球球针

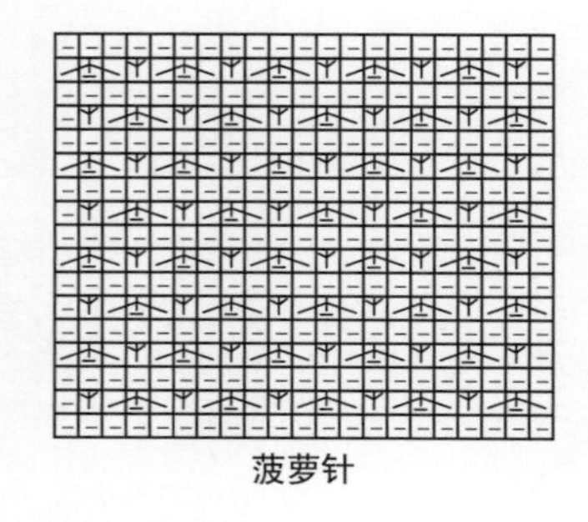
菠萝针

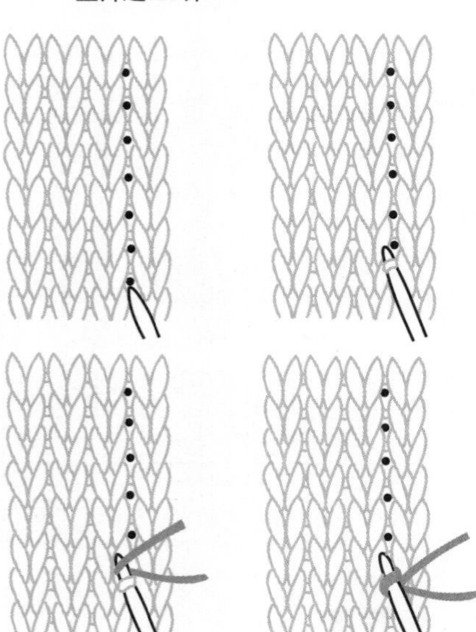
挑织方法

小提示
从袖窿口挑织袖子时，注意两腋直角处不要挑过多针。

编织简述:

从下摆起针后直接按花纹向上环形织，至腋下时分前后片往返向上织，不必减袖窿，前后肩头缝合后，从袖窿口环形挑织两袖。

编织步骤:

- 用 6 号针起 106 针环形向上织大双波浪凤尾针。
- 总长至 22cm 时，从腋部分前后片往返向上织，不必减袖窿。
- 分前后片织 18cm 后，取前后肩头各 12 针缝合，中间 29 针收平边。
- 前后肩头缝合后自然形成袖窿口，从此处挑出 34 针，用 6 号针环形织 44cm 双波浪凤尾针后收针形成袖子。

材料:
278规格纯毛手织粗线
用量:
400g
工具:
6号针
尺寸(cm):
衣长40 袖长44 胸围50 肩宽25
平均密度:
边长10cm方块=21针×31行

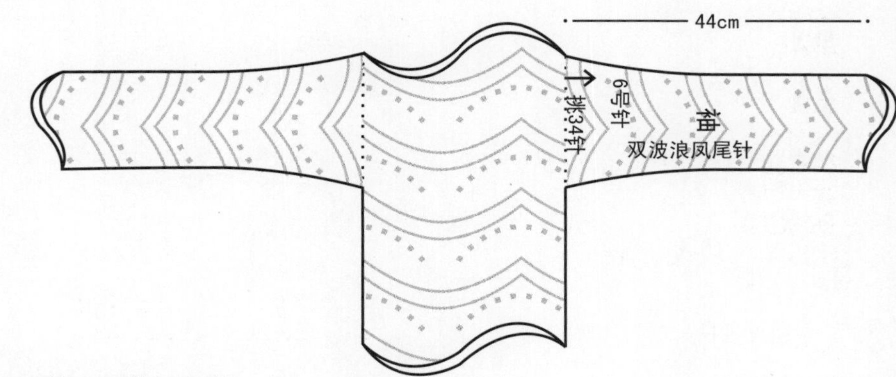

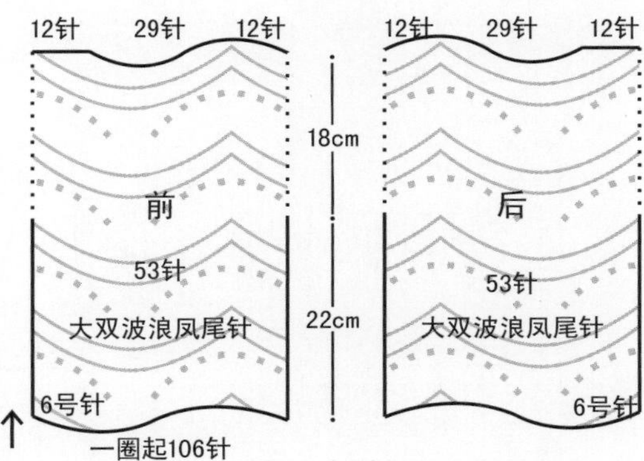

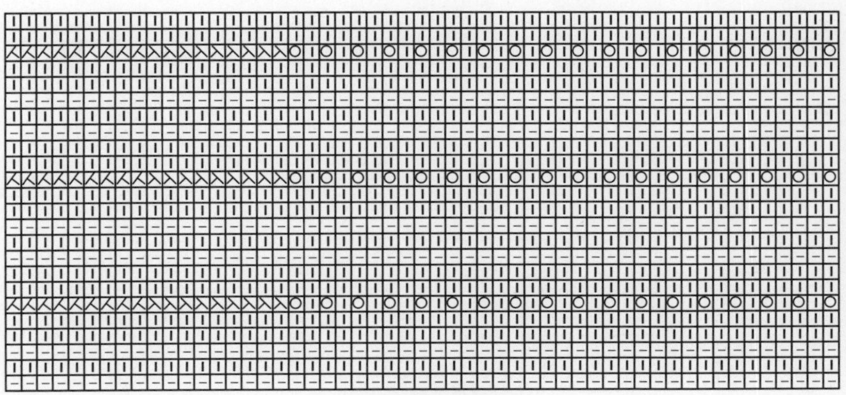
大双波浪凤尾针

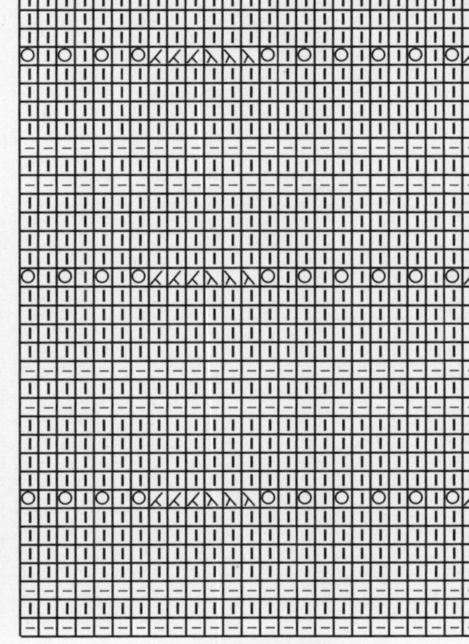
双波浪凤尾针

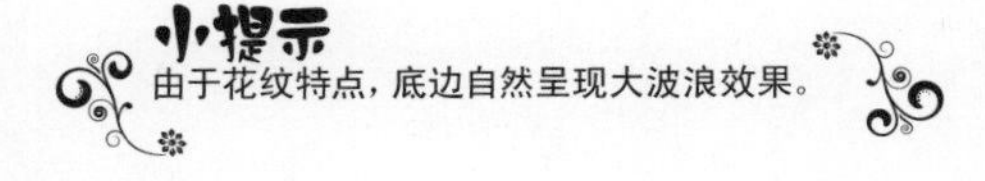
小提示
由于花纹特点，底边自然呈现大波浪效果。

NO.71

第74页

编织简述:

按图织一个不规则的衣片，依照相同数字缝合两肋后同时形成袖窿口，从此处环形挑针向下织袖子。

编织步骤:

- 用6号针起238针往返织15cm对称树叶花。
- 统一减至200针改织11cm桂花针。
- 将衣片左右的各76针松收平边，余正中48针按后背排花往返向上织30cm后，换8号针改织2cm拧针单罗纹后收机械边。
- 在两肋按相同数字缝合（①-①、②-②）后，用6号针从袖窿口挑出48针向下环形织45cm拧针单罗纹后收机械边形成袖子。

材料:
278规格纯毛手织粗线

用量:
450g

工具:
6号针 8号针

尺寸(cm):
以实物为准

平均密度:
边长10cm方块=20针×24行

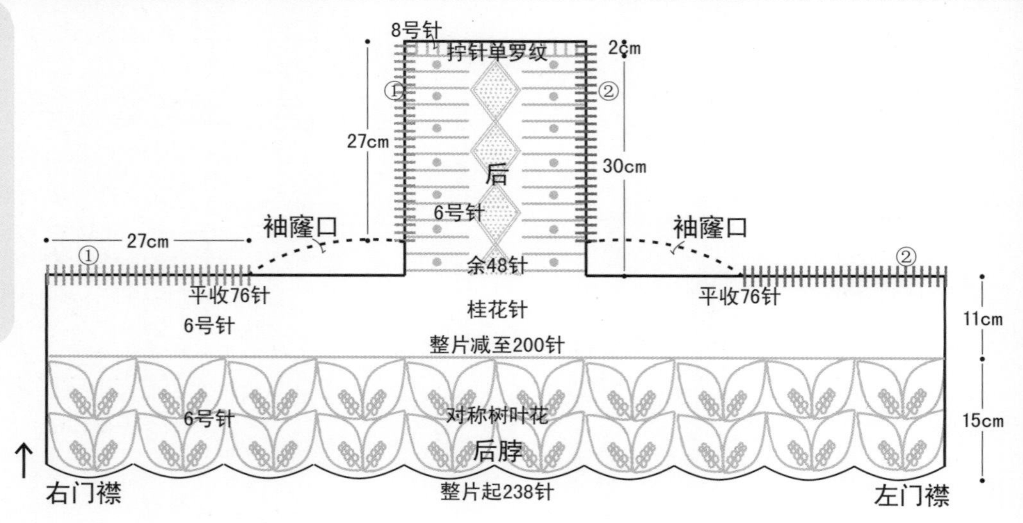

后背排花:

17	1	12	1	17
宽锁链球球针	反针	菱形星星针	反针	宽锁链球球针

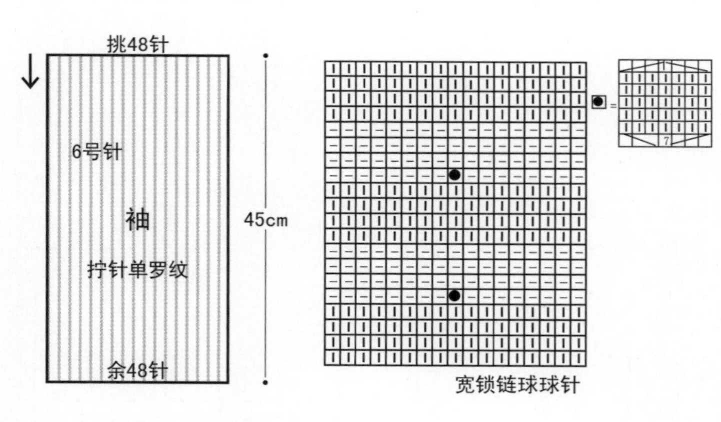

宽锁链球球针

拧针单罗纹

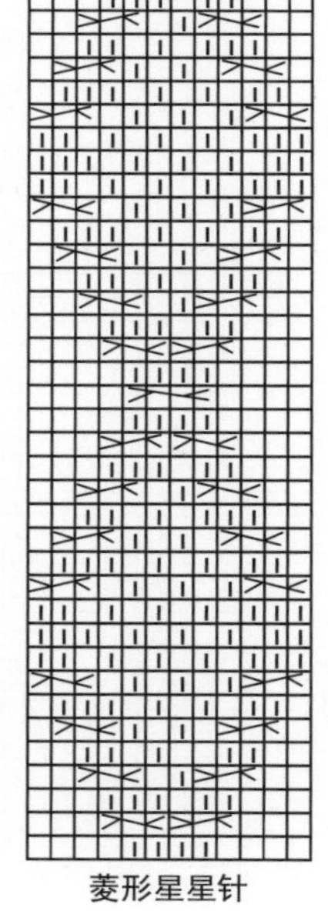

菱形星星针

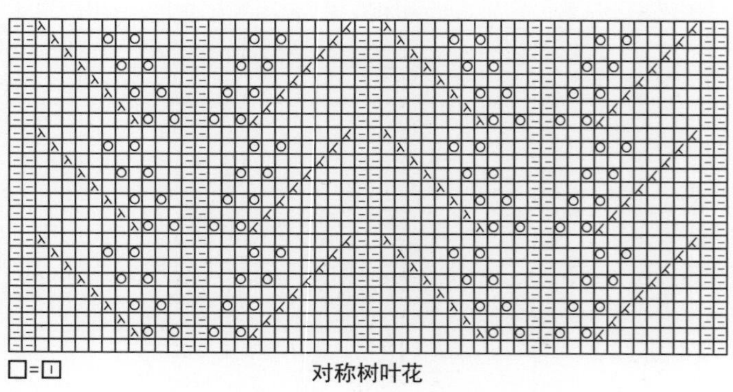

□=□

对称树叶花

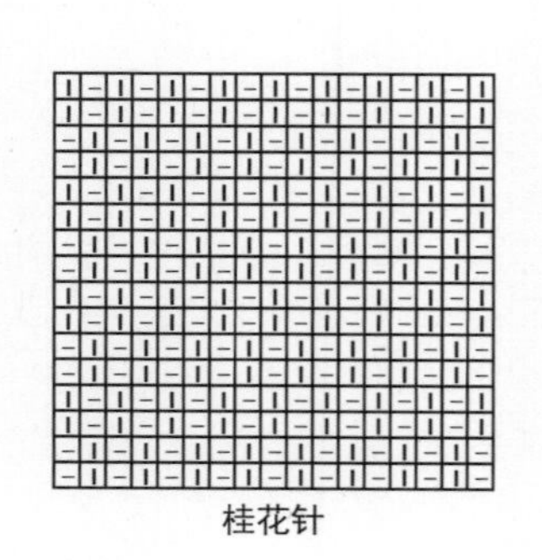

桂花针

小提示

缝合两肋时注意手法不可过紧，以免影响毛衣尺寸和舒展度。

编织简述:

从左袖口起针环形织，统一加针形成左袖；分片完成左前片后收针只织后背，平加针形成右前片后，合圈织右袖；从左右前片及后脖挑织门襟，最后挑织下摆。

编织步骤:

- 用8号针起45针环形织15cm阿尔巴尼亚罗纹针。
- 换6号针统一加至90针改织32cm正针。
- 将90针前后分片织15cm。
- 平收左前片的45针，将后片的45针织15cm后，再平加45针形成右前片，与后背整片合成90针往返织15cm，改环形织32cm正针后，换8号针均匀减至45针织15cm阿尔巴尼亚罗纹针后收针形成右袖。
- 按图沿虚线挑出130针往返织10cm樱桃针后收平边形成领和门襟。
- 从下沿挑出162针用8号针往返织15cm阿尔巴尼亚罗纹针后收平边形成下摆。

材料:
278规格纯毛手织粗线

用量:
450g

工具:
6号针　8号针

尺寸(cm):
以实物为准

平均密度:
边长10cm方块=19针×24行

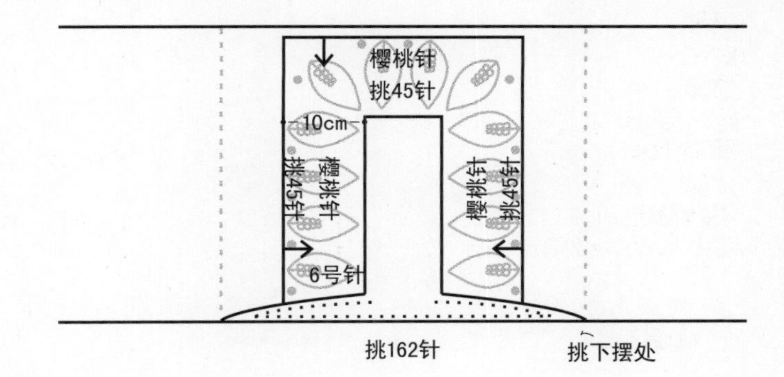

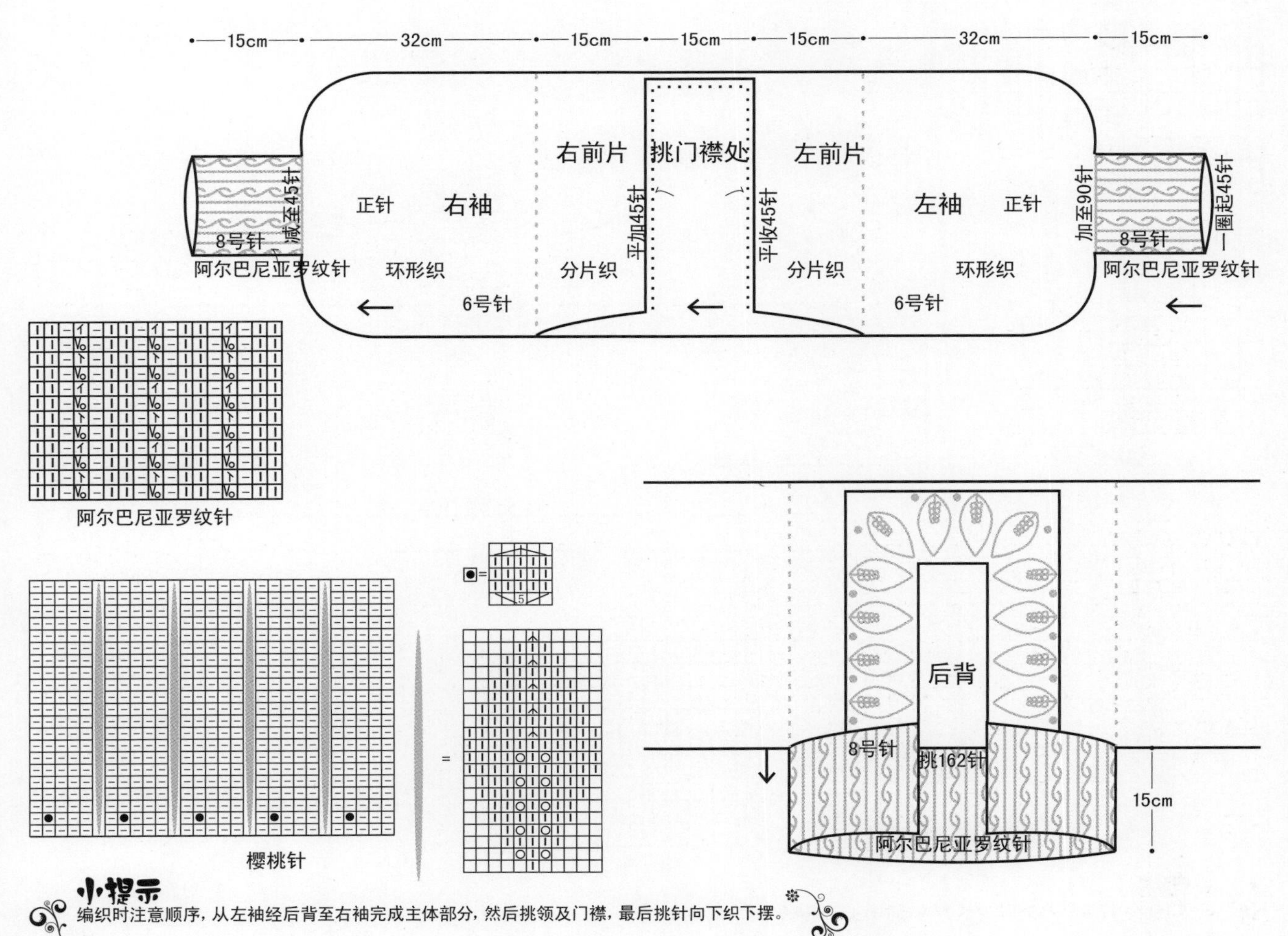

小提示

编织时注意顺序，从左袖经后背至右袖完成主体部分，然后挑领及门襟，最后挑针向下织下摆。

NO.24

第27页

编织简述:

从右袖口起针环形织相应长后改片织后背，最后合圈织另一袖子；从边沿挑针向下织下摆。

编织步骤:

- 用6号针从右袖口起40针环形织13cm拧针单罗纹。
- 统一加至60针按排花环形织20cm后，从正中分片左右各8针拧针单罗纹，往返织55cm，再次合成一圈织20cm统一减至40针环形织13cm拧针单罗纹后收机械边。
- 沿虚线挑出160针按排花织40cm下摆，再改织4cm拧针单罗纹后收机械边完成下摆。

材料:
278规格纯毛手织粗线
用量:
500g
工具:
6号针
尺寸(cm):
以实物为准
平均密度:
边长10cm方块=20针×24行

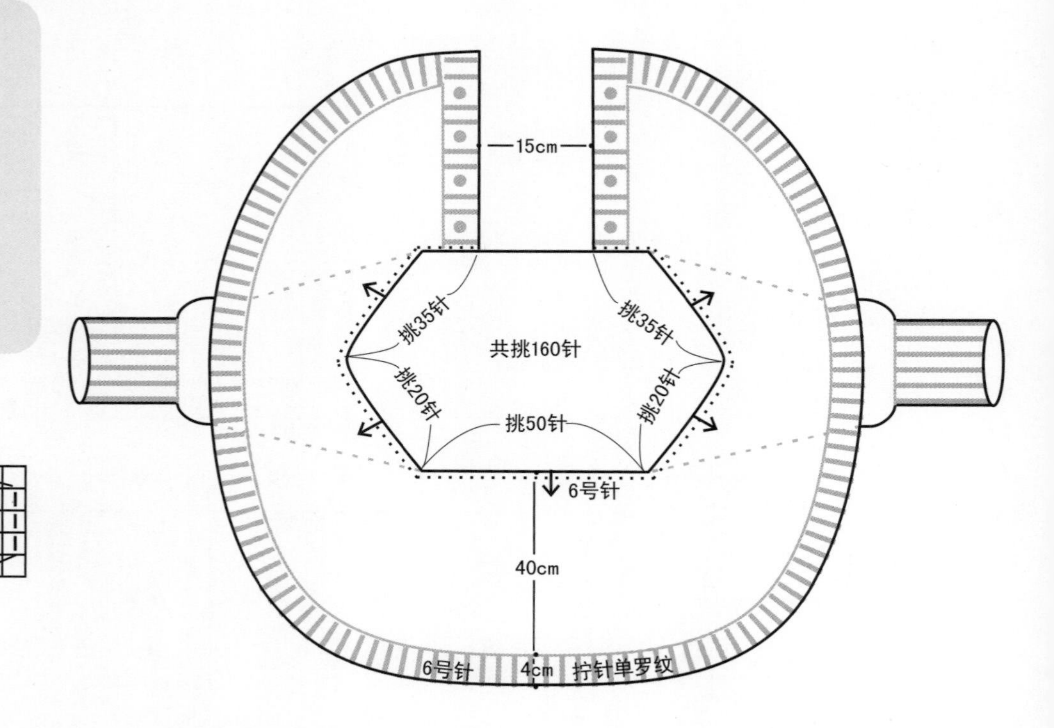

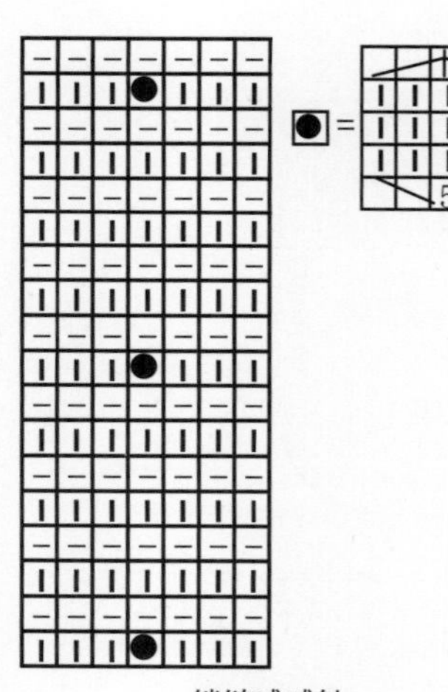

锁链球球针

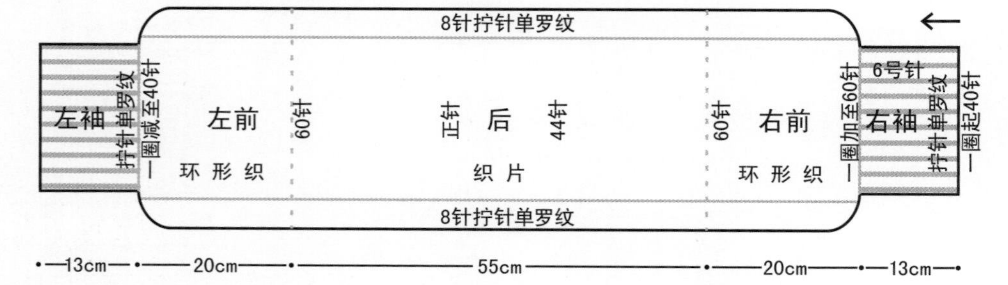

拧针单罗纹

袖子排花:
44 正针
16 拧针单罗纹

下摆排花:

7	146	7
锁链球球针	正针	锁链球球针

小提示
挑织下摆时，注意后背少挑针，两门襟处多挑针。

编织简述:

从左袖口起针后环形织，至后背时改往返织片，再次合圈后织右袖，最后挑织领边等。

编织步骤:

- 用8号针起40针环形织20cm拧针单罗纹。
- 换6号针统一加至102针环形织25cm双波浪凤尾针形成左袖。
- 改往返织片，织50cm后形成后背时，再次合圈环形织右袖。
- 环形织25cm后，统一减至40针换8号针环形织20cm拧针单罗纹后收机械边形成右袖口。
- 沿虚线挑出160针用6号针环形织5cm锁链针后松收平边形成领边等。

材料:
273规格纯毛手织粗线

用量:
500g

工具:
6号针　8号针

尺寸(cm):
以实物为准

平均密度:
边长10cm方块=19针×24行

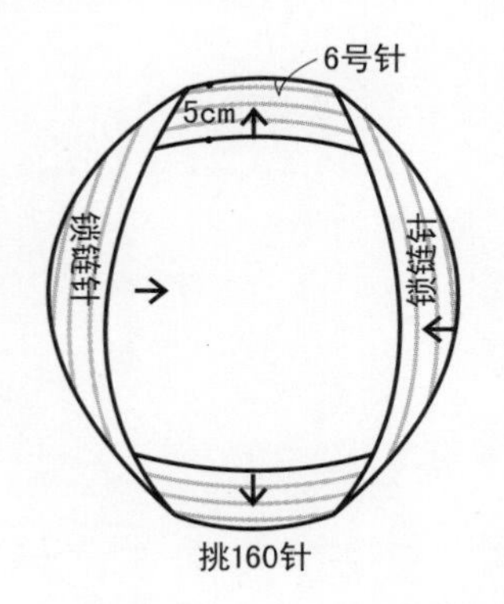

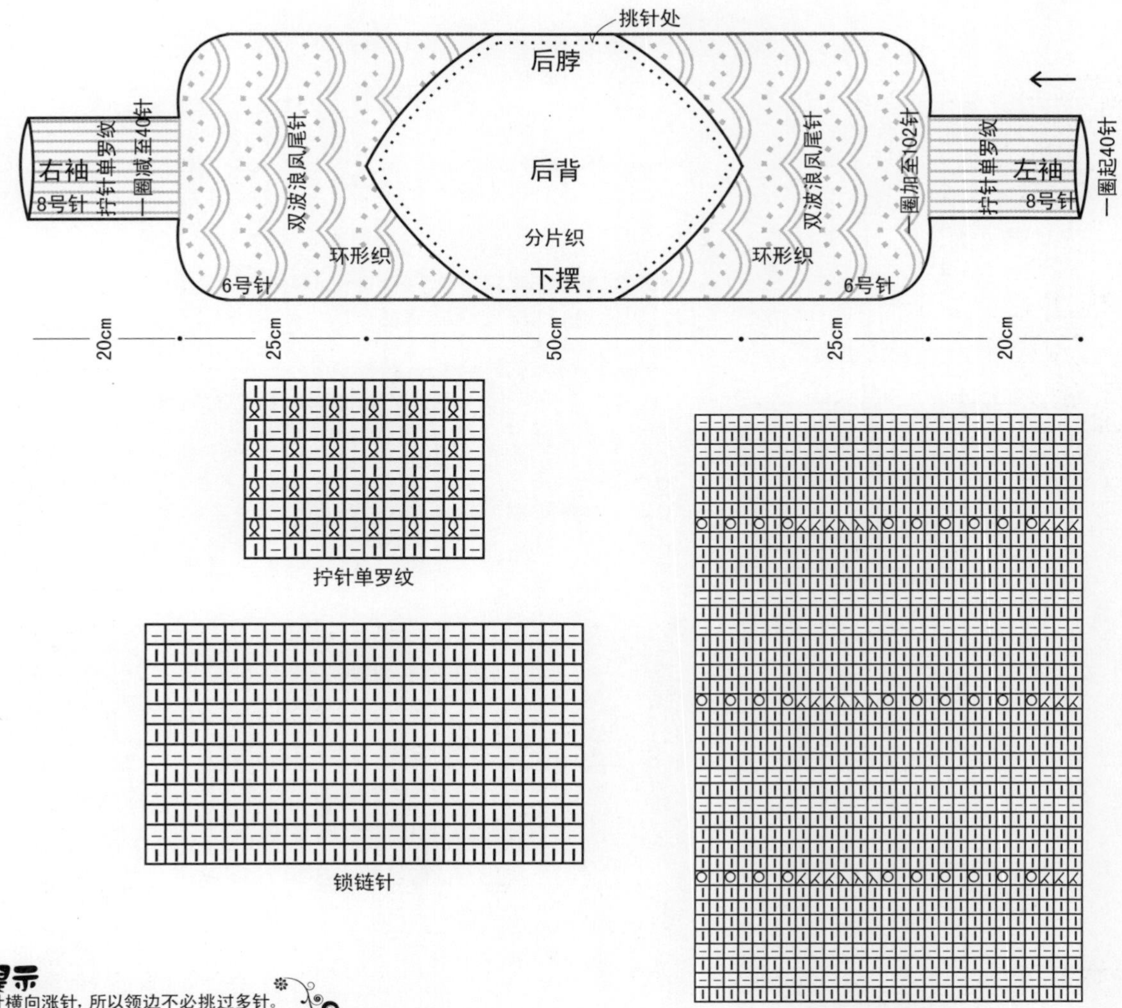

小提示
锁链针横向涨针，所以领边不必挑过多针。

NO.44

第47页

编织简述:

按图织一个不规则的衣片，依照相同数字缝合两肋后同时形成袖窿口，从此处环形挑针向下织袖子。

编织步骤:

- 用 6 号针起 221 针往返织 15cm 双波浪凤尾针。
- 统一减至 190 针改织 12cm 绵羊圈圈针。
- 将左右各 65 针平收，余正中 60 针往返织 32cm 拧针双罗纹后收机械边形成后背。
- 在两肋按相同数字缝合（①-①、②-②），同时用 6 号针从袖窿口挑出 48 针向下环形织 45cm 拧针单罗纹后收机械边形成袖子。

材料:
275规格纯毛手织粗线
用量:
400g
工具:
6号针
尺寸(cm):
以实物为准
平均密度:
边长10cm方块=20针×24行

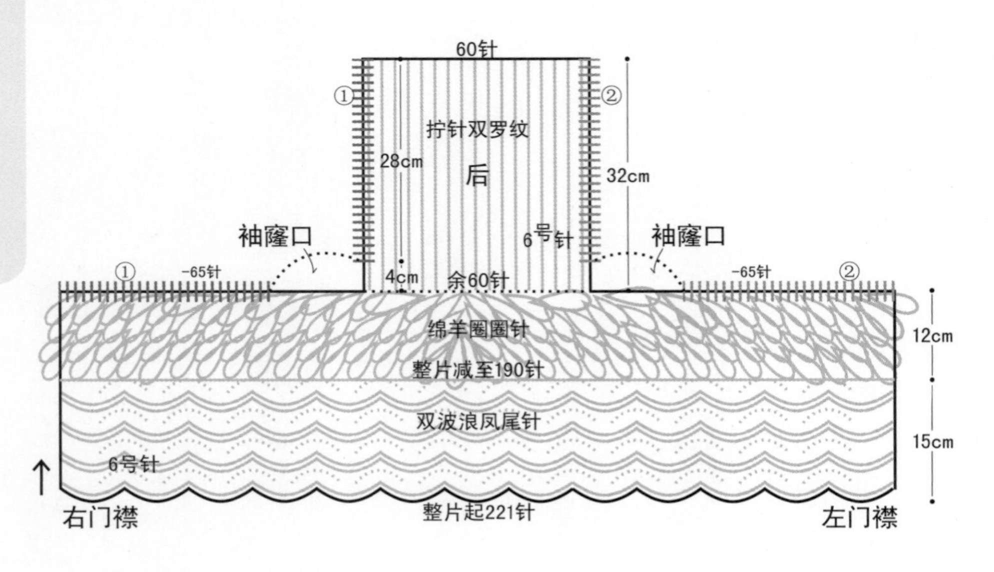

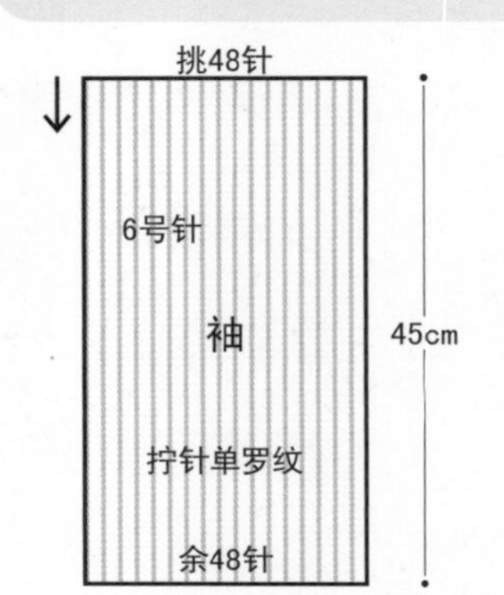

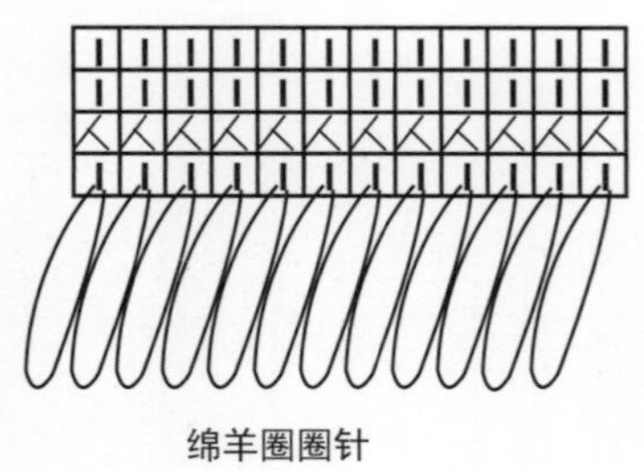

绵羊圈圈针

第1行：右手食指绕双线织正针，然后把线套绕到正面，按此方法织第2针。
第2行：由于是双线所以2针并1针织正针。
第3、第4行：织正针，并拉紧线套。
第5行以后重复第1~4行。

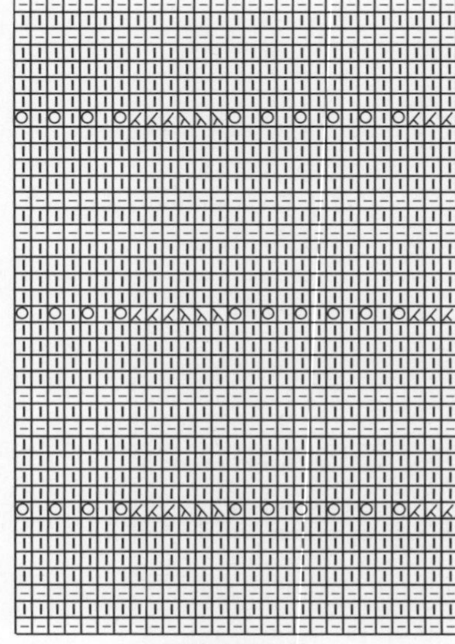

双波浪凤尾针

绵羊圈圈针

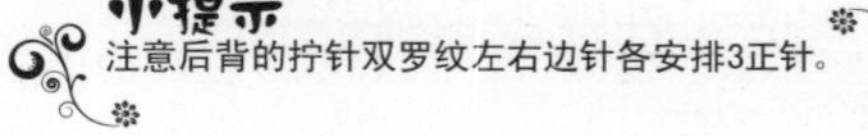

小提示
注意后背的拧针双罗纹左右边针各安排3正针。

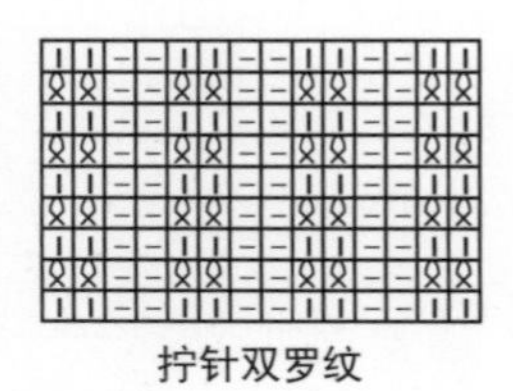

拧针双罗纹

拧针单罗纹

编织简述:

从下摆起针后环形向上织，只减袖窿不减领口，前后肩头各取相同针数缝合后形成一字领；袖口起针后环形向上织，统一减针后形成喇叭袖效果，在袖下规律加针至腋下，减袖山后余针平收，与正身整齐缝合。

编织步骤:

- 用6号针起240针环形织14cm对称树叶花。
- 换8号针统一减至112针改织10cm拧针单罗纹后，再换6号针改织12cm正针，总长至36cm时减袖窿，平收腋正中8针，隔1行减1针减4次。
- 距后脖8cm时前后片改织绵羊圈圈针，并取左右各8针缝合形成肩头，中间为一字领。
- 袖口用6号针起72针环形织14cm对称树叶花后，统一减至36针改织正针，同时在袖下隔13行加1次针，每次加2针，共加5次，总长至42cm时减袖山，平收腋正中8针，隔1行减1针减13次。余针平收，与正身整齐缝合。

材料:
275规格纯毛手织粗线
用量:
450g
工具:
6号针　8号针
尺寸(cm):
衣长54　袖长55　胸围58　肩宽21
平均密度:
边长10cm方块=19针×24行

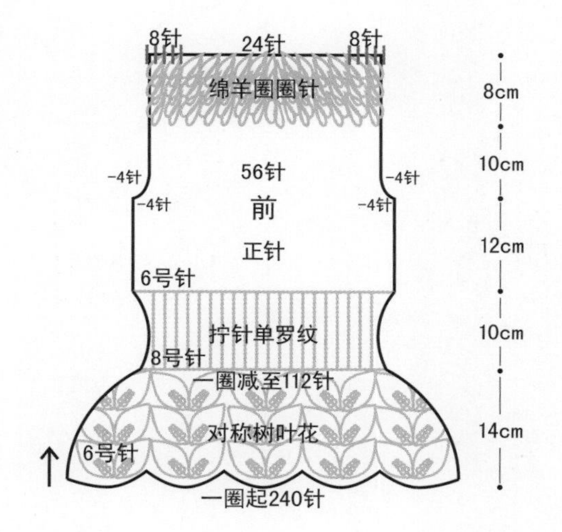

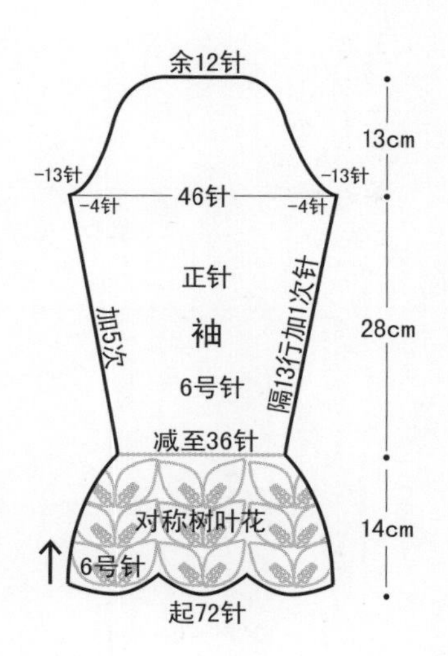

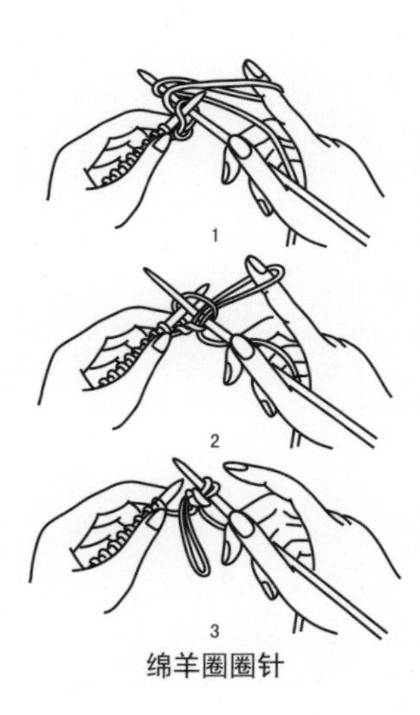

绵羊圈圈针

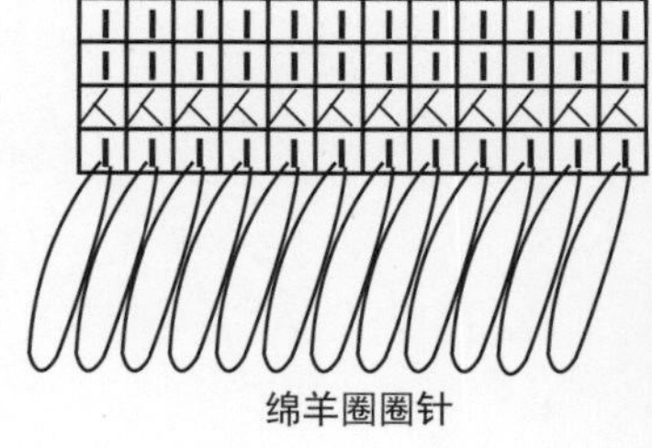

绵羊圈圈针

第1行: 右手食指绕双线织正针，然后把线套绕到正面，按此方法织第2针。
第3行: 由于是双线所以2针并1针织正针。
第3、第4行: 织正针，并拉紧线套。
第5行以后重复第1~4行。

拧针单罗纹

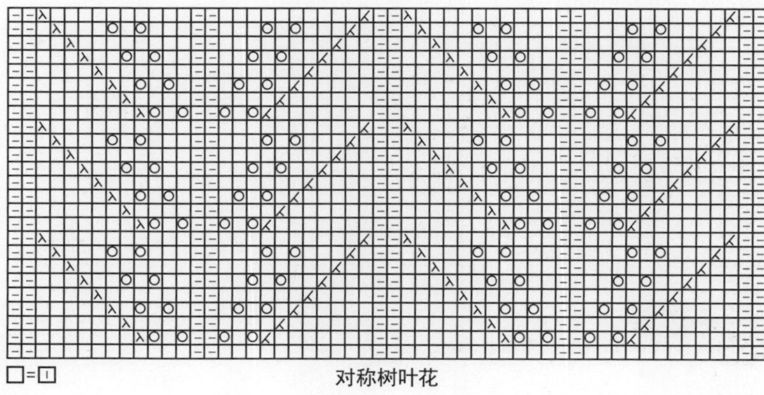
□=⊟
对称树叶花

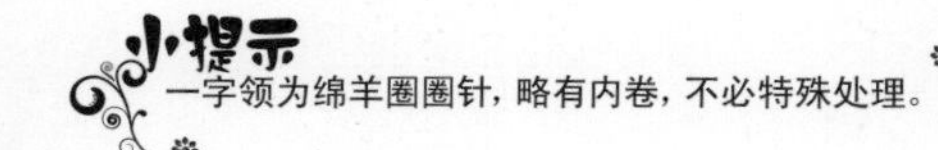

一字领为绵羊圈圈针，略有内卷，不必特殊处理。

第50页 NO.47

材料:
278规格纯毛手织粗线
用量:
400g
工具:
6号针
尺寸(cm):
以实物为准
平均密度:
边长10cm方块=20针×24行

编织简述:

首先织一个长方形，按相同数字缝合后从开口挑织袖子。

编织步骤:

- 用 6 号针起 100 针往返织 12cm 绵羊圈圈针。
- 改织 36cm 阿尔巴尼亚罗纹针后松收平边。
- 按图中相同数字缝合各部分形成背心，从开口处挑出 40 针环形织 42cm 拧针单罗纹后收机械边形成袖子。

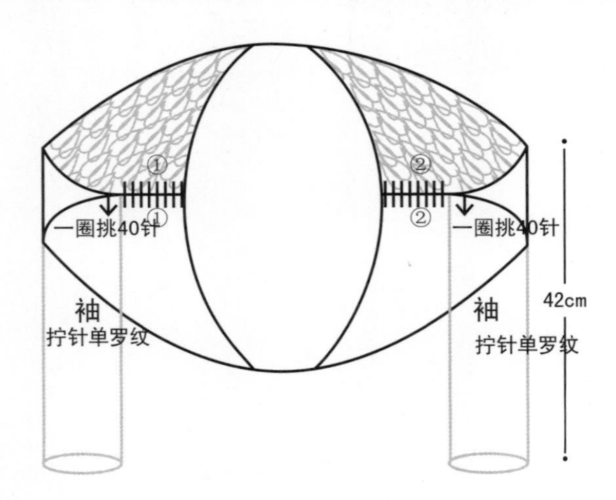

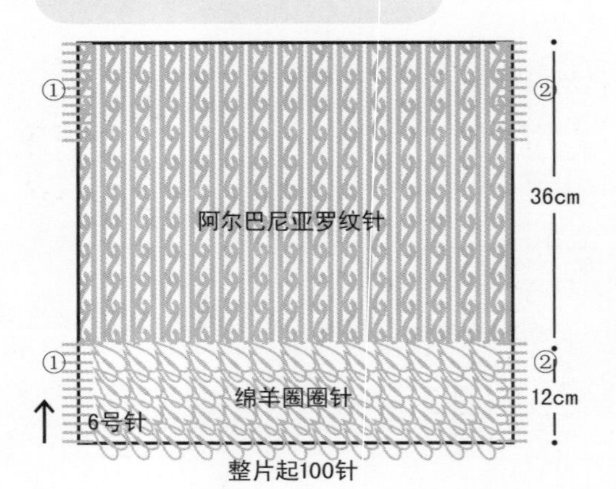

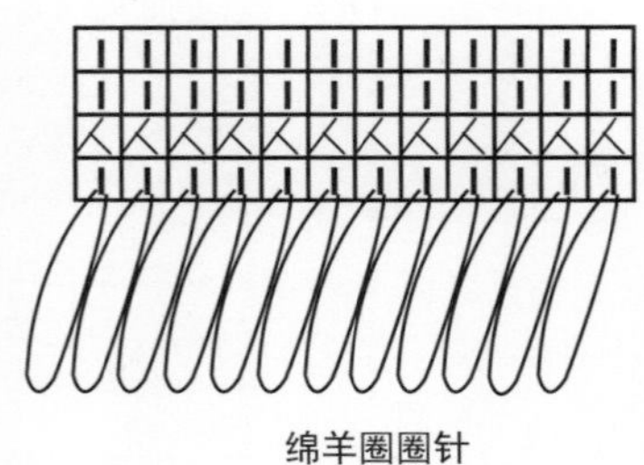

绵羊圈圈针

第1行：右手食指绕双线织正针，然后把线套绕到正面，按此方法织第2针。
第3行：由于是双线所以2针并1针织正针。
第3、第4行：织正针，并拉紧线套。
第5行以后重复第1~4行。

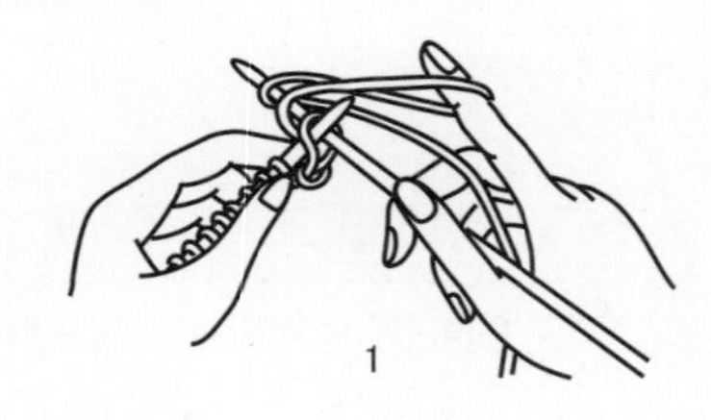
1

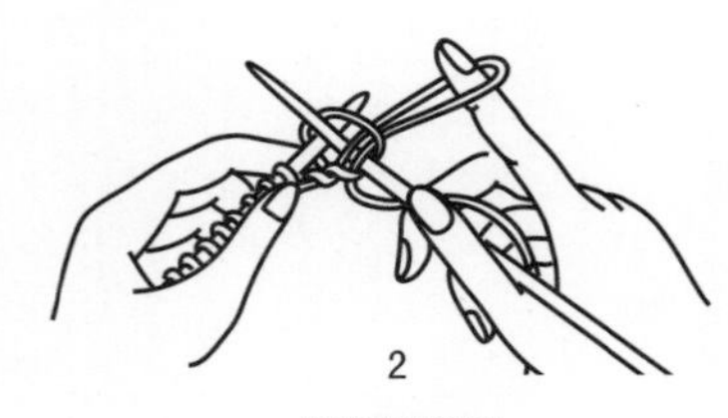
2

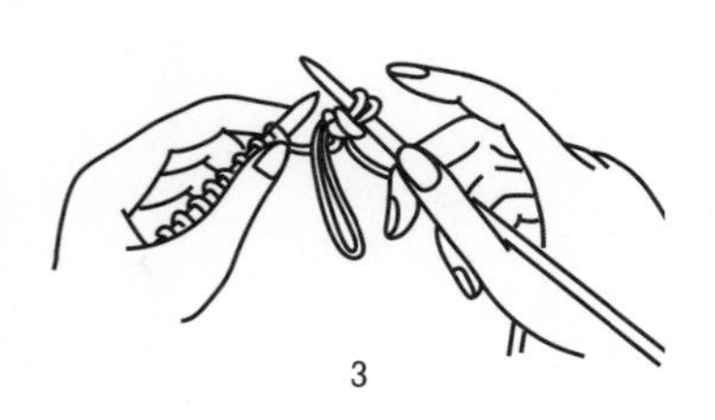
3

绵羊圈圈针

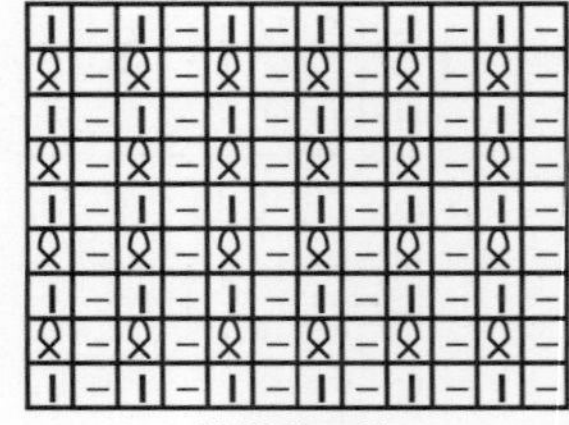
拧针单罗纹

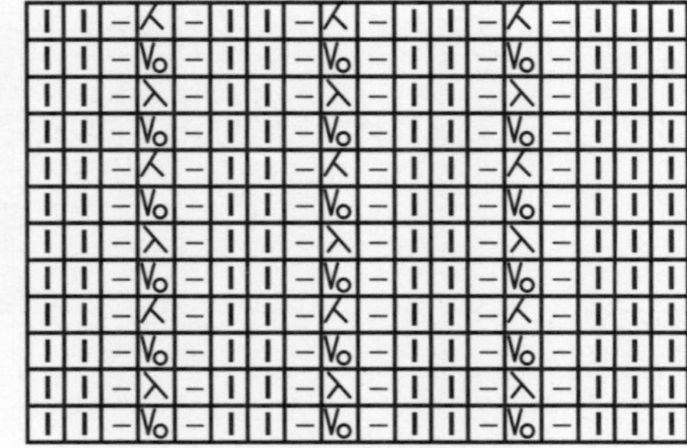
阿尔巴尼亚罗纹针

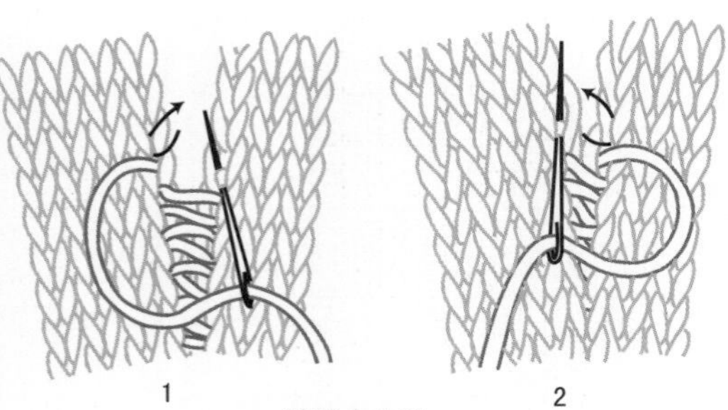

竖缝合方法

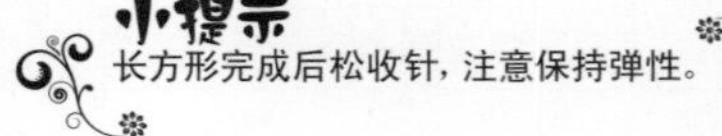
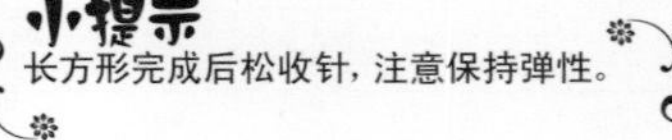

小提示
长方形完成后松收针，注意保持弹性。

NO.58

第61页

编织简述:

起针后按要求加减针形成一个侧"凹"形，按相同数字缝合后形成披肩，然后分别挑织领子、下摆和两袖。

编织步骤:

- 用6号针起80针往返向上织横条纹针。
- 总长至35cm后，取右侧40针平留，余左侧的40针往返向上织12cm后，再平加出40针合成原来的80针大片按原花纹往返向上织35cm后收针。
- 沿对折线竖对折后，在袖下各取20cm按相同数字缝合形成披肩。
- 在挑领处挑出121针，往返织10cm樱桃针后松收机械边形成领子。
- 用8号针从下摆处挑出142针往返织20cm拧针双罗纹后收机械边。
- 从袖口处挑出48针，用8号针环形织25cm拧针双罗纹后收机械边形成袖子。

材料:
275规格纯毛手织粗线

用量:
550g

工具:
6号针　8号针

尺寸(cm):
以实物为准

平均密度:
边长10cm方块=20针×25行

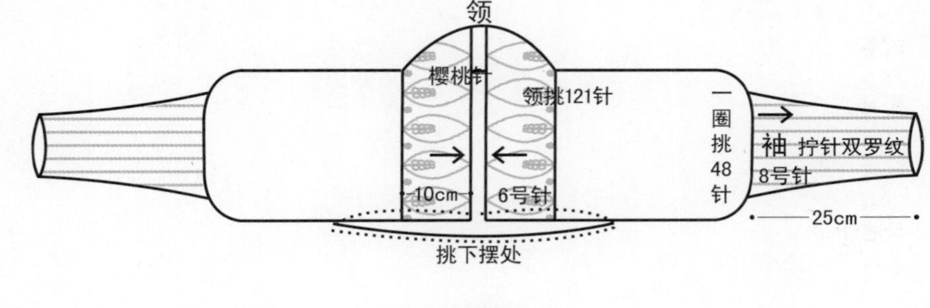

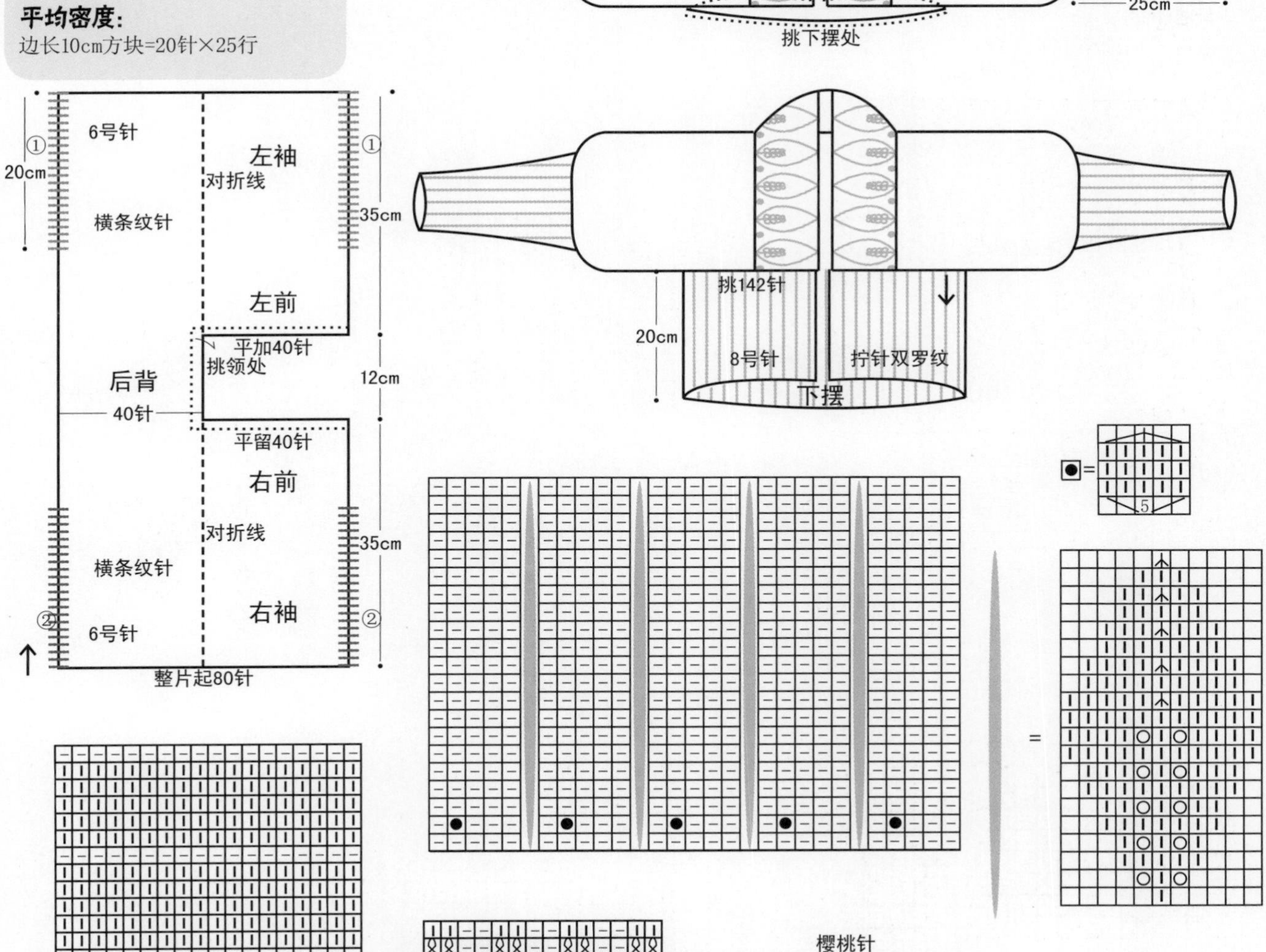

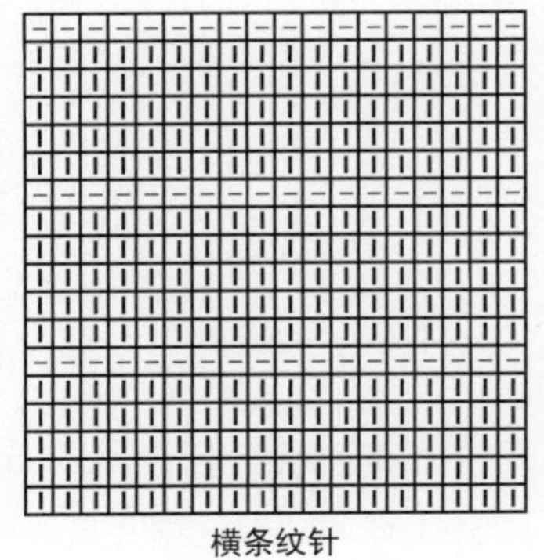
横条纹针

拧针双罗纹

小提示
编织披肩时注意顺序，先挑织领子，然后再挑织下摆和两袖。

NO.50

第53页

编织简述:

按要求织两个三角形，在其中间和两侧同时平加针合成大片往返向上织，织相应长后，取后腰针数平收，再取门襟针数平收，余下的针数按规律减针，余针织肩带，肩带向上织相应长后，按要求加针完成帽子，最后系毛线编小辫子，并与后腰正中固定。

编织步骤:

- 用 6 号针起 1 针，往返向上织星星针的同时，分别在左右位置每隔 1 行加 1 针，共加次 17 后形成三角形。
- 共织两个相同大小的三角形。在两个三角形中间平加 60 针、两边各平加 7 针，整片共 144 针按排花向上往返织 12cm。
- 取后腰正中的 60 针平收，取左右门襟各 7 针平收。左右前片各余 35 针继续织星星针，同时在其两侧隔 1 行减 1 针共减 14 次，余 7 针为肩带，不加减针往返向上织 14cm。
- 在肩带的一侧隔 1 行加 1 针加 10 次，然后在两个肩带中间再平加 30 针向上织帽片，整个帽片为 64 针，往返向上织的同时，在正中隔 1 行加 1 针共加 5 次，整个帽片为 74 针。帽片织到 18cm 时，在帽片正中隔 1 行减 1 针减 8 次，此时帽片余 58 针，竖对折在帽顶内部缝合形成帽子。
- 在帽子根部的正中位置系好毛线，将毛线分成三股，按编小辫子的方法向下编，至 33cm 时系好并与后腰正中固定。

材料:
278规格纯毛手织粗线

用量:
200g

工具:
6号针

尺寸(cm):
以实物为准

平均密度:
边长10cm方块=18针×26行

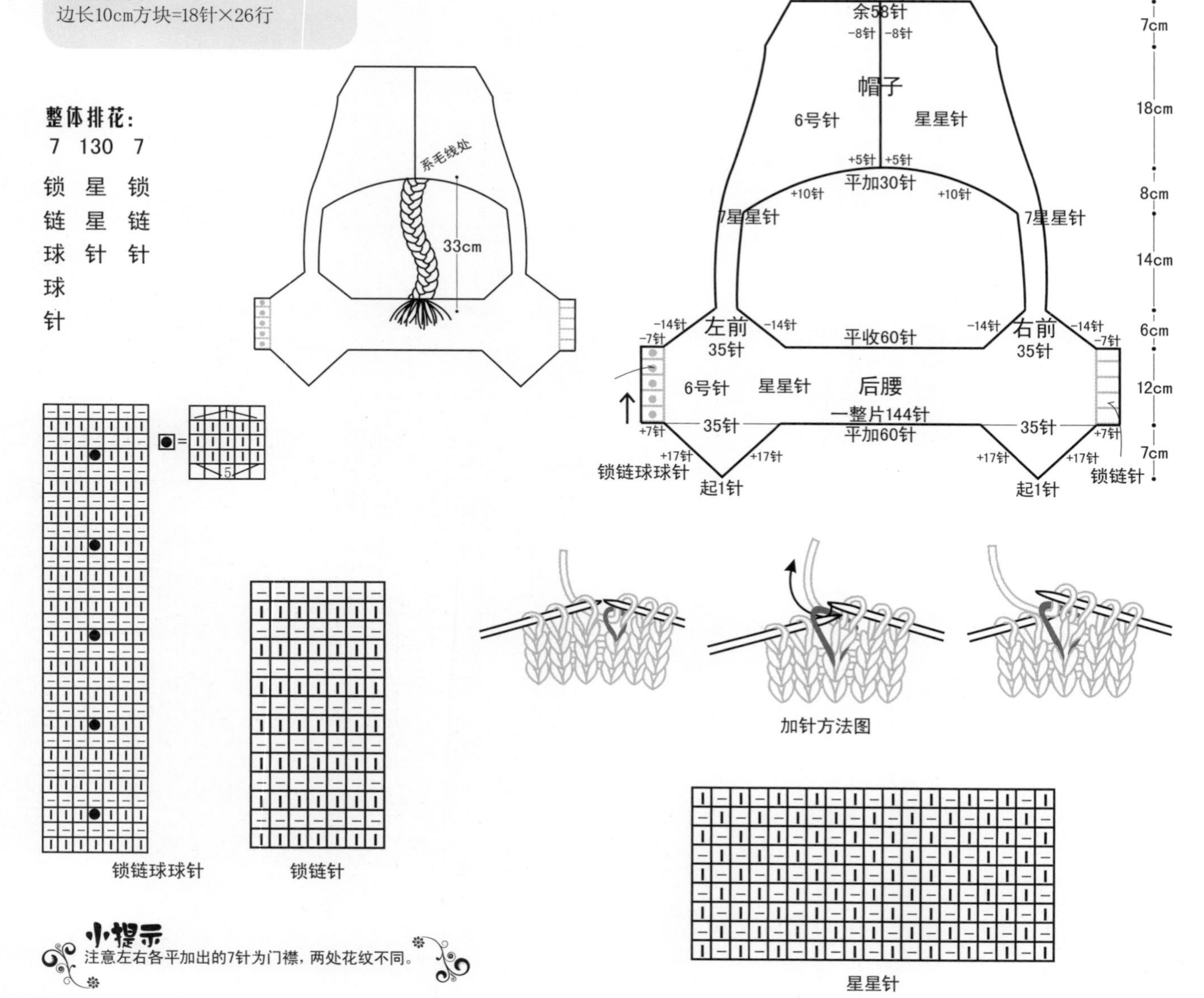

小提示
注意左右各平加出的7针为门襟，两处花纹不同。

NO.56

第59页

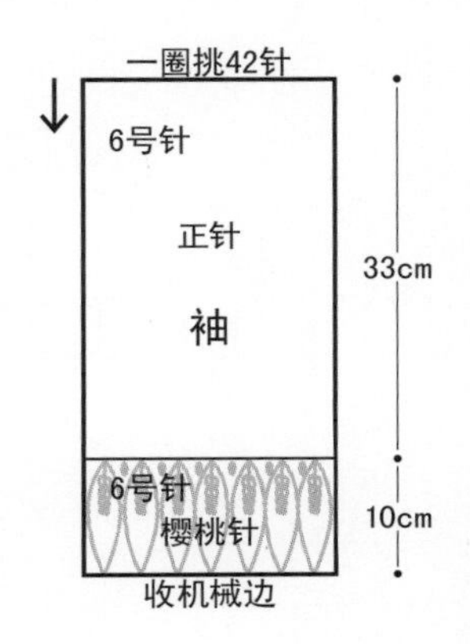

编织简述:

按花纹往返织一个长方形的大片，并按要求留出两个开口，最后从开口处挑织两袖。

编织步骤:

- 用 6 号针起 169 针往返织锯齿叶子针。
- 总长至 20cm 后改织星星针，同时按图左右各平收 4 针，分三片往返向上织 16cm 后，在原收针位置平加出 4 针，整片合成原有的 169 针往返向上织 30cm 后收平边，左右形成两个长方形的开口为袖窿口。
- 用 6 号针从袖窿口挑出 42 针环形向上织 33cm 正针后，改织 10cm 樱桃针收机械边形成袖子。

材料:
278规格纯毛手织粗线

用量:
500g

工具:
6号针

尺寸(cm):
以实物为准

平均密度:
边长10cm方块=18针×24行

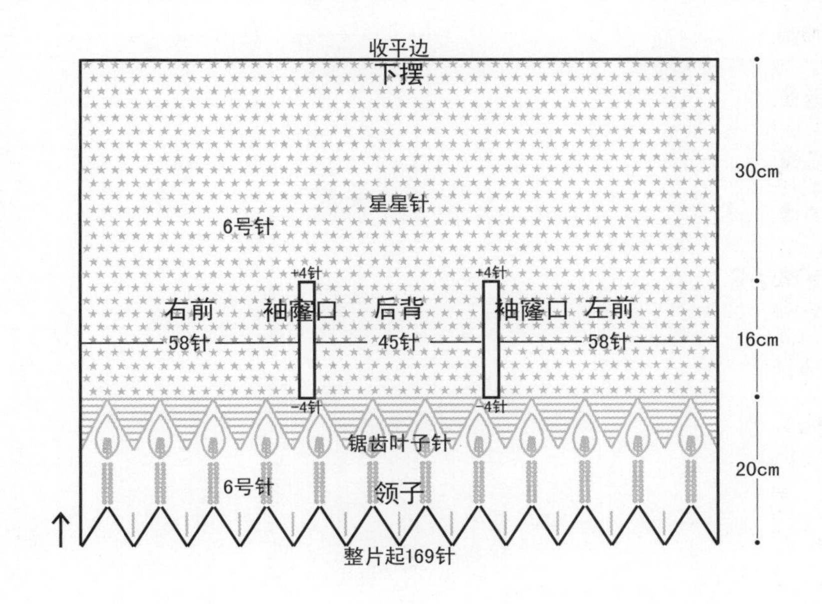

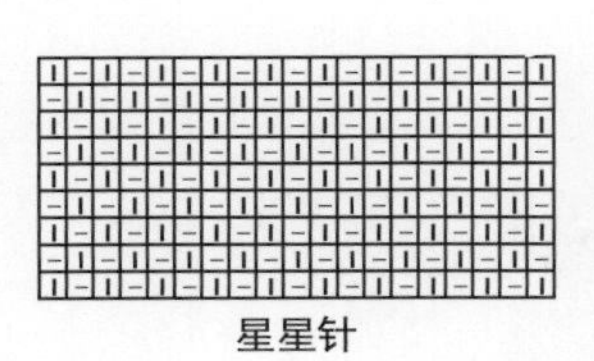
星星针

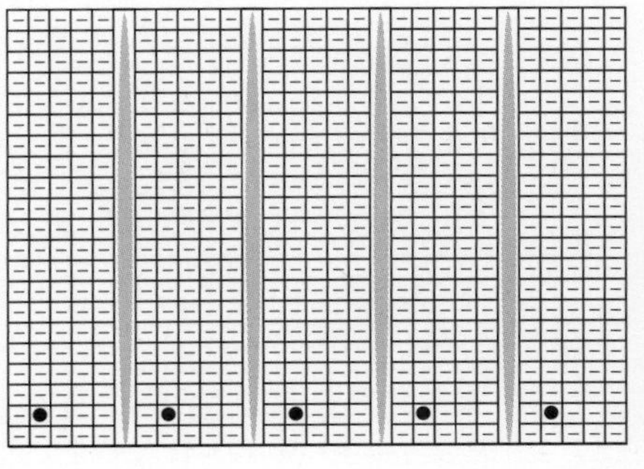
樱桃针

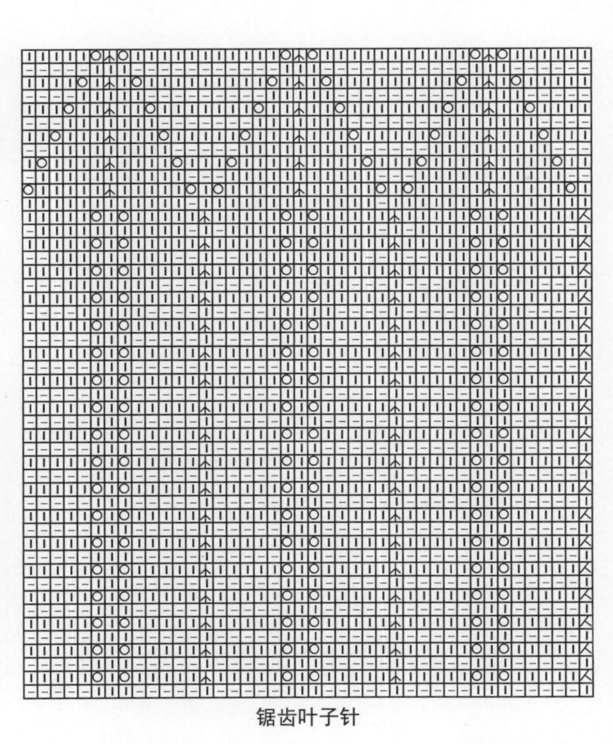
锯齿叶子针

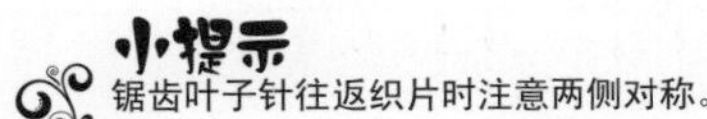

小提示
锯齿叶子针往返织片时注意两侧对称。

编织简述:

从下摆起针后整片向上织，依花纹特点，余针直接织正身，形成的开口为袖窿口，从袖窿口环形挑针织袖子。

编织步骤:

- 用 6 号针起 228 针，左右各 7 针织星星针，中间 214 针织对称树叶花。
- 往返织 25cm 后，统一减至 134 针改织 5cm 正针后，按图分三片织 15cm 后再合成 134 针大片织 25cm 正针并改织 3cm 拧针双罗纹后收机械边。形成的两个开口是袖窿口。
- 用 6 号针从袖窿口挑出 44 针环形织 44cm 拧针双罗纹后收机械边形成袖子。
- 在左侧门襟处缝 5 颗纽扣。

材料:
278规格纯毛手织粗线

用量:
550g

工具:
6号针

尺寸(cm):
衣长48　袖长44　胸围67　肩宽27

平均密度:
边长10cm方块=20针×24行

整体排花:

7	214	7
星星针	对称树叶花	星星针

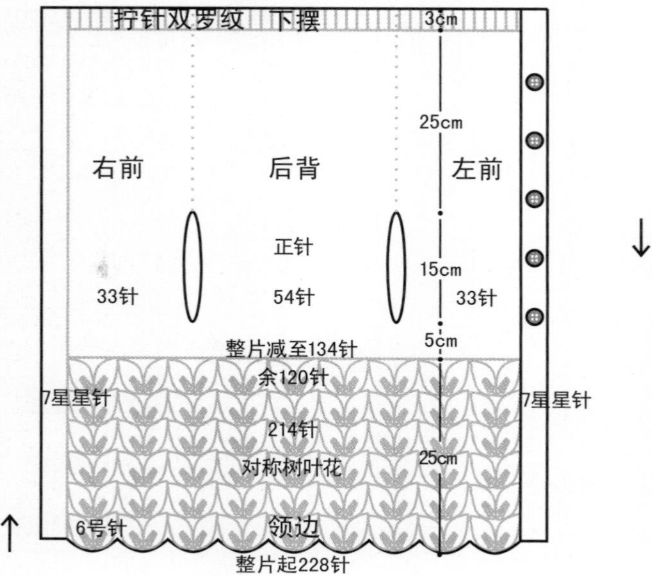

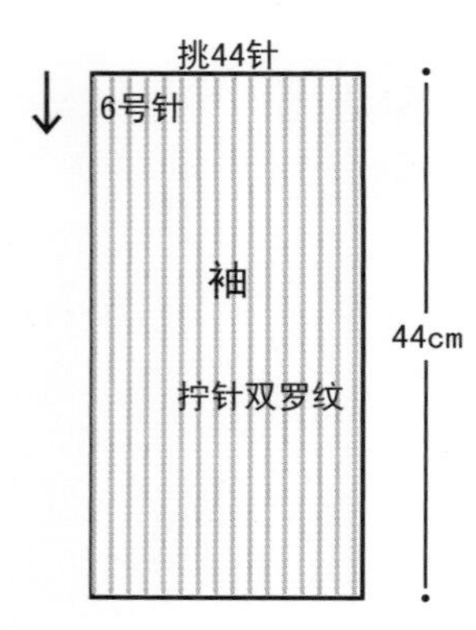

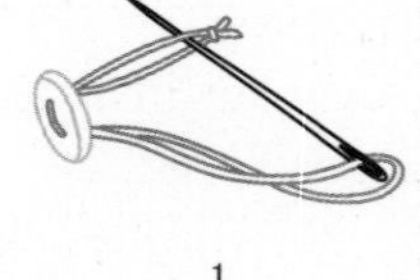
1

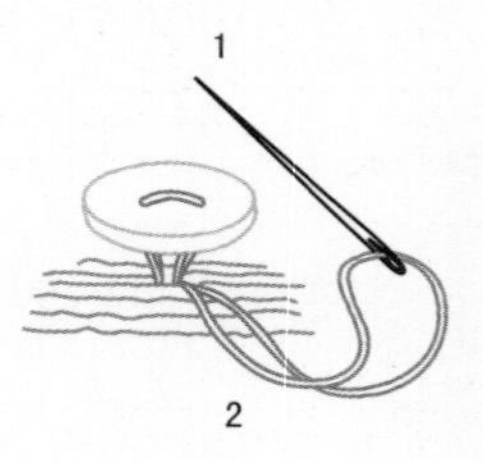
2

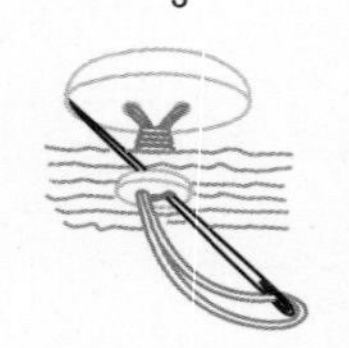
3

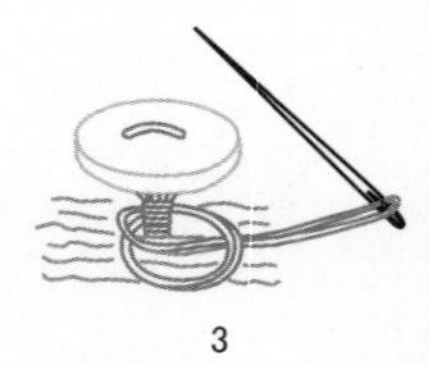
4

缝扣子方法

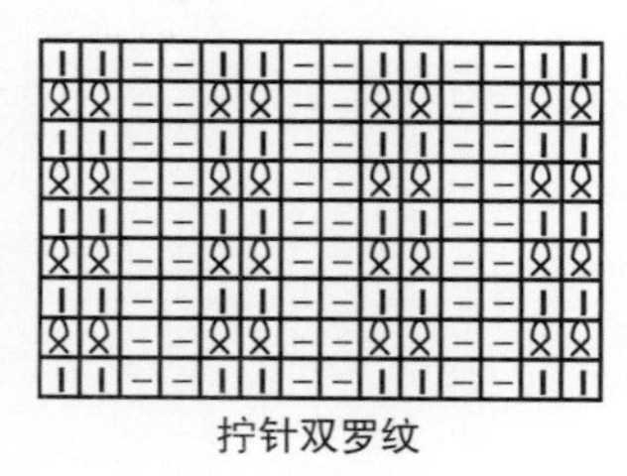
拧针双罗纹

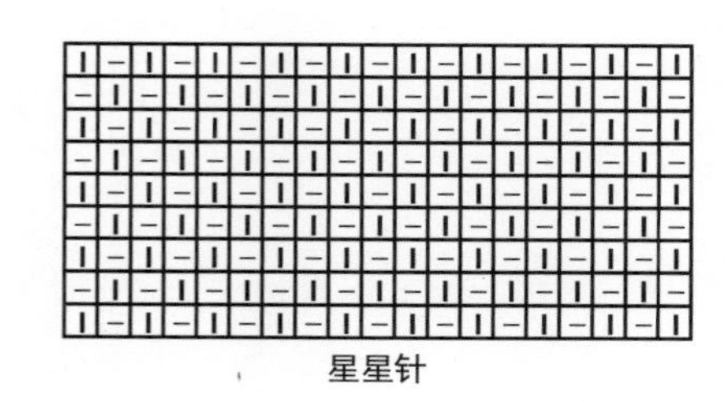
星星针

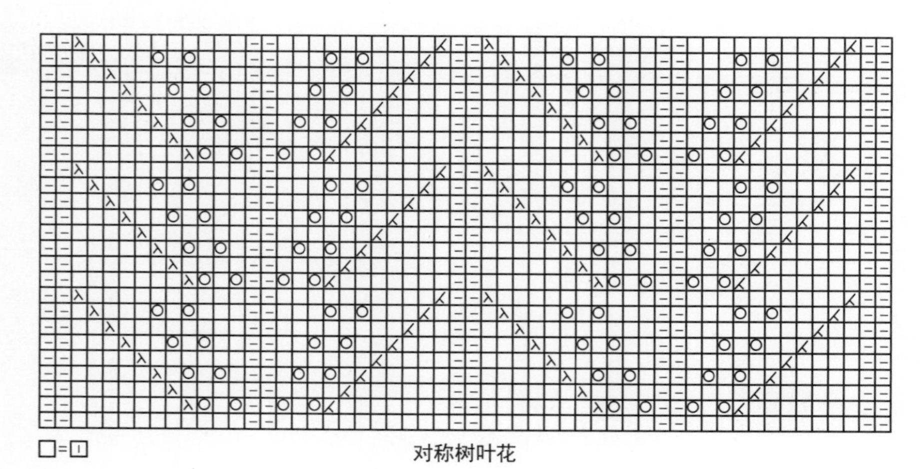
□=Ⅰ

对称树叶花

披肩从领边向下摆方向编织。

NO.18

第21页

编织简述:

按花纹往返织一个长方形片，取相同数字位置缝合后，再挑针环形织两袖。

编织步骤:

- 用 6 号针起 180 针往返织 56cm 蛋糕花边后收针形成长方形。
- 在长方形两侧各取 2cm 按相同数字缝合形成袖窿口。
- 用 8 号针在袖窿口处挑出 48 针环形织 43cm 拧针单罗纹后收机械边形成袖子。

材料:
275规格纯毛手织粗线

用量:
550g

工具:
6号针　8号针

尺寸(cm):
以实物为准

平均密度:
边长10cm方块=20针×25行

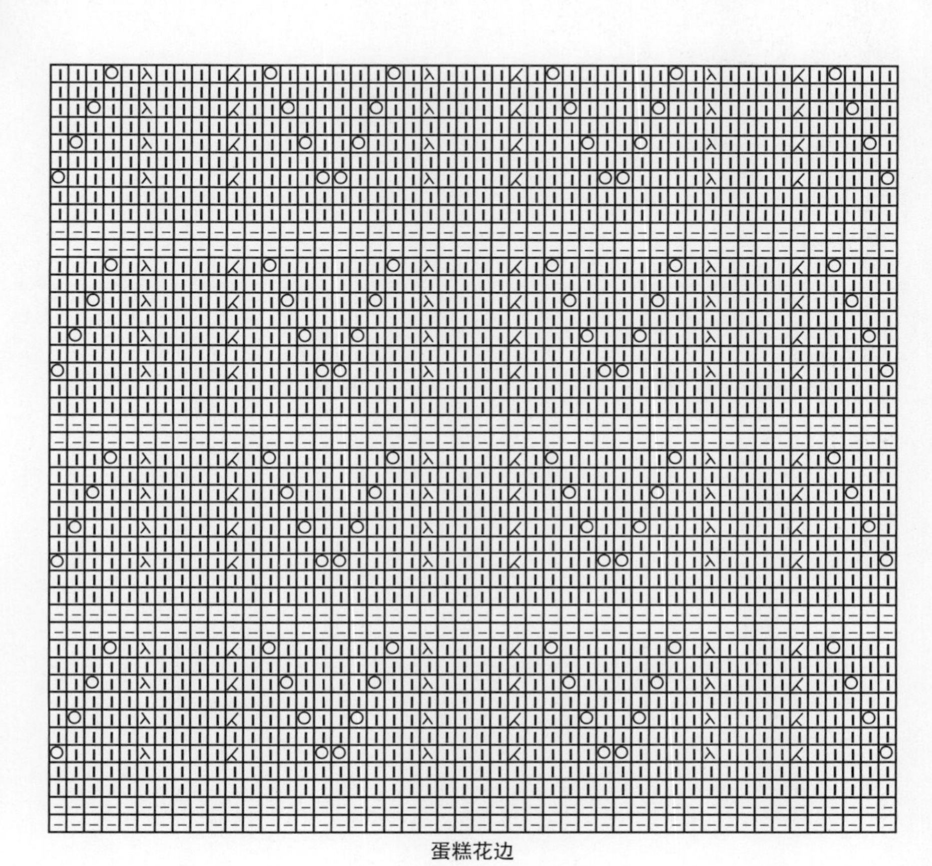

蛋糕花边

拧针单罗纹

整片起180针
领
6号针
16cm
43cm
①
领折线
②
20cm
蛋糕花边
拧针单罗纹
袖
环形织
8号针
一圈挑48针
中折线
20cm
2cm
①
收针处
②

小提示

首先完成的16cm为领子，余下的40cm向相反方向织，领翻下后，可保证花纹朝向一致。

编织简述:

从下摆起针后环形向上织，织相应长后分前后片往返织，再次合圈后在两肩规律减针，余针为领口，向上环形织领子；前后分片织的部分为袖窿口，在此处挑织环形织短袖。

编织步骤:

- 用8号针起166针环形织10cm拧针单罗纹。
- 换6号针按排花环形织22cm后，分前后片向上织16cm后，再次合圈向上环形织，同时取左右正中2针做减针点，在减针点的左右隔1行减1针减26次。
- 前后片各余62针时，在两侧均匀加出8针，整圈共70针按排花向上环形织高领，总长至10cm时，换8号针改织2cm拧针单罗纹收机械边。
- 从袖窿口挑出60针，用8号针环形织5cm拧针单罗纹形成短袖。

材料:
275规格纯毛手织粗线
用量:
350g
工具:
6号针　8号针
尺寸(cm):
以实物为准
平均密度:
边长10cm方块=20针×25行

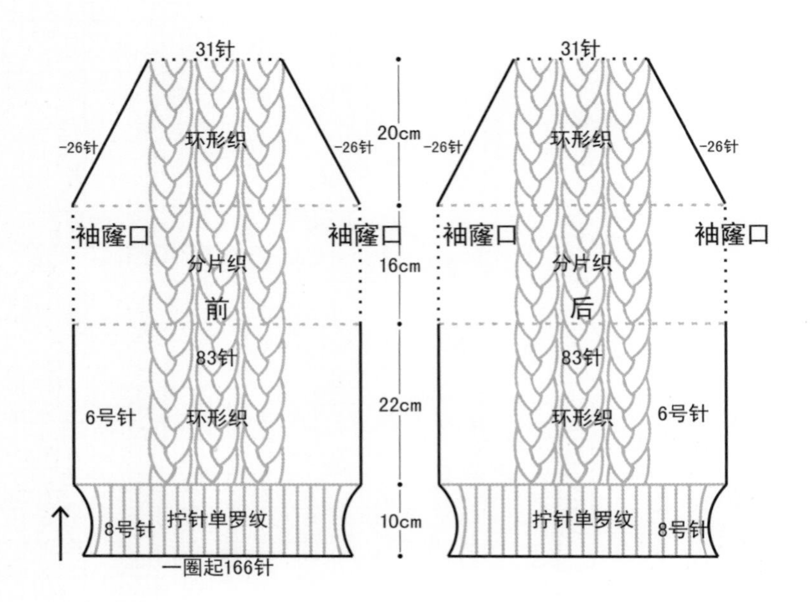

正身排花:

	1 反针	9 辫子麻花针	1 反针	9 辫子麻花针	1 反针	9 辫子麻花针	1 反针	
52 正针								52 正针
	1 反针	9 辫子麻花针	1 反针	9 辫子麻花针	1 反针	9 辫子麻花针	1 反针	

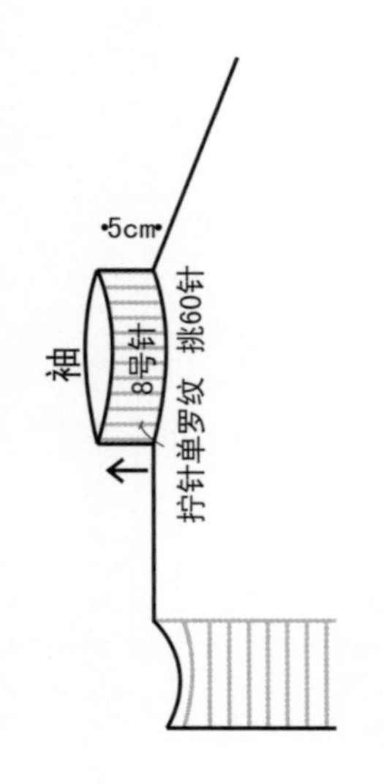

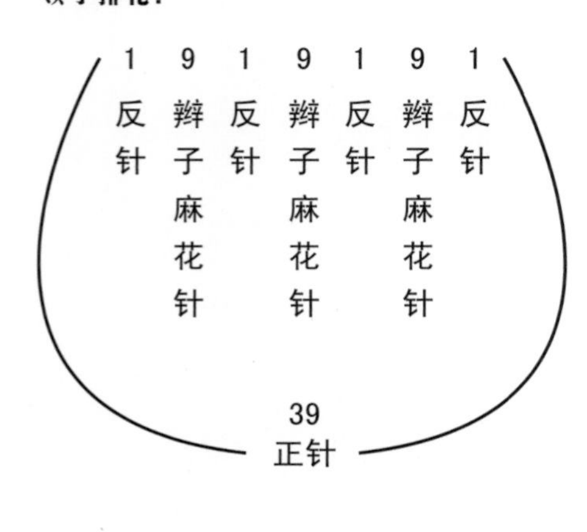

小提示
完成高领后，换8号针织领边防卷。

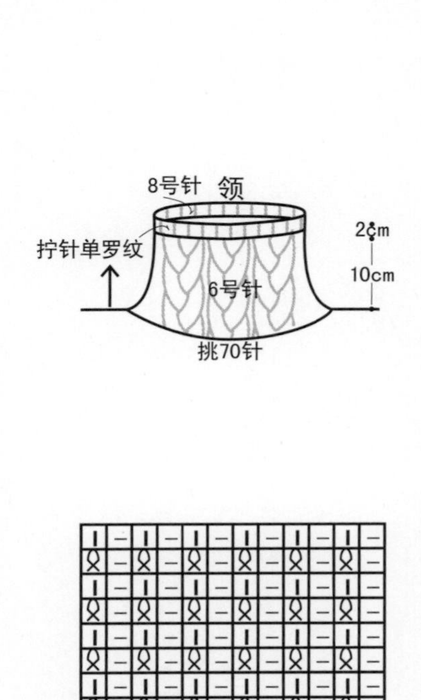

扭针单罗纹

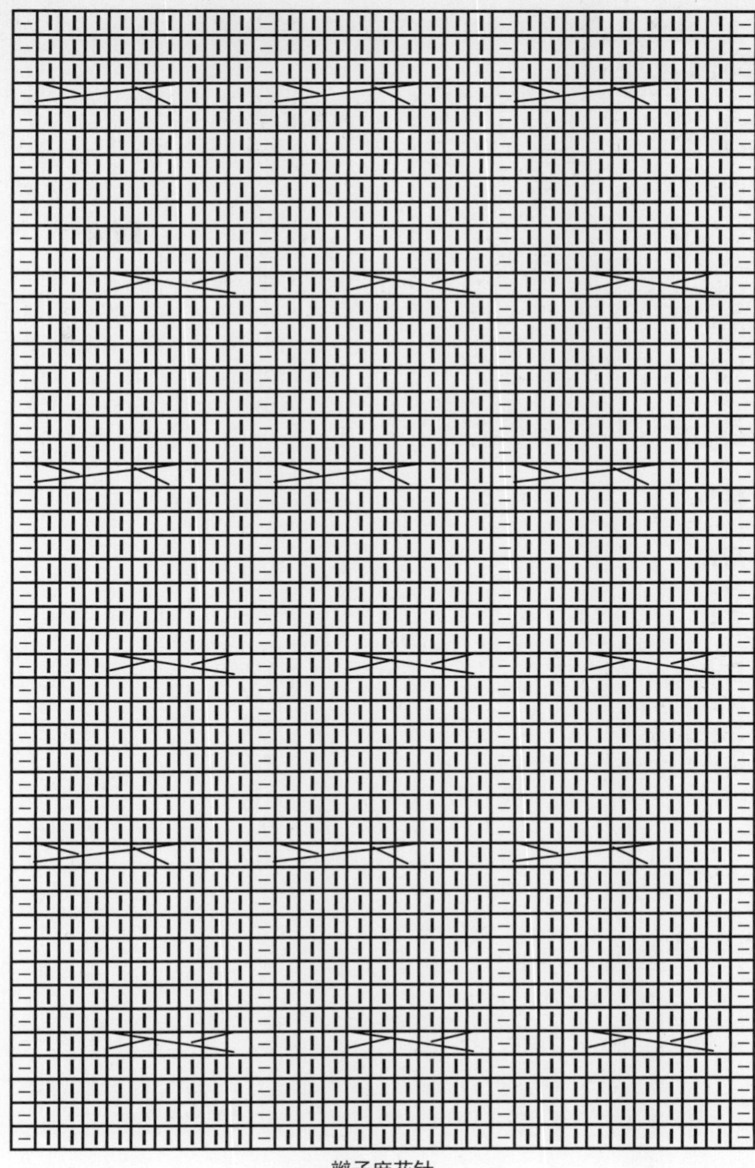

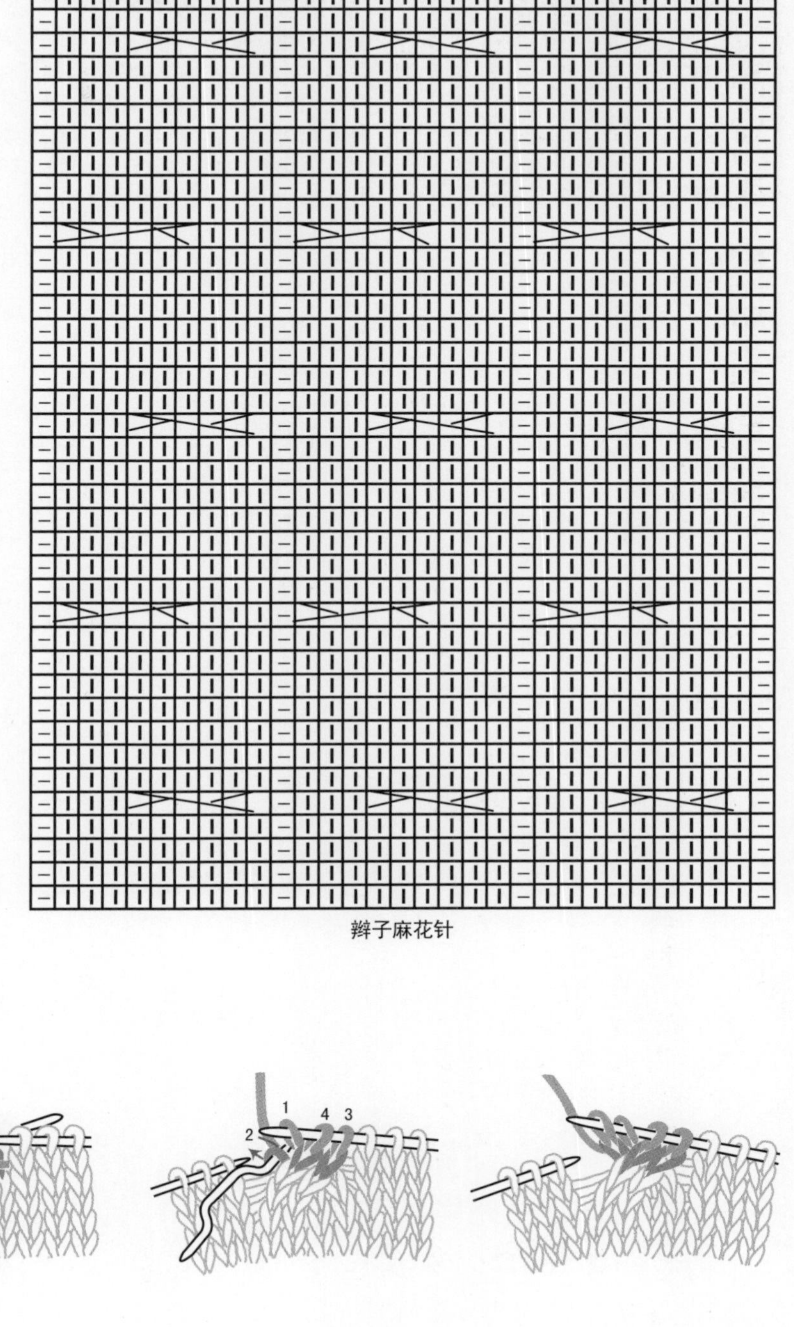

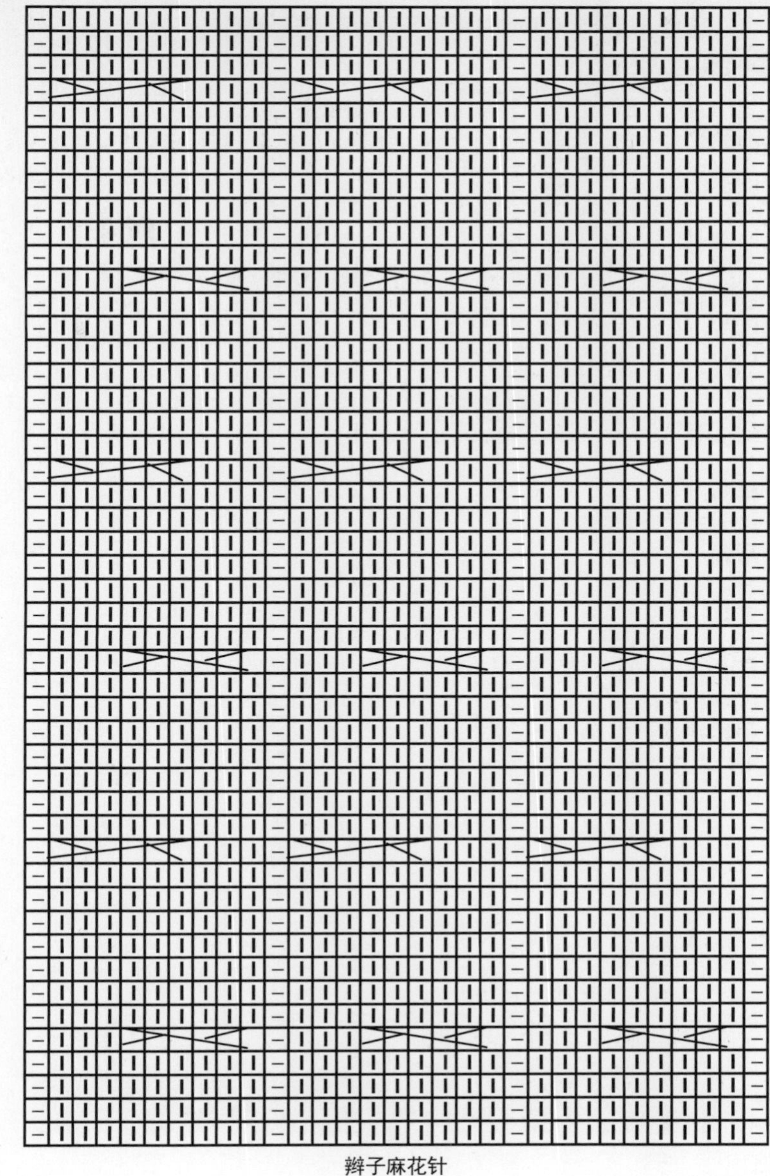

辫子麻花针

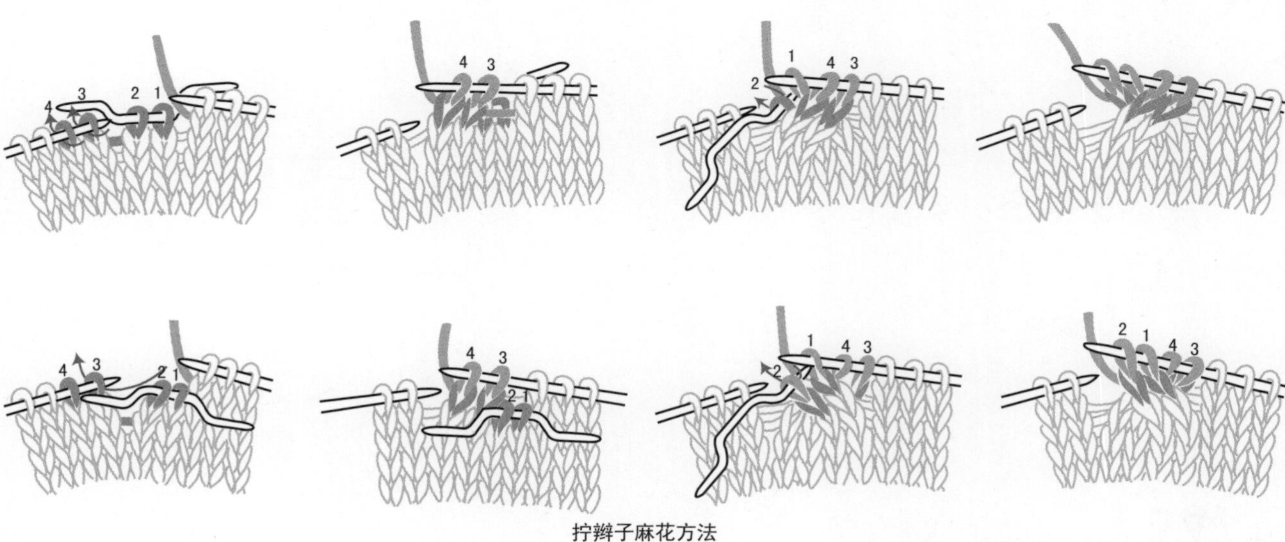

拧辫子麻花方法

编织简述:

从下摆起针后环形向上织，织相应长后分片往返织形成袖窿口，再次合圈后开始在肩头规律减针，余针为领口，最后环形织领子；袖从袖窿口挑针向下环形织长袖，最后收针形成袖边。

编织步骤:

- 用 8 号针起 168 针环形织 10cm 拧针双罗纹。
- 换 6 号针按排花环形织 20cm 后，分前后片向上往返织 18cm。
- 再次合圈向上环形织，同时在两肩头正中取 2 针做减针点，隔 1 行在减针点的两侧减 1 针，共减 27 次，整圈共减掉 108 针。
- 前后片共余 30 针合圈向上织 10cm 正针后，换 8 号针改织 2cm 拧针双罗纹后收机械边形成高领。
- 用 6 号针从袖窿口挑出 48 针，环形织 50cm 拧针单罗纹后收机械边形成袖子。

材料:
275规格纯毛手织粗线
用量:
450g
工具:
6号针　8号针
尺寸(cm):
以实物为准
平均密度:
边长10cm方块=20针×25行

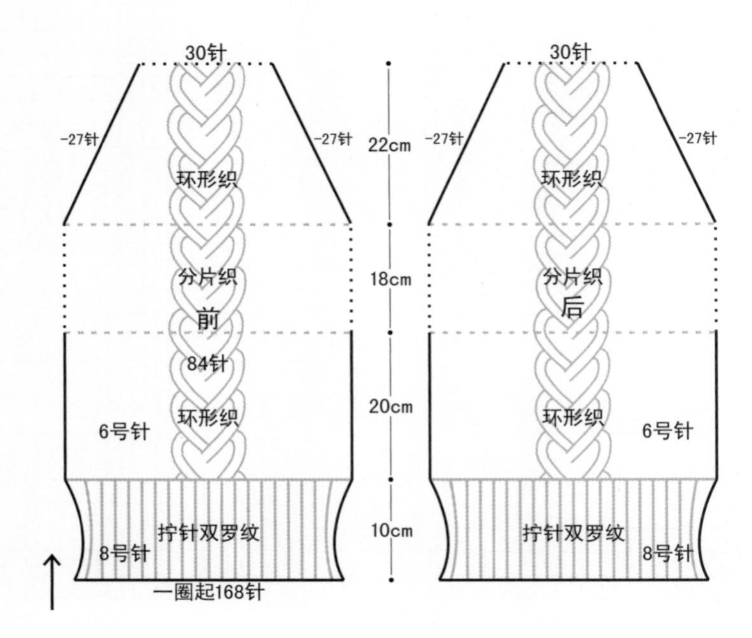

正身排花:

62	1	20	1	62
正针	反针	心形花纹	反针	正针

1 反针　20 心形花纹　1 反针（第二组）

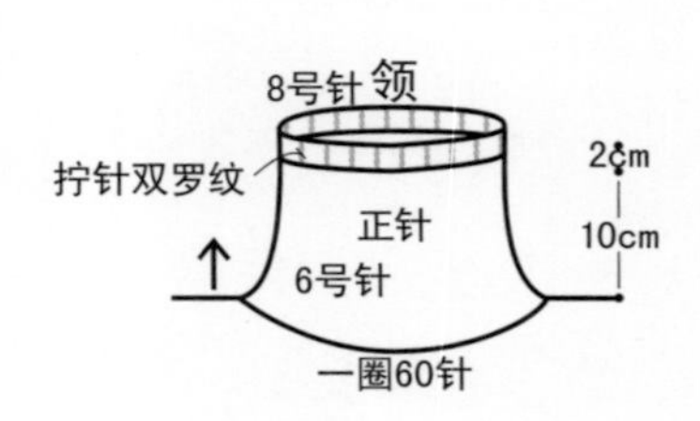

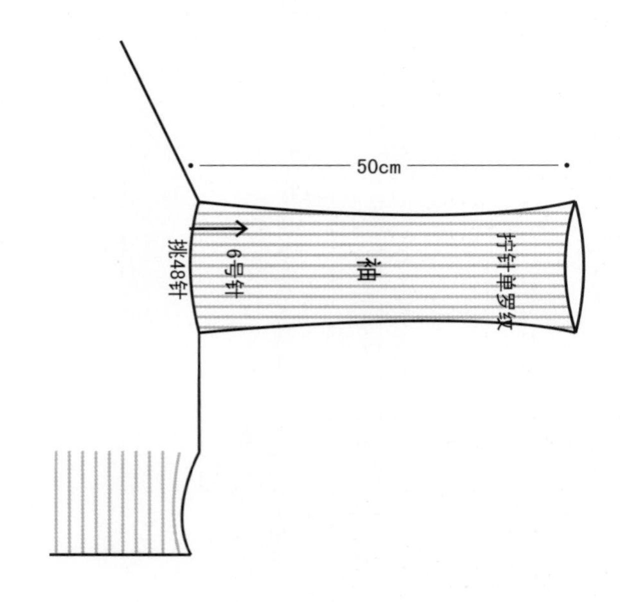

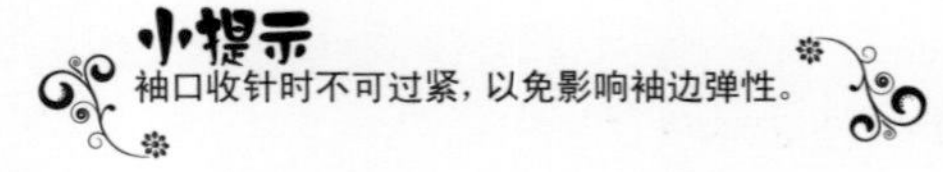
小提示
袖口收针时不可过紧，以免影响袖边弹性。

拧针单罗纹

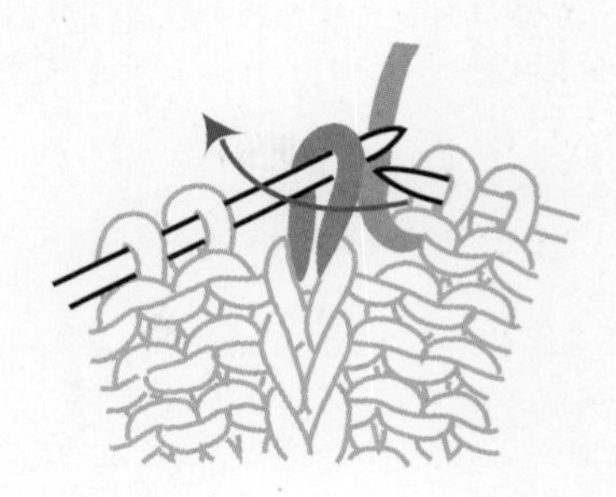

拧针双罗纹

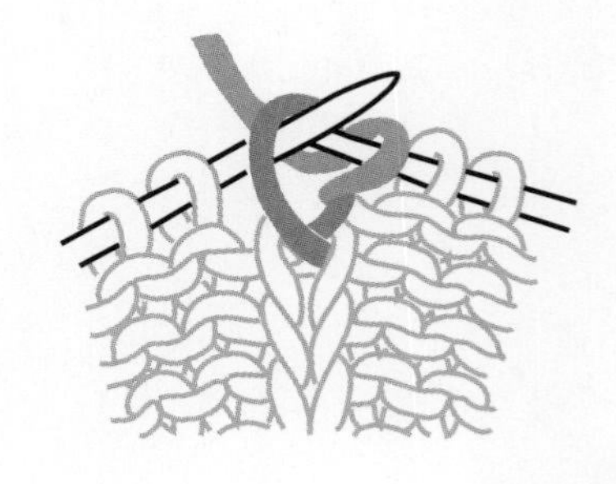

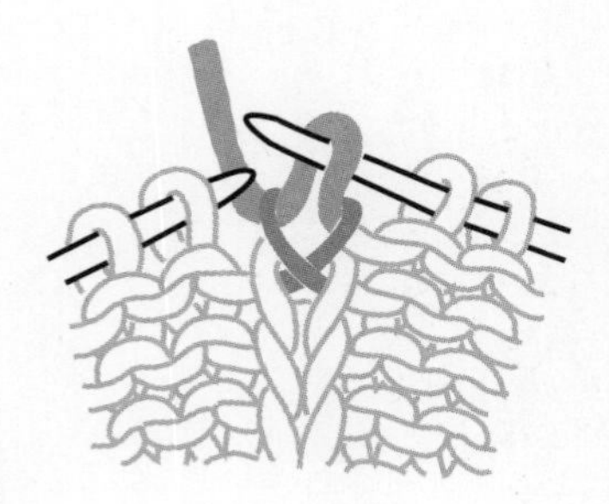

拧针方法

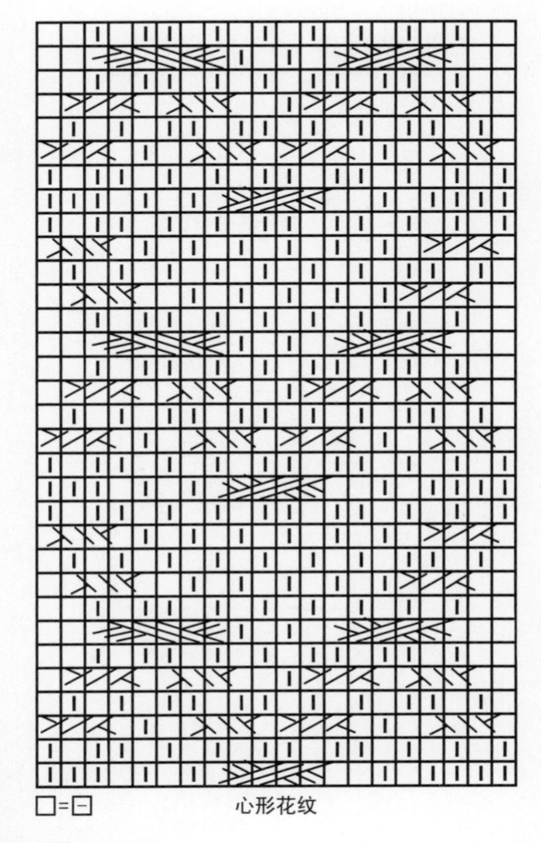

□=⊟　心形花纹

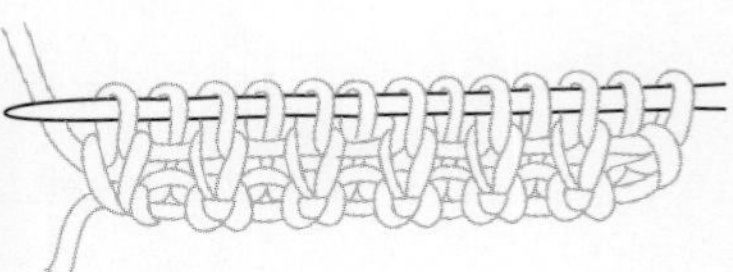

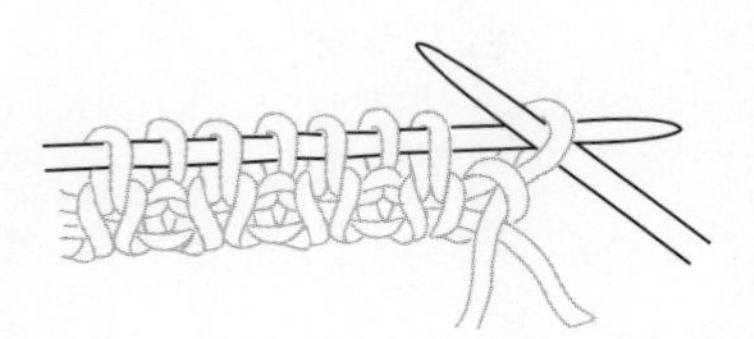

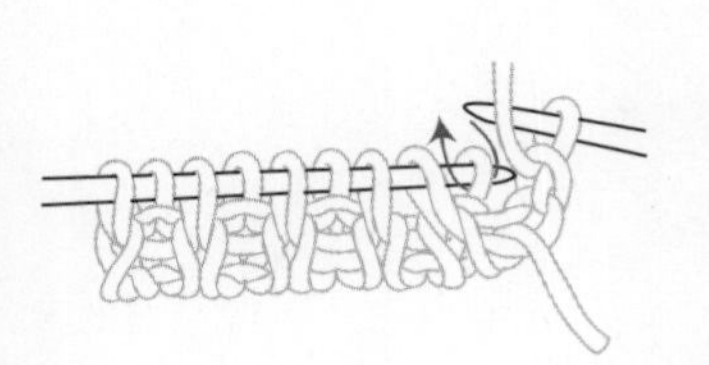

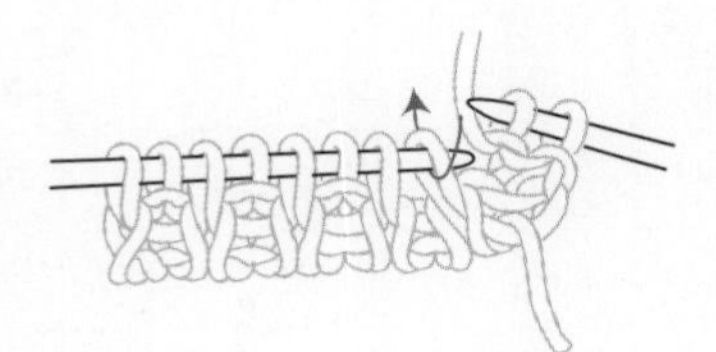

单罗纹变双罗纹方法

NO.17

第20页

编织简述:

从下摆起针环形织相应长后分片织，再次合圈后开始在肩头规律减针，完成减针后，用余针往返织帽子。分片织的部分形成袖窿口，在此处环形挑织短袖。

编织步骤:

- 用 8 号针起 152 针环形织 10cm 拧针单罗纹。
- 换 6 号针改织 20cm 正针。
- 分前后片向上织 16cm 后，再合圈向上环形织，同时在两肩正中各取 2 针做减针点，在减针点的两侧隔 1 行减 1 针减 23 次。整圈共减掉 92 针。
- 将前后片余下的 60 针穿起，在前领口重叠挑 8 针为锁链针，并以此处为起始点，按帽子排花往返向上织帽片，同时在正中取 2 针做加针点，在加针点的两侧隔 1 行加 1 针，共加 10 次，整个帽片共加出 20 针，帽长织至 28cm 时，在正中 2 针的左右再隔 1 行减 1 针，共减 4 次，整片余 80 针从内部对折缝合形成帽子。
- 前后片分开织的 16cm 位置为袖窿口，在此处一圈挑出 60 针，用 8 号针织 8cm 拧针单罗纹后收机械边形成短袖口。

材料:
275规格纯毛手织粗线
用量:
500g
工具:
6号针　8号针
尺寸(cm):
以实物为准
平均密度:
边长10cm方块=20针×25行

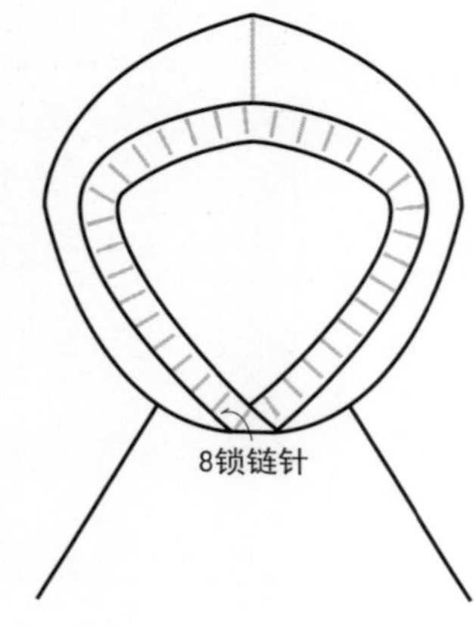

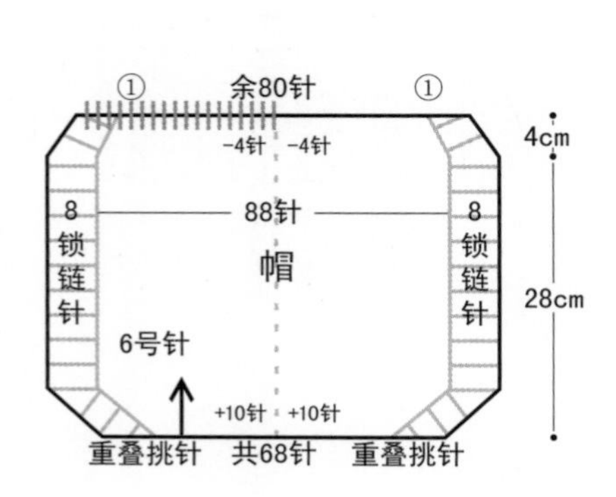

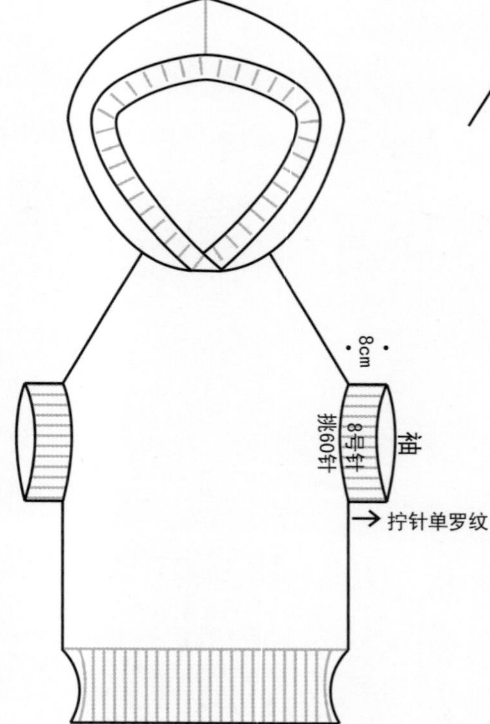

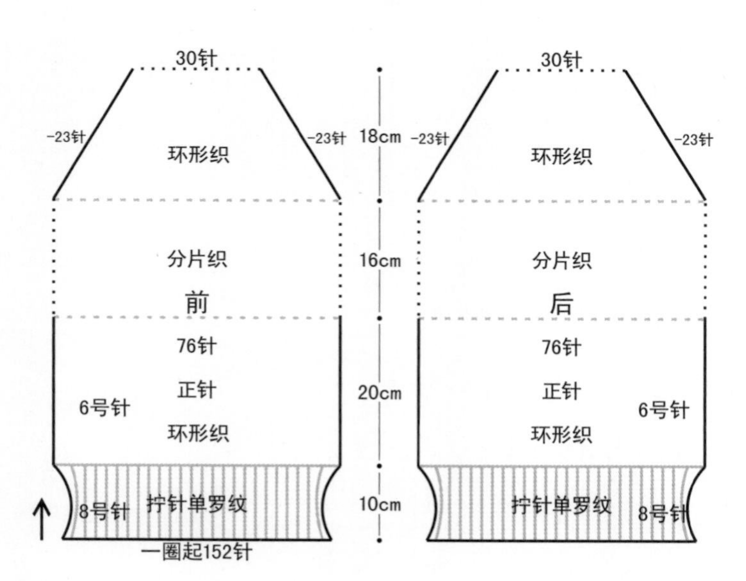

小提示

减针完成后，领口余60针，前领口正中的8针前后重叠挑针，此时整个帽片为68针。

帽子排花：

8	52	8
锁链针	正针	锁链针

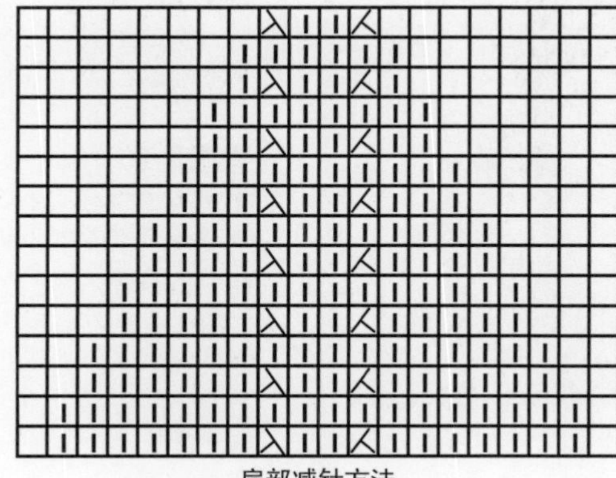

肩部减针方法

拧针单罗纹

—	—	—	—	—	—	—	—	—	—	—	—	—	—	—	—	—	—	—	—	—	—
I	I	I	I	I	I	I	I	I	I	I	I	I	I	I	I	I	I	I	I	I	I
—	—	—	—	—	—	—	—	—	—	—	—	—	—	—	—	—	—	—	—	—	—
I	I	I	I	I	I	I	I	I	I	I	I	I	I	I	I	I	I	I	I	I	I
—	—	—	—	—	—	—	—	—	—	—	—	—	—	—	—	—	—	—	—	—	—
I	I	I	I	I	I	I	I	I	I	I	I	I	I	I	I	I	I	I	I	I	I
—	—	—	—	—	—	—	—	—	—	—	—	—	—	—	—	—	—	—	—	—	—
I	I	I	I	I	I	I	I	I	I	I	I	I	I	I	I	I	I	I	I	I	I
—	—	—	—	—	—	—	—	—	—	—	—	—	—	—	—	—	—	—	—	—	—
I	I	I	I	I	I	I	I	I	I	I	I	I	I	I	I	I	I	I	I	I	I
—	—	—	—	—	—	—	—	—	—	—	—	—	—	—	—	—	—	—	—	—	—
I	I	I	I	I	I	I	I	I	I	I	I	I	I	I	I	I	I	I	I	I	I

锁链针

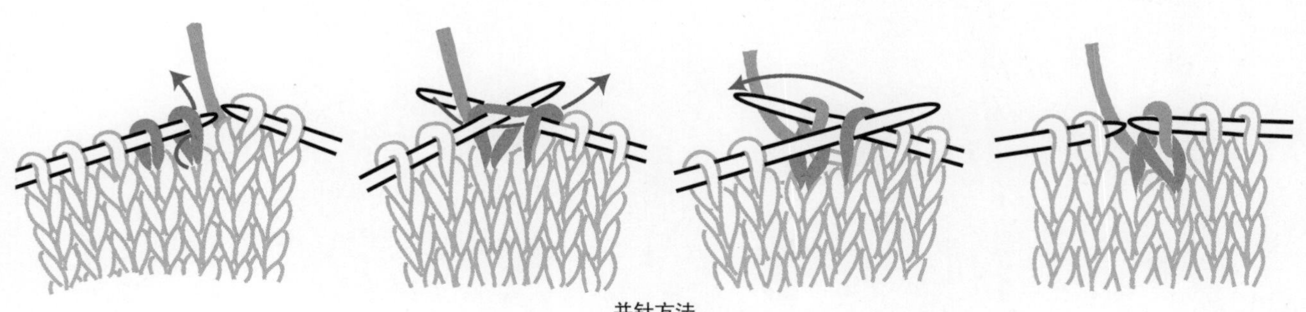

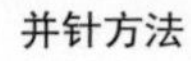

并针方法

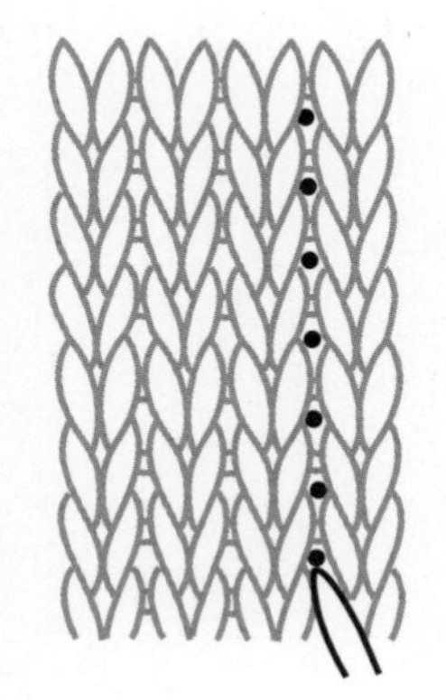

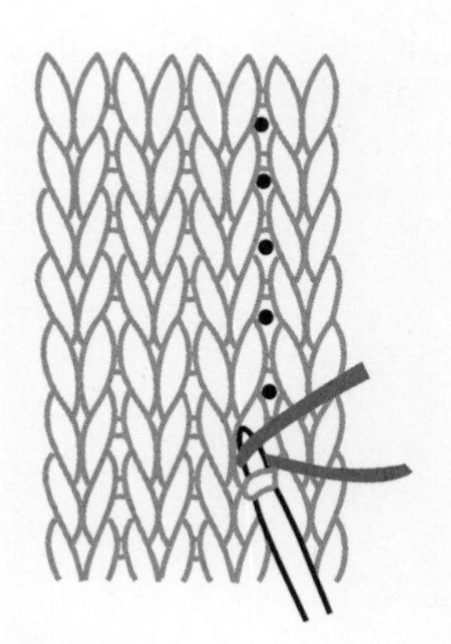

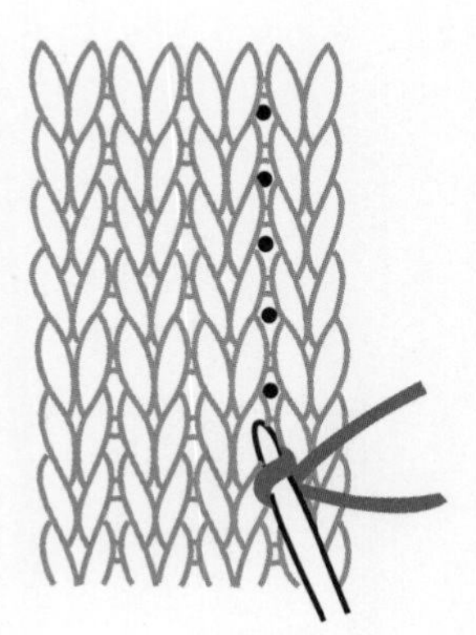

挑织方法

NO.36

第39页

编织简述:

从下摆起针后环形向上织，分前后片织相应长后再次环形织，形成的开口为袖窿口。在袖窿口上方规律减针后，从领口挑织领子，最后从袖窿口挑针环形织短袖。

编织步骤:

- 用 8 号针起 156 针环形织 8cm 拧针双罗纹。
- 换 6 号针改织 10cm 正针后，从两肋处分前后片向上织 15cm。
- 再次合成 156 针后，开始在两侧正中位置取 2 针做减针点，在减针点的左右隔 1 行减 1 针减 14 次，每行减 1 针减 14 次。
- 距后脖 8cm 时减领口，平收领正中 10 针，隔 1 行减 3 针减 1 次，隔 1 行减 2 针减 1 次，隔 1 行减 1 针减 1 次。完成减针后，从前领口挑出相应针数，与后脖余下的 22 针合成 92 针，用 8 号针环形织 8cm 拧针双罗纹后收机械边形成高领。
- 用 8 号针从袖窿口挑出 80 针，环形织 6cm 拧针双罗纹后收机械边形成短袖。

材料:
275规格纯毛手织粗线

用量:
350g

工具:
6号针　8号针

尺寸(cm):
以实物为准

平均密度:
边长10cm方块=19针×25行

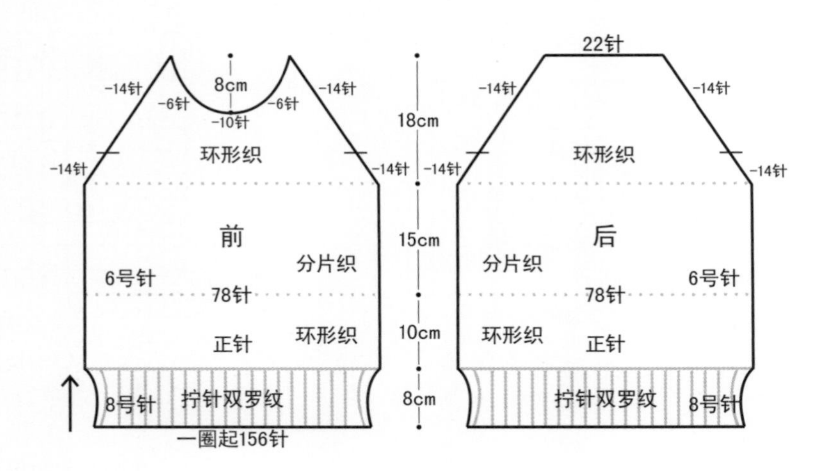

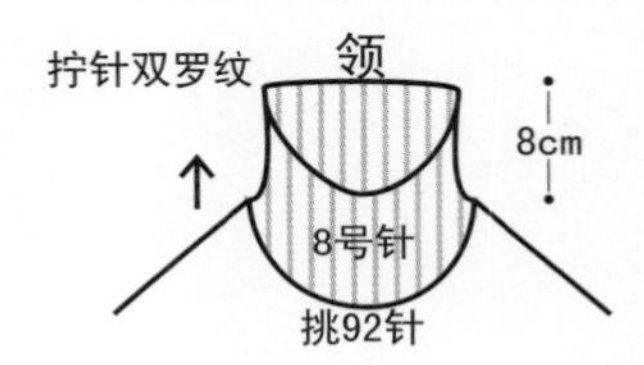

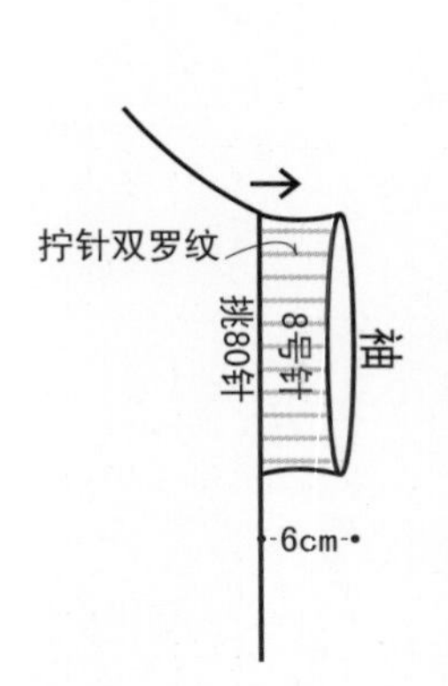

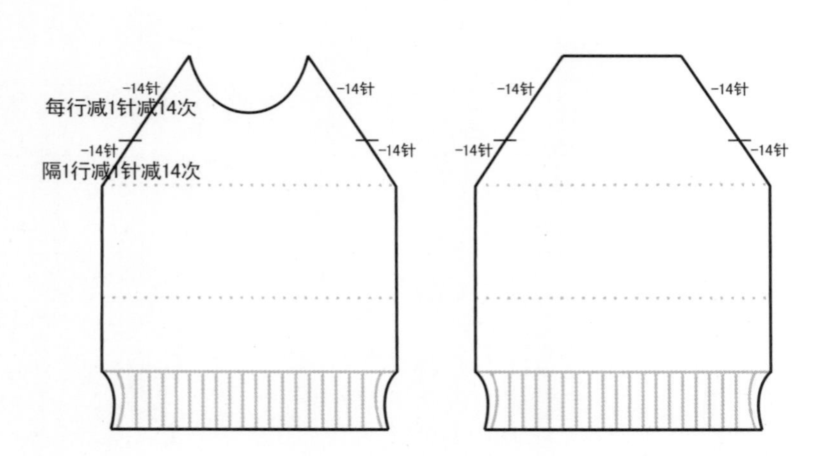

小提示
两侧肩部减针时依然是环形编织的，至领口减针时改为整片向上织。

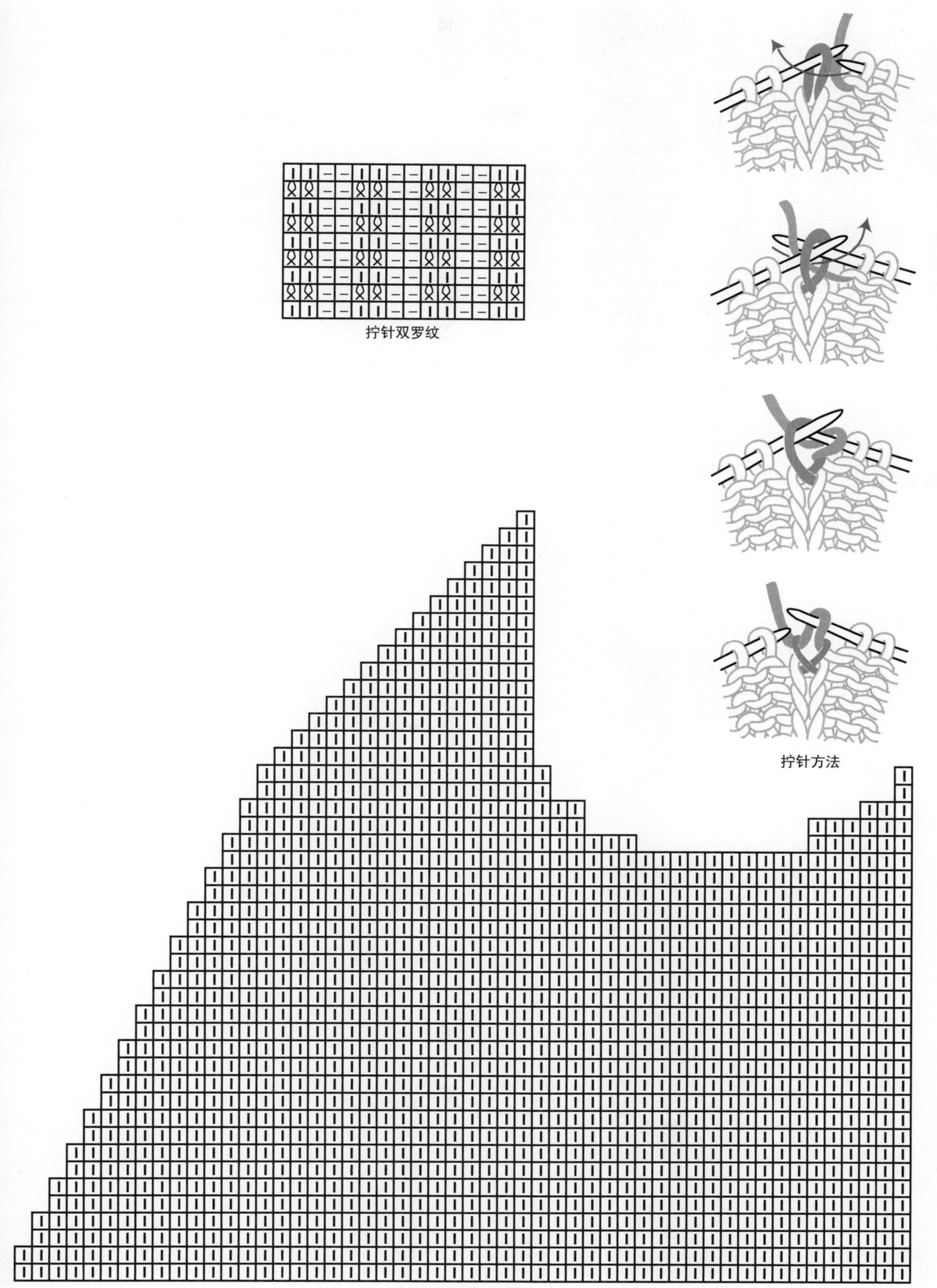

拧针双罗纹

拧针方法

右前片减针方法

材料:
278规格纯毛手织粗线
用量:
400g
工具:
6号针　8号针
尺寸(cm):
以实物为准
平均密度:
边长10cm方块=19针×25行

编织简述:

按花纹织一个后背片和一条长围巾，按要求缝合后，从袖窿口向下环形挑织袖子。

编织步骤:

1. 用 6 号针起 72 针往返织 18cm 贝壳针后收针形成后背片。
2. 另线起 216 针往返织 9cm 贝壳针后收针形成长围巾。将后背片与长围巾正中的 34cm 位置缝合。
3. 按相同数字缝合后形成小马甲，未缝合的开口为袖窿口。
4. 用 8 号针从袖窿口挑出 48 针环形向下织 45cm 拧针单罗纹后收机械边形成袖子。

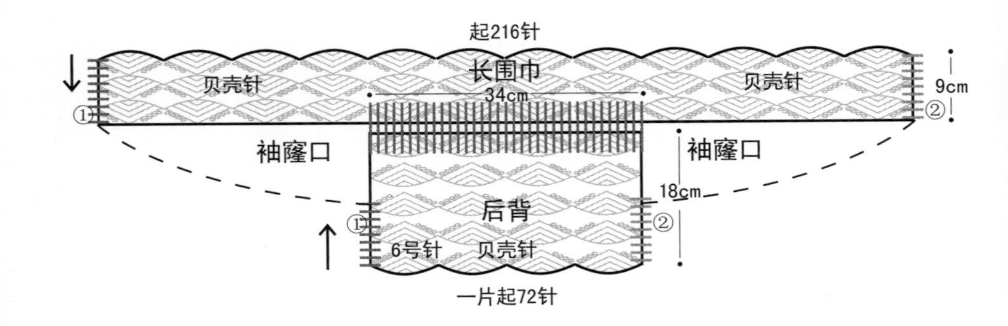

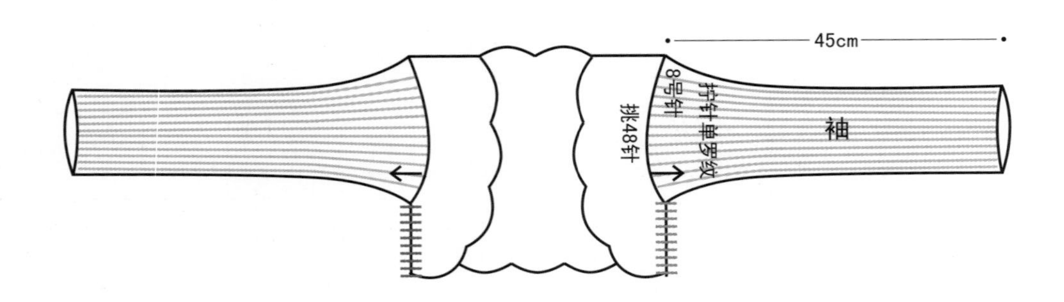

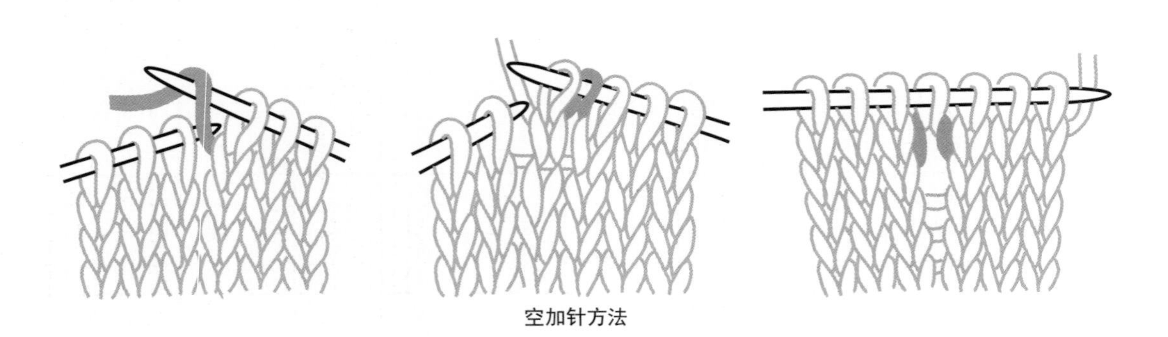

空加针方法

小提示
后背片与长围巾缝合时注意手法不可过紧，以保持毛衣平舒展。

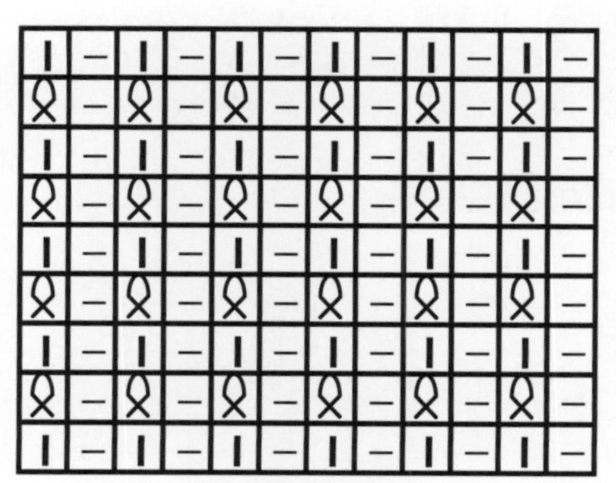
拧针单罗纹

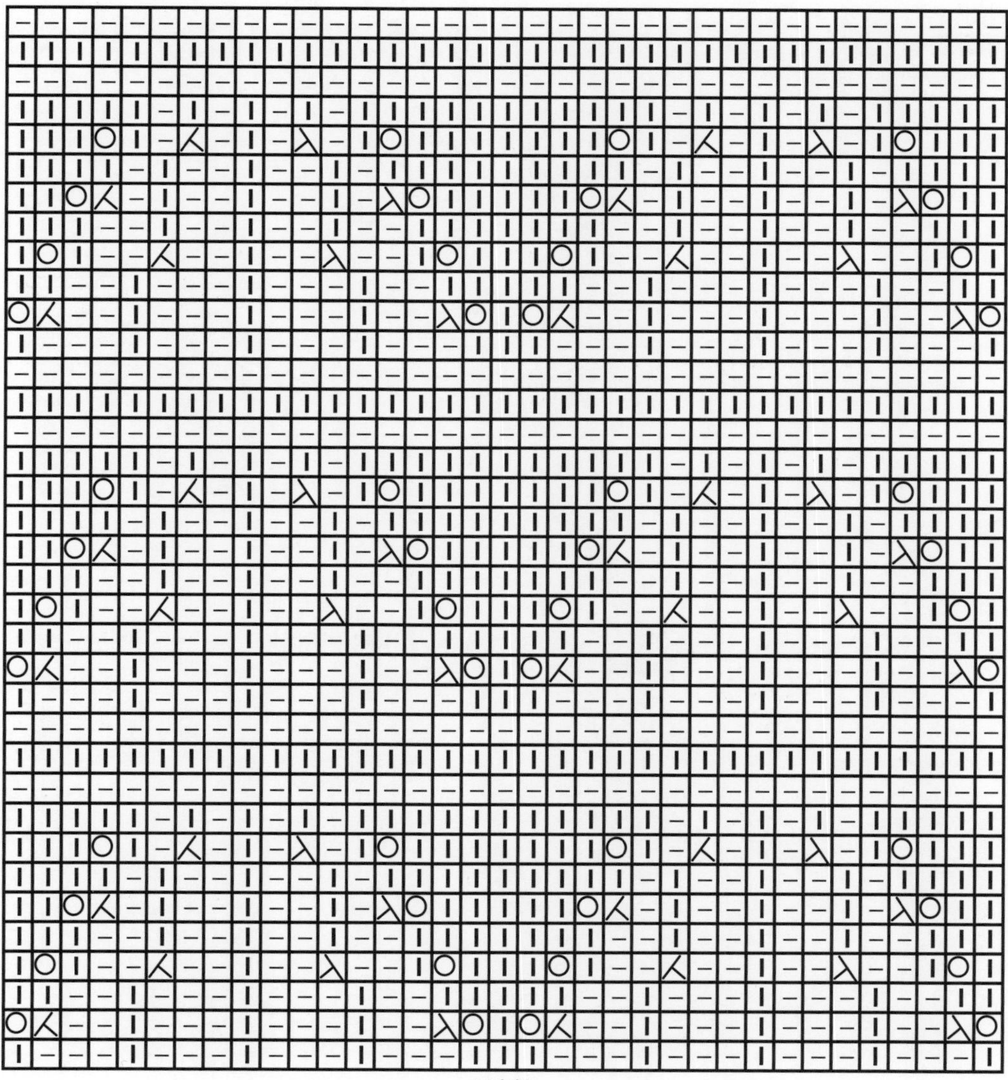
贝壳针

NO.69

第72页

编织简述:

按花纹织一条长围巾，依照相同数字缝合各处后，在未缝的位置环形挑针织袖子。

编织步骤:

- 用 8 号针起 72 针往返织 8cm 拧针双罗纹。
- 换 6 号针按排花往返向上织 130cm 后，换 8 号针织 8cm 拧针双罗纹后收针形成长围巾。
- 按相同数字缝合各处，左右未缝合的 29cm 位置为袖窿口。
- 在袖窿口挑出 40 针，用 8 号针环形织 50cm 拧针双罗纹后收机械边形成袖口。

材料:
278规格纯毛手织粗线
用量:
450g
工具:
6号针　8号针
尺寸(cm):
以实物为准
平均密度:
边长10cm方块=19针×25行

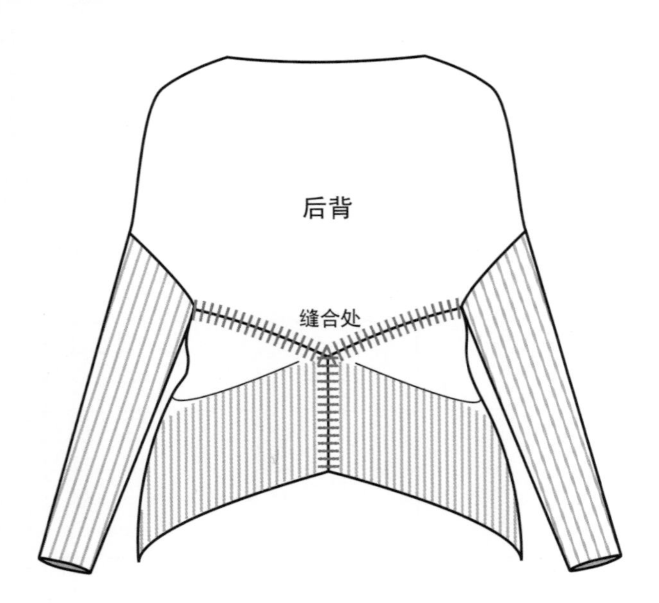

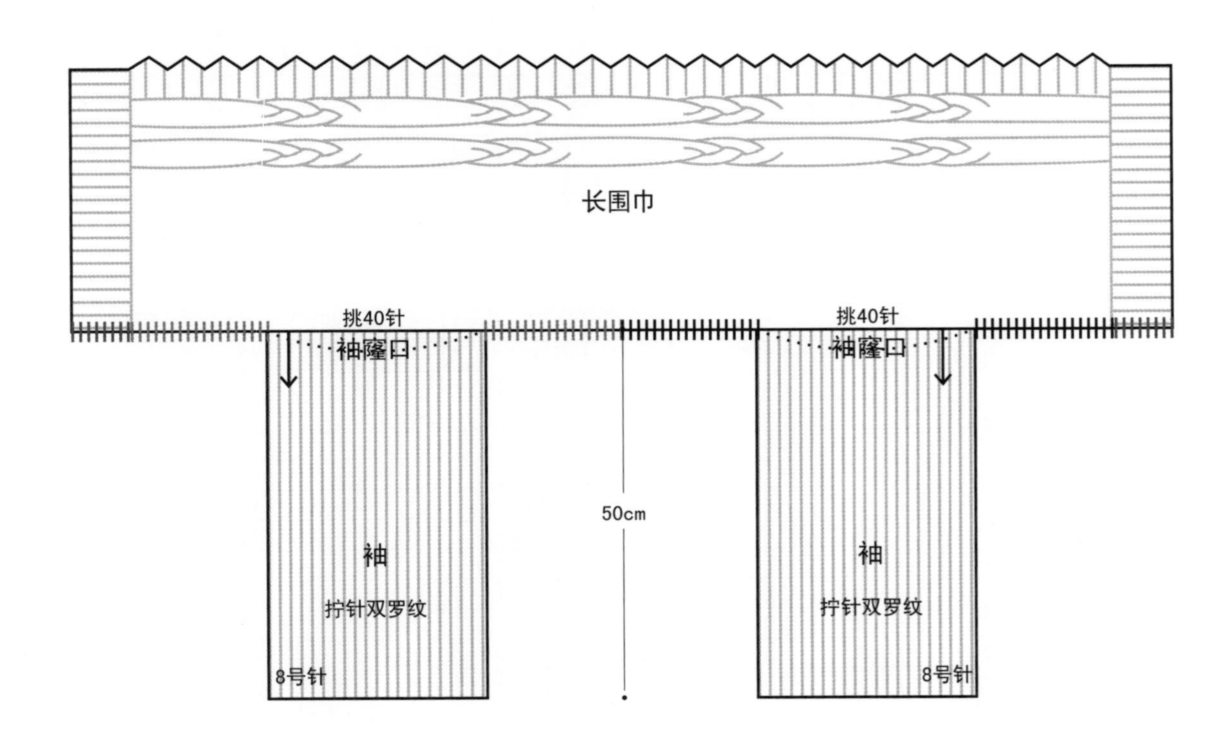

小提示

从袖窿口挑针时，首先挑出所有针数，第2行时，再均匀减至40针织拧针双罗纹完成袖子。

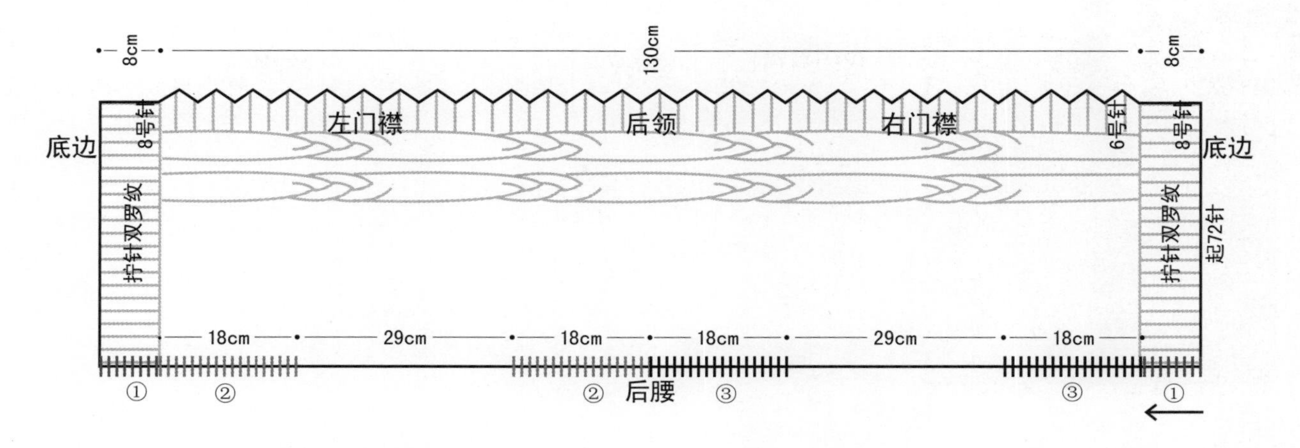

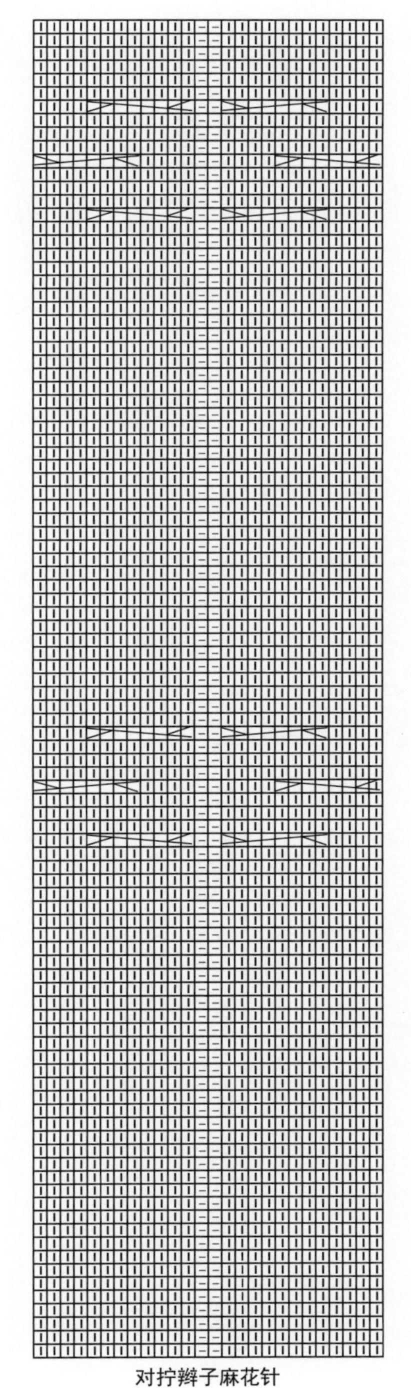
对拧辫子麻花针

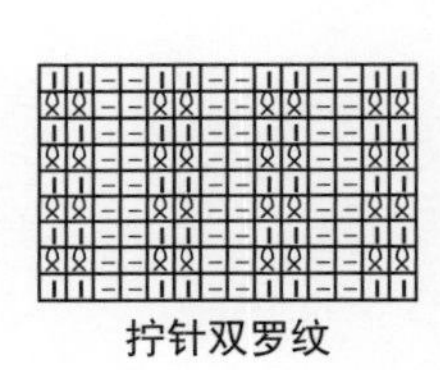
拧针双罗纹

长围巾排花：

39	1	26	1	5
正针	反针	对拧辫子麻花针	反针	锯齿锁链针

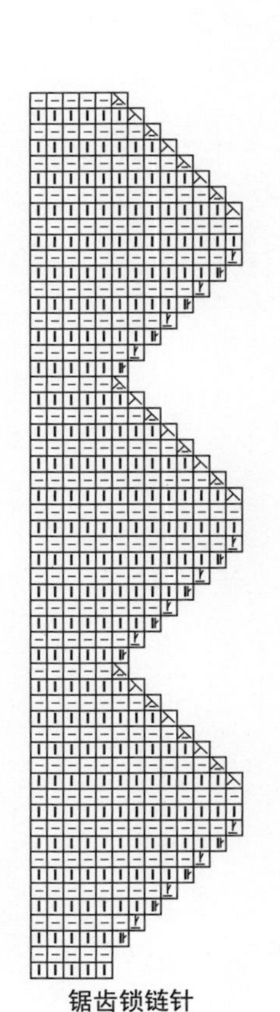
锯齿锁链针

NO.74

第77页

编织简述:

从下摆起针后环形向上织，取前后片正中1针做加针点，隔1行在加针点的左右空加1针，织相应长后分前后片织，最后在领口减针，前后肩头缝合后，挑织袖子和领子。

编织步骤:

- 用8号针起140针环形向上织15cm拧针双罗纹。
- 换6号针改织正针，同时在前后片正中1针的左右隔1行加1针加38次，一圈共加出152针。
- 总长至35cm时，从两肋分针织前后片，加针不变。
- 距后脖10cm时停止加针，同时减V形领口，将前片均分左右片，在每片内隔1行减1针减13次。
- 前后肩头各取60针松缝合。直织的部分为袖窿口，从此处挑出60针用8号针环形织6cm拧针双罗纹后收机械边形成袖口。用9号针从领口处挑出100针，环形织2cm拧针单罗纹后收机械边形成小领边。

材料:
278规格纯毛手织粗线

用量:
550g

工具:
6号针 8号针 9号针

尺寸(cm):
以实物为准

平均密度:
边长10cm方块=19针×25行

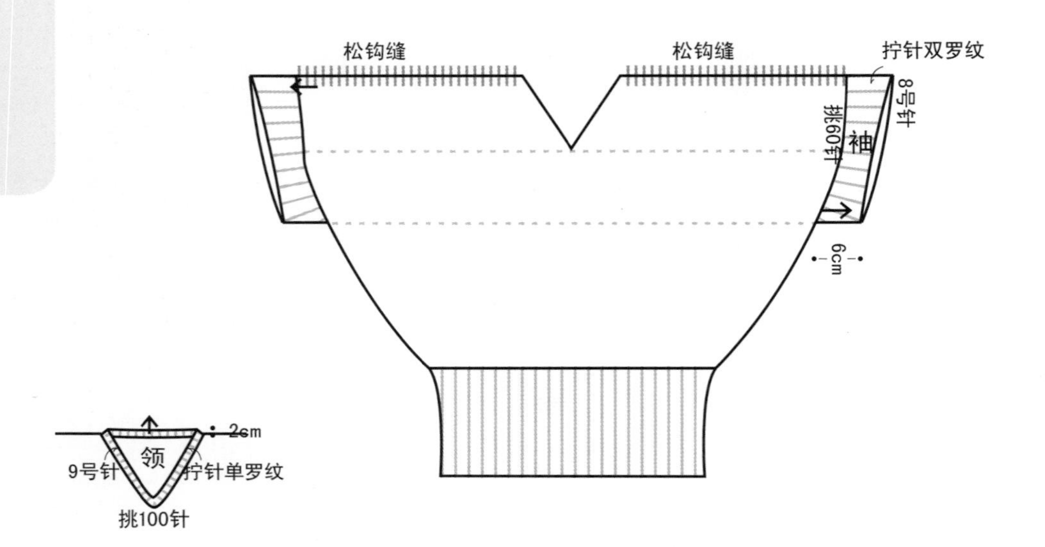

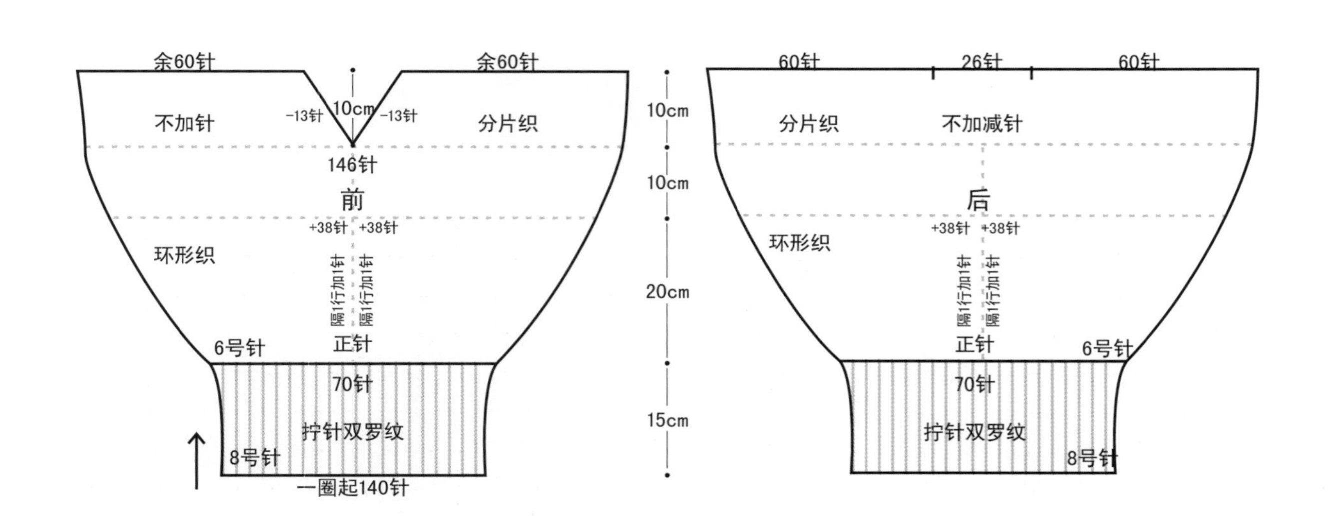

小提示
缝合前后肩头时注意手法不可过紧，以免影响毛衣尺寸。

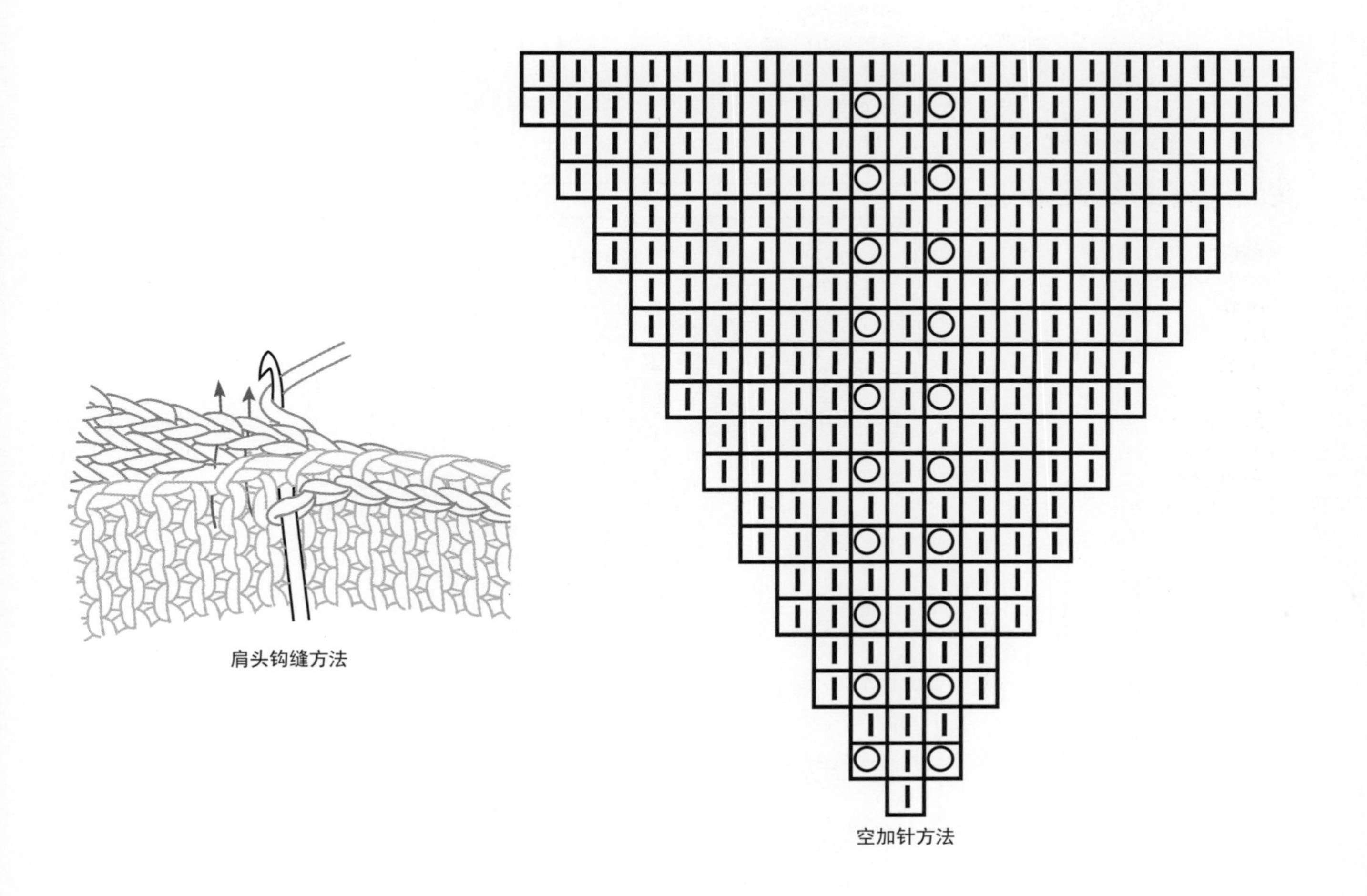

肩头钩缝方法

空加针方法

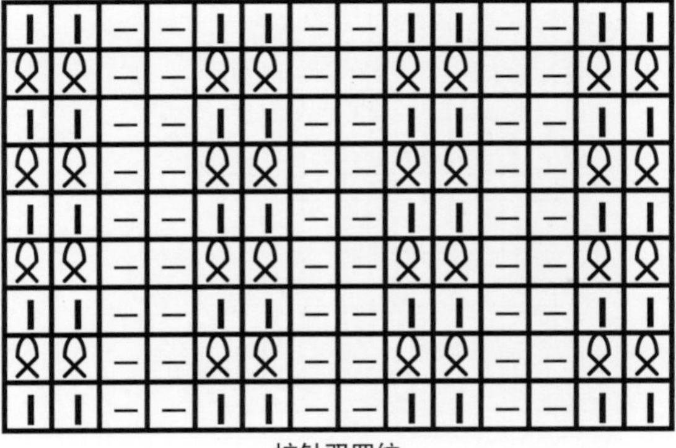

拧针双罗纹

拧针单罗纹

编织简述:

按花纹织一条长围巾和一个长方形片，按图缝合后，在开口处挑织袖子。

编织步骤:

- 用 6 号针起 57 针按排花往返织 120cm 后收机械边形成长围巾。
- 另线起 67 针按排花往返织 35cm 后形成长方形片。
- 按相同数字缝合各部分，形成的开口为袖窿口。
- 从袖窿口挑出 45 针按排花环形向下织 40cm 后改织 3cm 拧针单罗纹收机械边形成袖子。

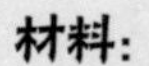

材料:
278规格纯毛手织粗线
用量:
500g
工具:
6号针
尺寸(cm):
以实物为准
平均密度:
边长10cm方块=21针×24行

120cm
6号针
起57针
后领
左前
长围巾
右前
25cm 20cm 30cm 20cm 25cm
① ② ③
袖窿口
10cm
后背
25cm
6号针
起67针

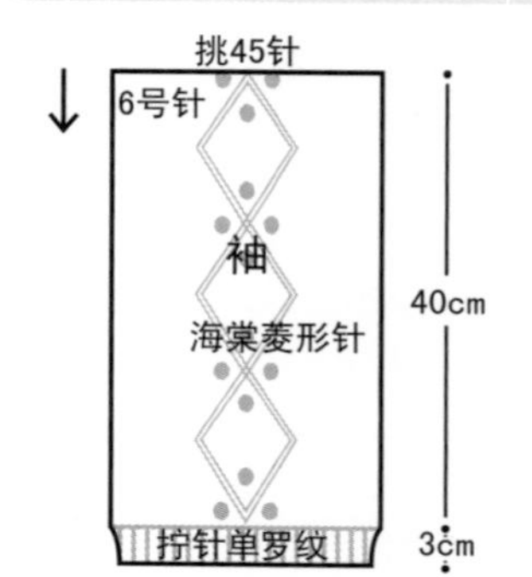

袖子排花:

1	15	1
反针	海棠菱形针	反针

28
正针

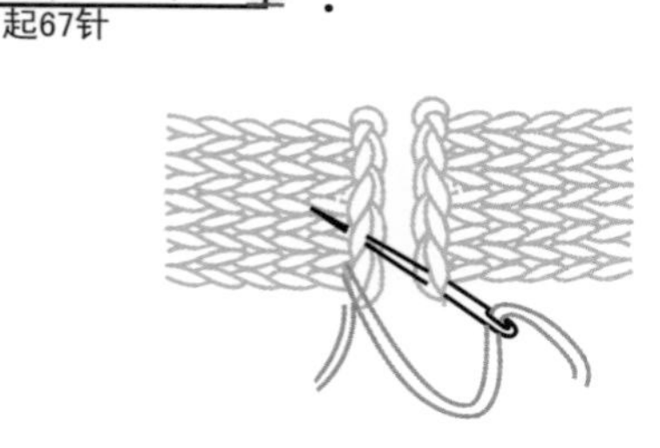
对头缝合方法

长围巾排花:

3	15	3	15	3	15
星星针	海棠菱形针	星星针	海棠菱形针	星星针	海棠菱形针

拧针单罗纹

后背排花:

8	15	3	15	3	15
星星针	海棠菱形针	星星针	海棠菱形针	星星针	海棠菱形针

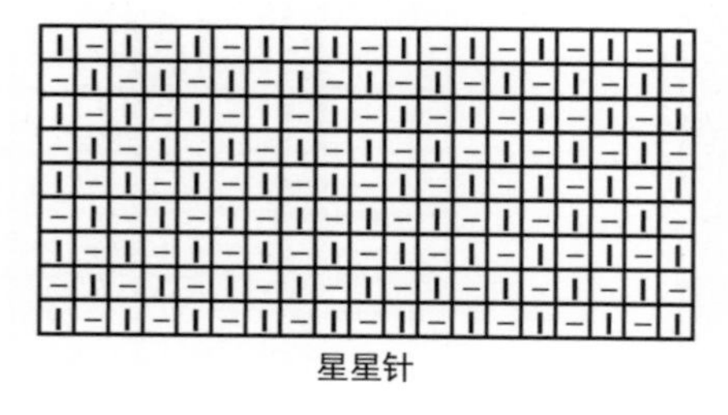
星星针

海棠菱形针

小提示

袖口收针时注意用机械边收针法以保持弹性。

编织简述:

先织一条长围巾，螺旋缝合时，留两袖开口不缝，只从此处挑出相应针向下织正针，最后收平边形成袖子。

编织步骤:

- 用6号针起32针织2cm拧针单罗纹后，按排花织280cm长围巾收针。
- 按图螺旋缝合，不要过紧。
- 左右留出20cm的开口，从此处挑出46正针向下环形织袖子，隔13行减1次针共减5次，至44cm处余36针，收平边。

材料:
286规格纯毛手织粗线
用量:
500g
工具:
6号针
尺寸(cm):
以实物为准
平均密度:
边长10cm方块=21针×24行

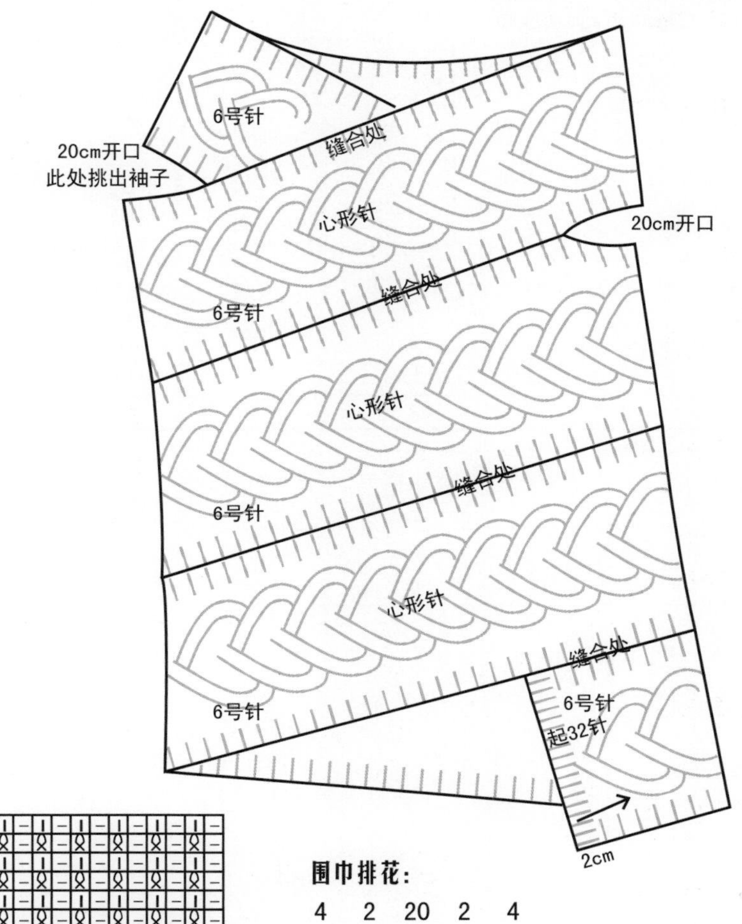

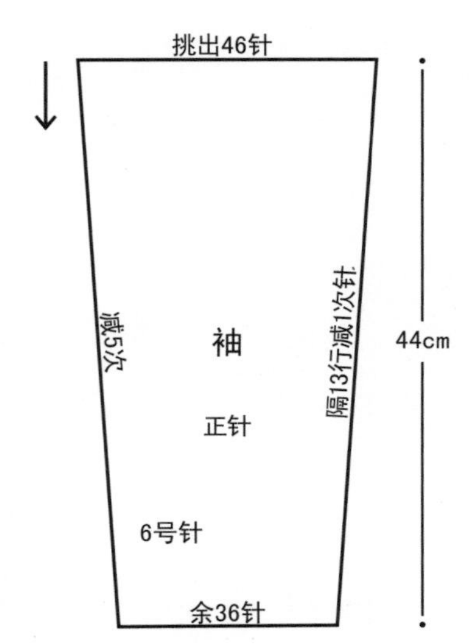

拧针单罗纹

围巾排花:

4	2	20	2	4
锁链针	反针	心形针	反针	锁链针

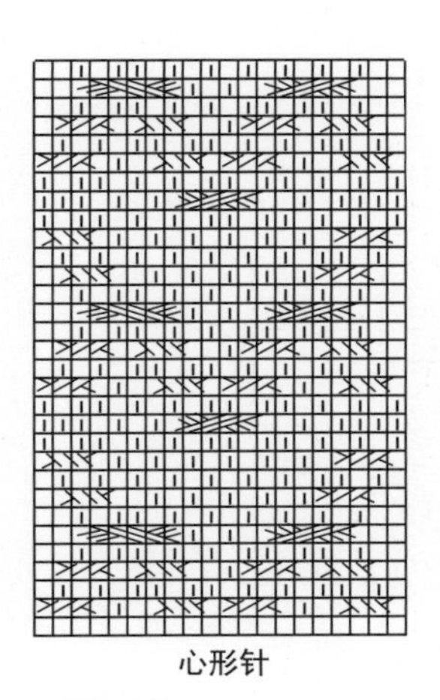
心形针

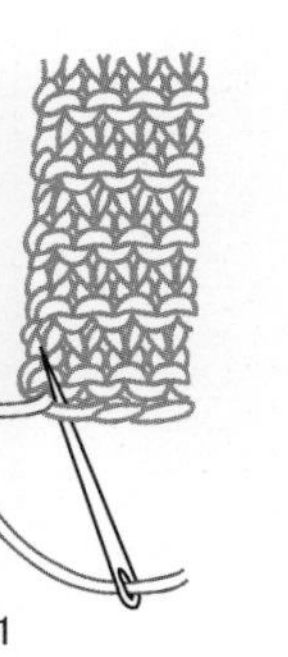
1

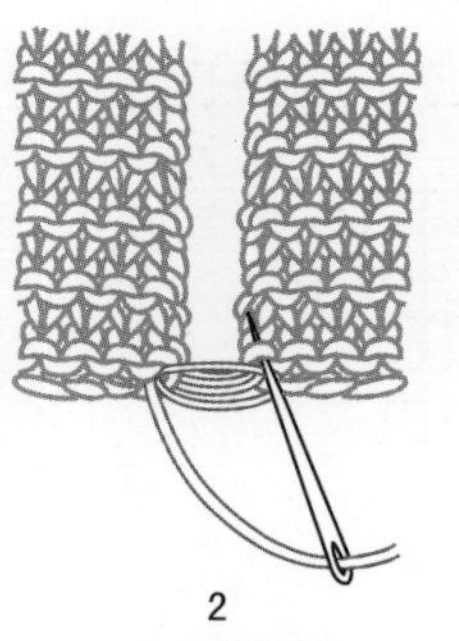
2

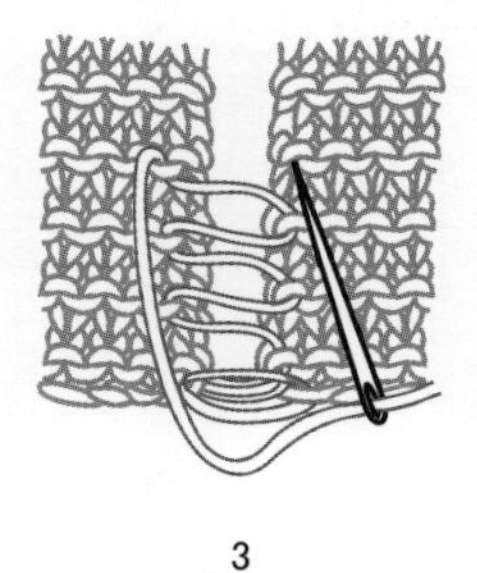
3

锁链针缝合方法

小提示
为保持毛衣弹性，缝合时不要过紧，以免影响毛衣尺寸。

NO.41

第44页

编织简述:

织两个不同花纹的长方形片，按图缝合后，从开口处挑针向下织袖子；在上沿穿入毛线绳形成领子。

编织步骤:

- 用6号针起170针往返织35cm双波浪凤尾花，松收平边。
- 另线起60针织90cm拧针双罗纹，形成长围巾。
- 按相同数字缝合大小两个长片，余下未缝的部分是袖窿口。
- 用6号针从袖窿口处挑出所有针，第2行时，在一圈内减至50针改织正针，隔13行减1次针共减5次，至30cm时，改用8号针织15cm拧针双罗纹，收双机械边。
- 在拧针双罗纹的上沿穿入毛线绳，做好两个小球球，系在毛线线端。

材料:
286规格纯毛手织粗线
用量:
525g
工具:
6号针　8号针
尺寸(cm):
袖长45(腋下至袖口)　胸围85
平均密度:
边长10cm方块=20针×24行

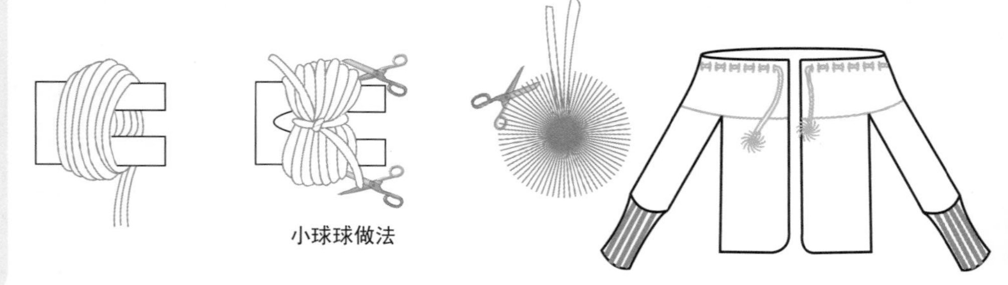

小球球做法

拧针双罗纹

双波浪凤尾花

小提示

拧针双罗纹比普通双罗纹弹性小，而且舒展。用于底边和袖口时可适当减少针数。

NO.51

第54页

材料:
286规格纯毛手织粗线
用量:
350g
工具:
6号针
尺寸(cm):
衣长38 胸围80
平均密度:
边长10cm方块=20针×32行

编织简述:

从袖口起针后环形织相应长，平加针后开始分片织衣身，领口处再分两小片织，合针后使两袖对称；最后分别挑织下摆和领子。

编织步骤:

- 用深色线6号针起40针环形织30cm拧针双罗纹。
- 改织14cm正针。
- 换黄色线后改织片，并在两侧分别平加25针，整片90针织12cm后，以正中为界，左右各取45针织16cm，再合成90针大片向上织，形成的开口是领口。
- 黄色线织40cm后，在两侧各平收25针然后合圈换深色线织14cm正针，再改织30cm拧针双罗纹，收机械边。
- 从领口处挑88针环形织4cm拧针双罗纹后，再改针织4cm麻花针，松收平边。
- 从下摆环形挑156针织15cm拧针双罗纹后，松收机械边。

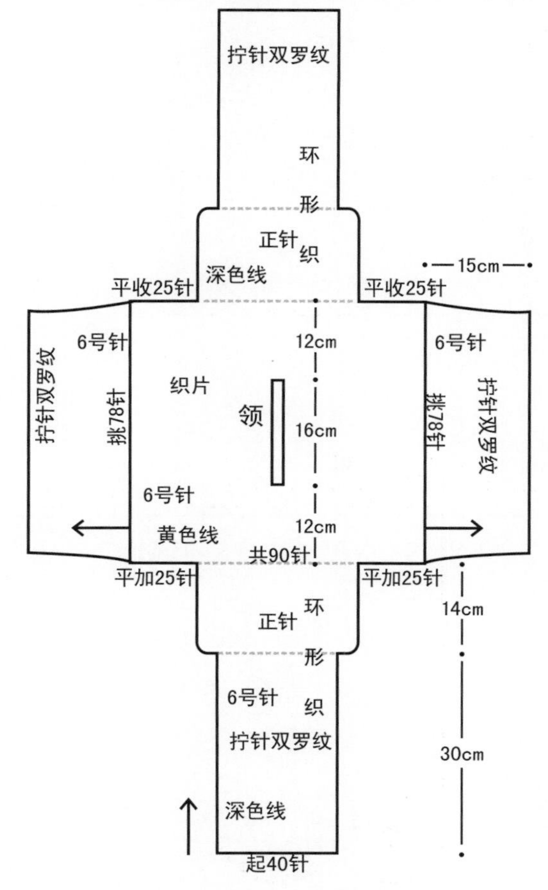

领
麻花针 4cm
6号针
拧针双罗纹 4cm
挑88针

拧针双罗纹

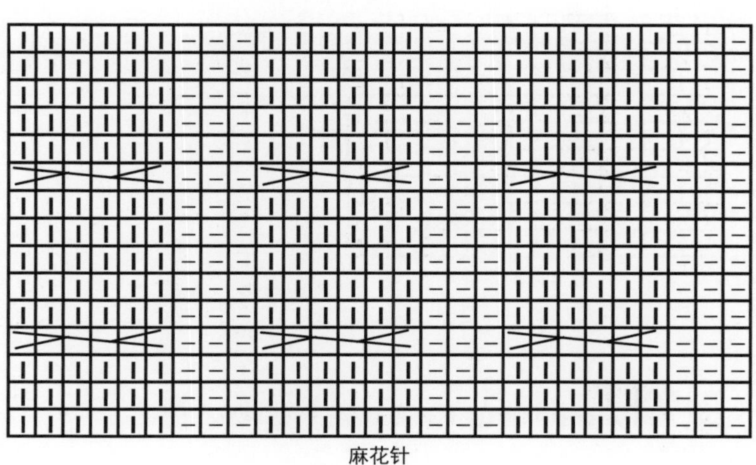
麻花针

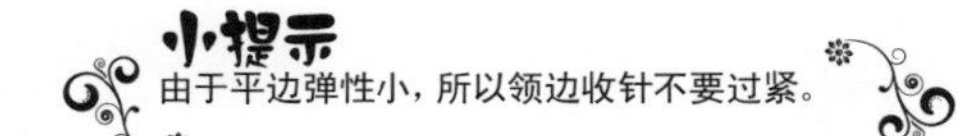
小提示
由于平边弹性小，所以领边收针不要过紧。

NO.13

第16页

编织简述:

织一个长方形大片，分别减针后再加针形成开口，再在此处环形挑针织袖子。

编织步骤:

- 用 6 号针起 130 针往返织，左右各织 5 针桂花针，中间 120 针织金钱花至 40cm。
- 不加减针改织绵羊圈针，左右 5 针桂花针不变。
- 织 3cm 绵羊圈圈针后，在中部 12cm 位置平收 24 针后再平加 24 针，形成的开口为袖口。
- 合针织 50cm 绵羊圈圈针后织第二个开口，最后向上织 3cm 绵羊圈圈针后改织 40cm 金钱花，收机械边。
- 分别从两个开口处环形挑 42 针织 35cm 金钱花为袖子，收机械边。

材料:
286规格纯毛手织粗线

用量:
600g

工具:
6号针　8号针

尺寸(cm):
以实物为准

平均密度:
边长10cm方块=19针×24行

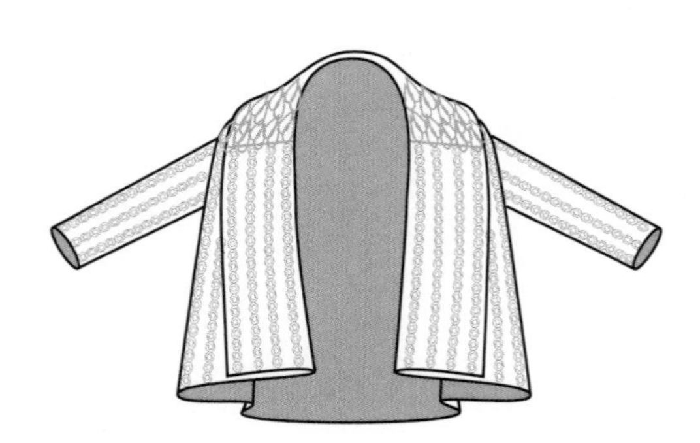

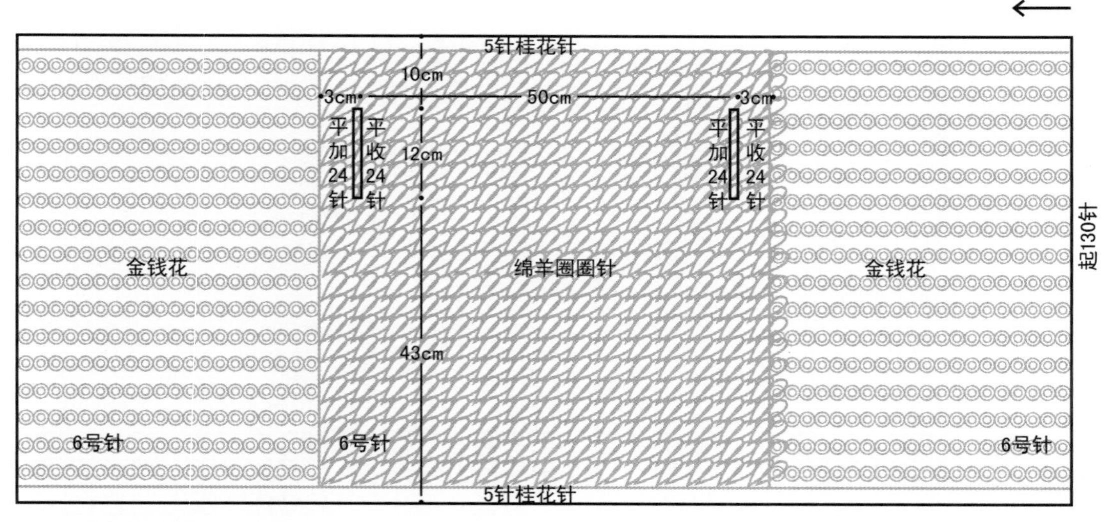

小提示

注意袖口收针时不要过紧，否侧影响舒适度。

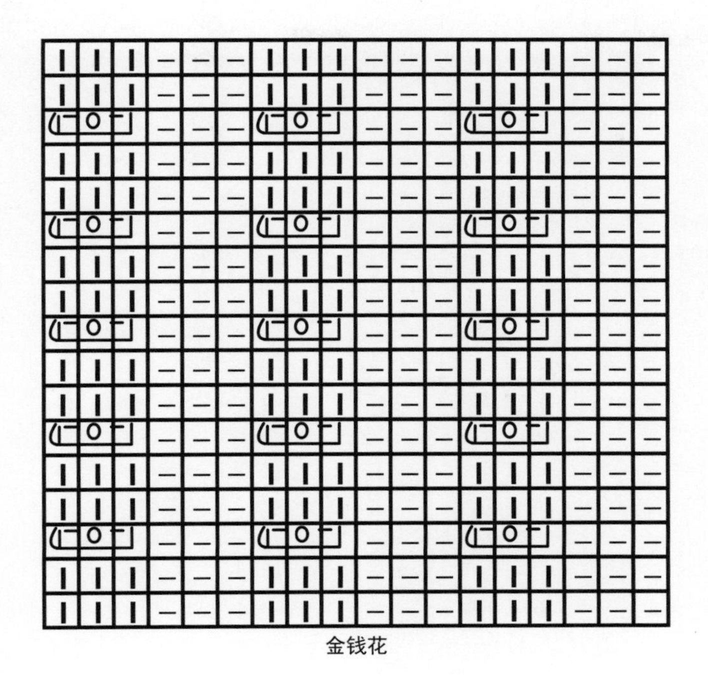

金钱花

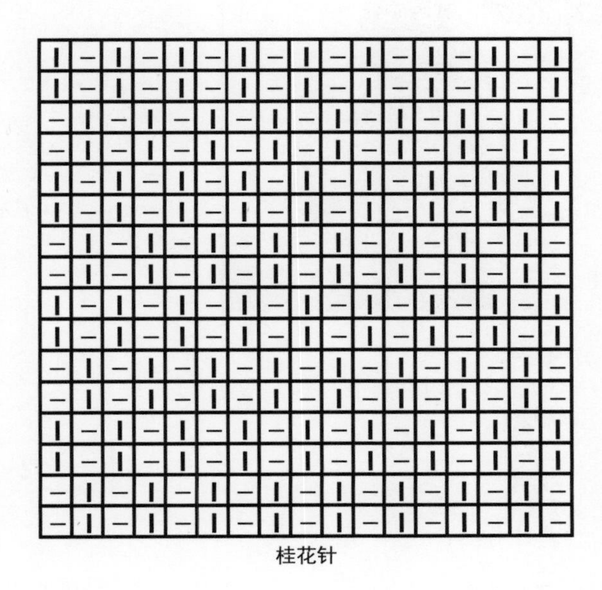

桂花针

4行
3行
2行
1行

绵羊圈圈针

第1行：右手食指绕双线织正针，然后把线套绕到正面，按此方法织第2针。
第2行：由于是双线所以2针并1针织正针。
第3、第4行：织正针，并拉紧线套。
第5行以后重复第1~4行。

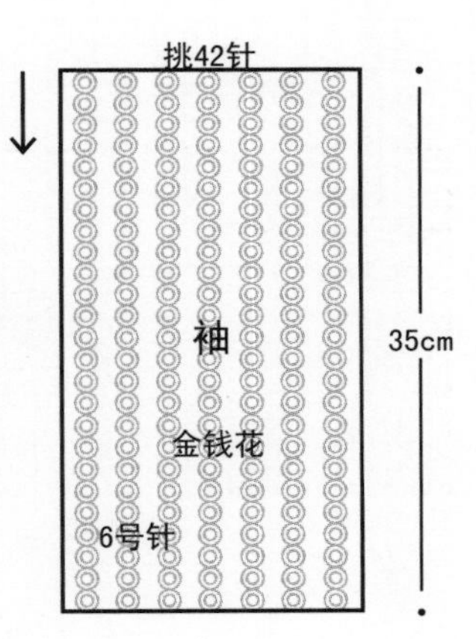

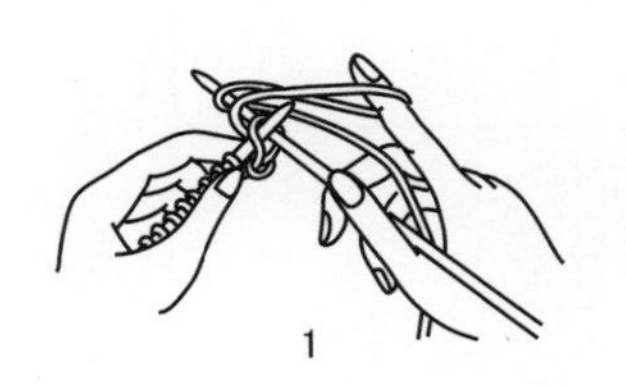

1

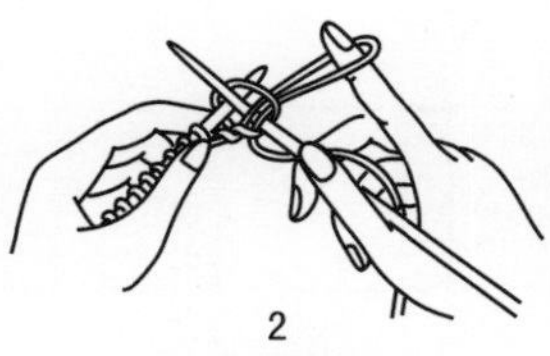

2

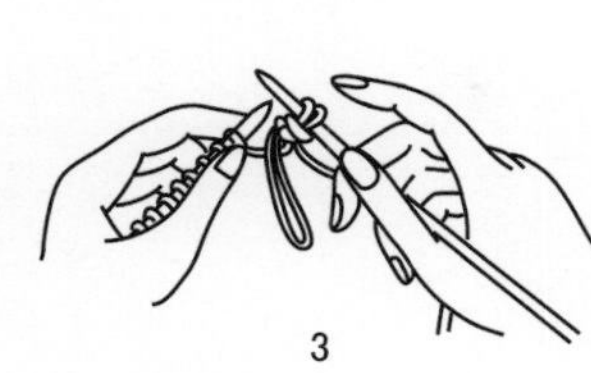

3

绵羊圈圈针

NO.40

第43页

编织简述:

从左袖环形织，至正身改分片织后再环织另一袖子；上下开口分别挑相同针数织边形成领子和底边。

编织步骤:

- 用 6 号针起 36 针从左袖环形织 30cm 拧针双罗纹。
- 一次性加至 84 针环形织 20cm 种植园针后，再分片织 40cm。
- 再次合针环形织 20cm 后，统一减至 36 针织 30cm 拧针双罗纹，收机械边。
- 从上、下沿开口处环形挑出 140 针环织 15cm 拧针双罗纹，松收机械边，形成领子和底边。

材料:
286规格纯毛手织粗线
用量:
450g
工具:
6号针　8号针
尺寸(cm):
以实物为准
平均密度:
边长10cm方块=20针×24行

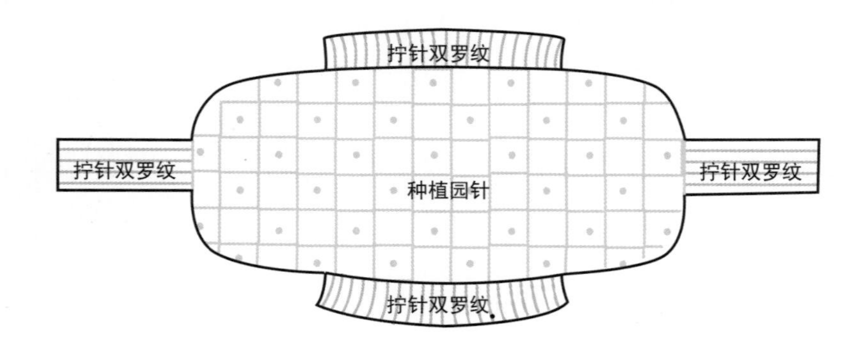

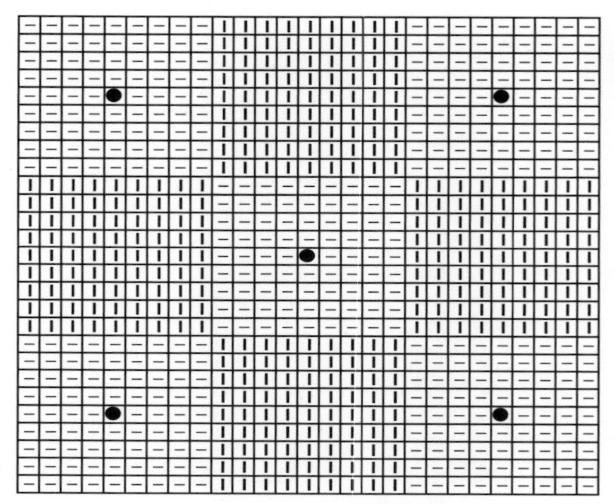

种植园针

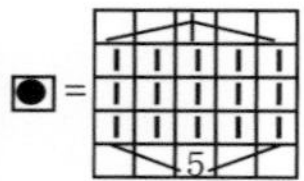

拧针双罗纹

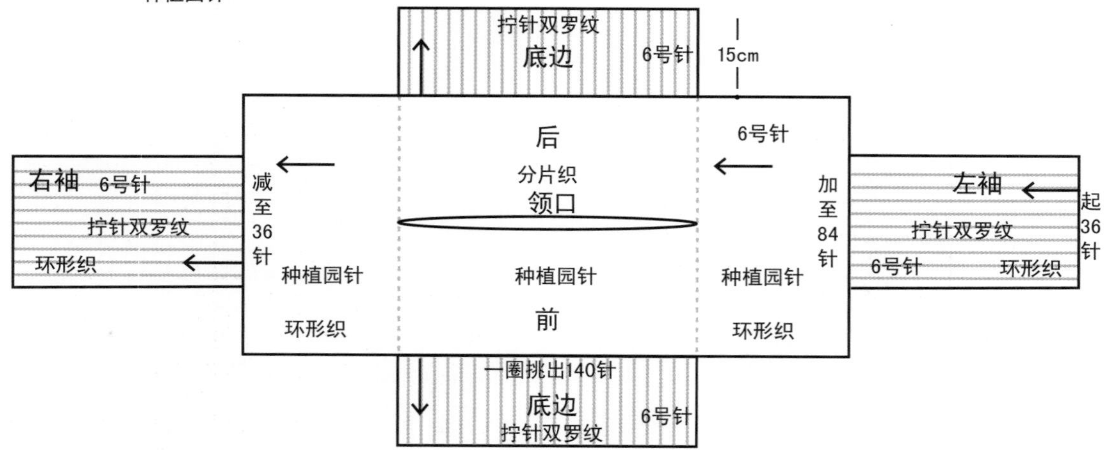

小提示
毛衣上下、前后一致，可随意穿着。

NO.80

第80页

编织简述:

织一个长方形，留出的开口是袖窿口，从此处挑针向下织袖子，在袖口处收针。

编织步骤:

- 用6号针起100针织正针，第3行时加至160针，左右各6针织锁链针，中间148针织正针。
- 总长至20cm时，以正中72针为界分三片织15cm后，再合成160针向上直织18cm后，改织2cm拧针单罗纹边。
- 从开口处挑50针织正针，隔11行减1针减5次，至42cm时余40针改织2cm拧针单罗纹，收机械边。

材料:
286规格纯毛手织粗线

用量:
450g

工具:
6号针

尺寸(cm):
以实物为准

平均密度:
边长10cm方块=20针×24行

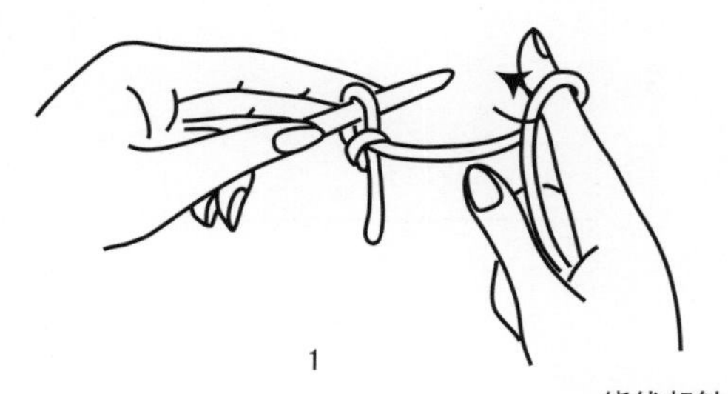

1

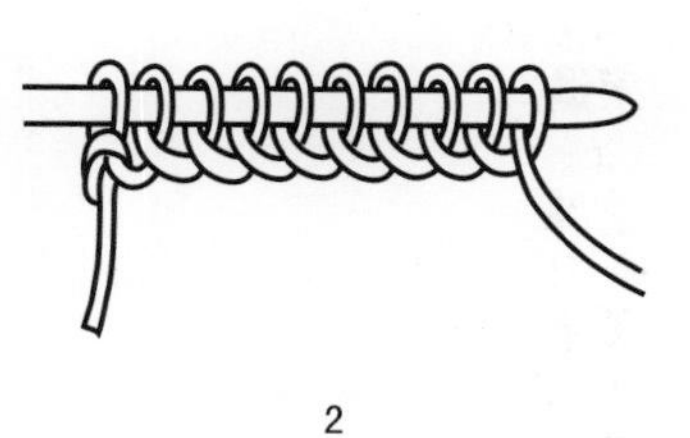

2

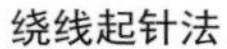

绕线起针法

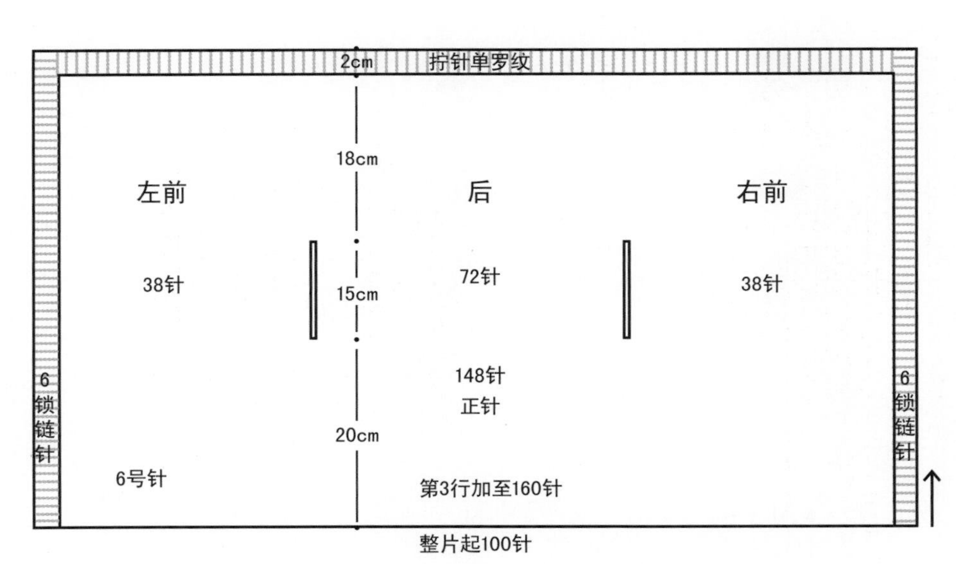

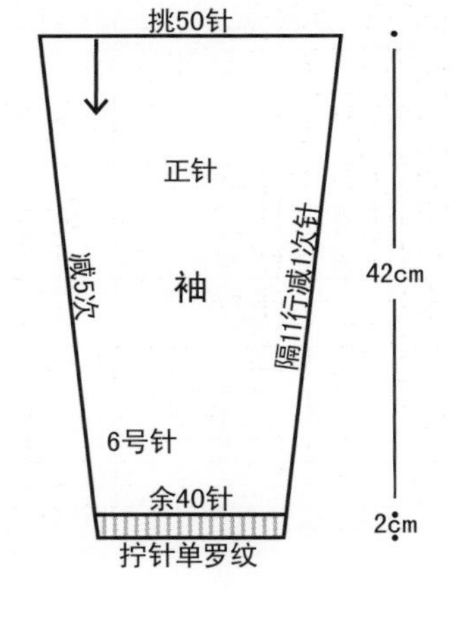

拧针单罗纹

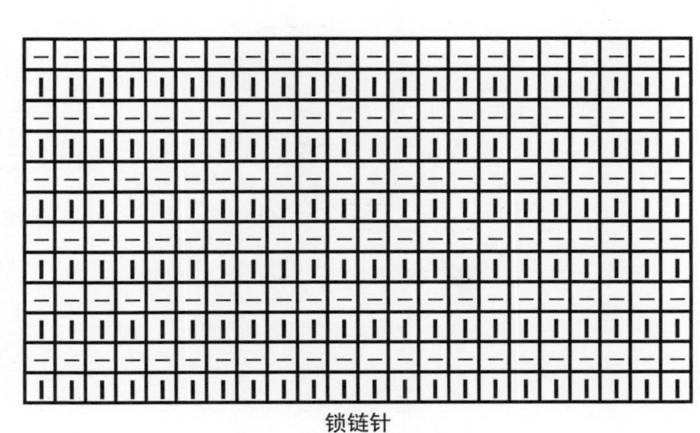

锁链针

小提示
该毛衣不分上下，可以任意颠倒穿着。

编织简述:

从下摆起针后环形向上织，至腋下后平收两腋相同针数，按规律减针后，从减过针的斜面挑针织长方形，与后片减针斜面缝合。前后片连接后形成领口，从此处环形挑针并减至相应针数后织领子；挑织的长方形在下沿形成袖窿口，在此处挑针织袖子，至袖口处收针。

编织步骤:

- 用 6 号针起 144 针按排花环形织 38cm。
- 在两腋正中位置按英式毛衣减针法减袖窿，平收腋正中 6 针，隔 1 行减 1 针减 15 次，余针不必平收，停针待织。
- 从前片斜减针的位置挑出 49 针，按排花织 36cm，与后片斜减针的位置缝合形成袖窿口。
- 领子用 8 号针，分别从肩头的侧面各挑 24 针，与停针的正身针穿在一起，前后片正身针数各减至 24 针，一圈共挑 96 针，织 2cm 拧针双罗纹，收双机械边。
- 从袖窿口环形挑 40 针，向下织 44cm 拧针双罗纹，在袖口处收机械边。

材料:
286规格纯毛手织粗线
用量:
525g
工具:
6号针　8号针
尺寸(cm):
衣长56　袖长40（腋下至袖口）
胸围76
平均密度:
边长10cm方块=19针×26行

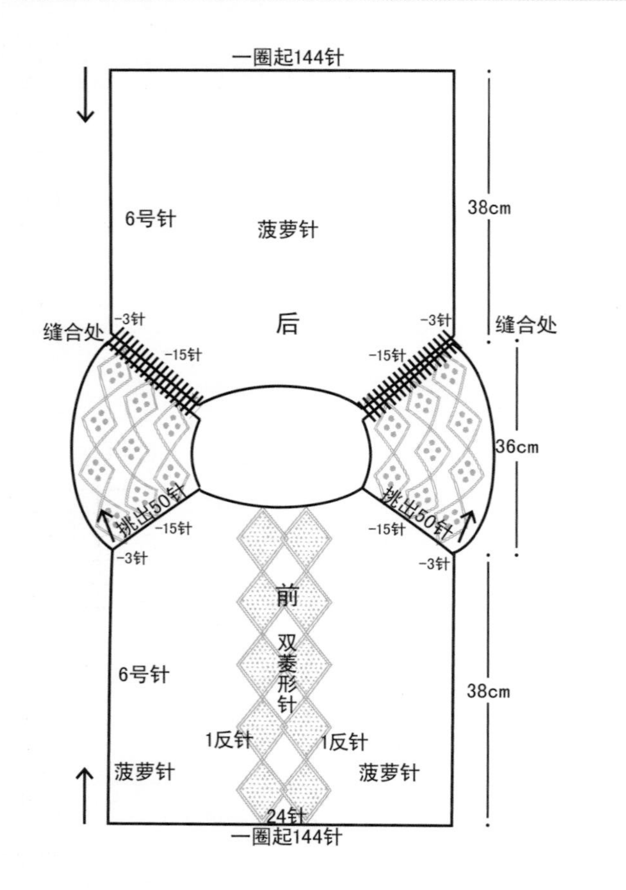

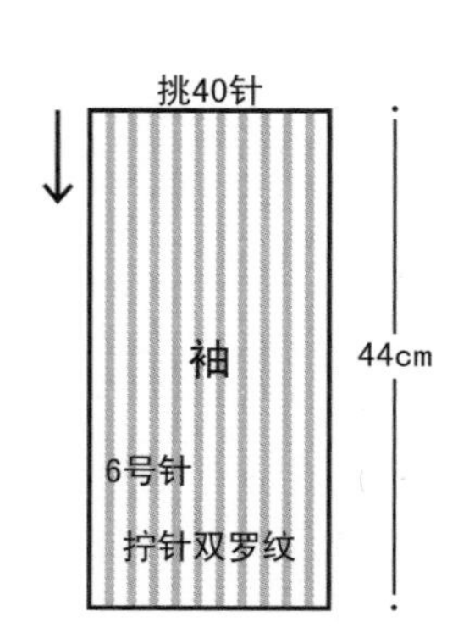

斜减针处挑织排花:

1	15	1	15	1	15	1
反针	菱形四季豆	反针	菱形四季豆	反针	菱形四季豆	反针

整体排花:

1	24	1
反针	双菱形针	反针

118
菠萝针

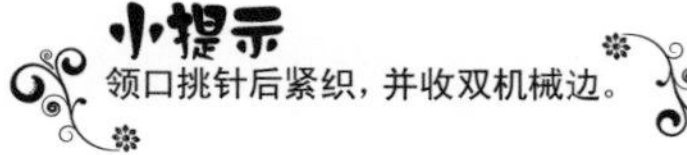

领口挑针后紧织，并收双机械边。

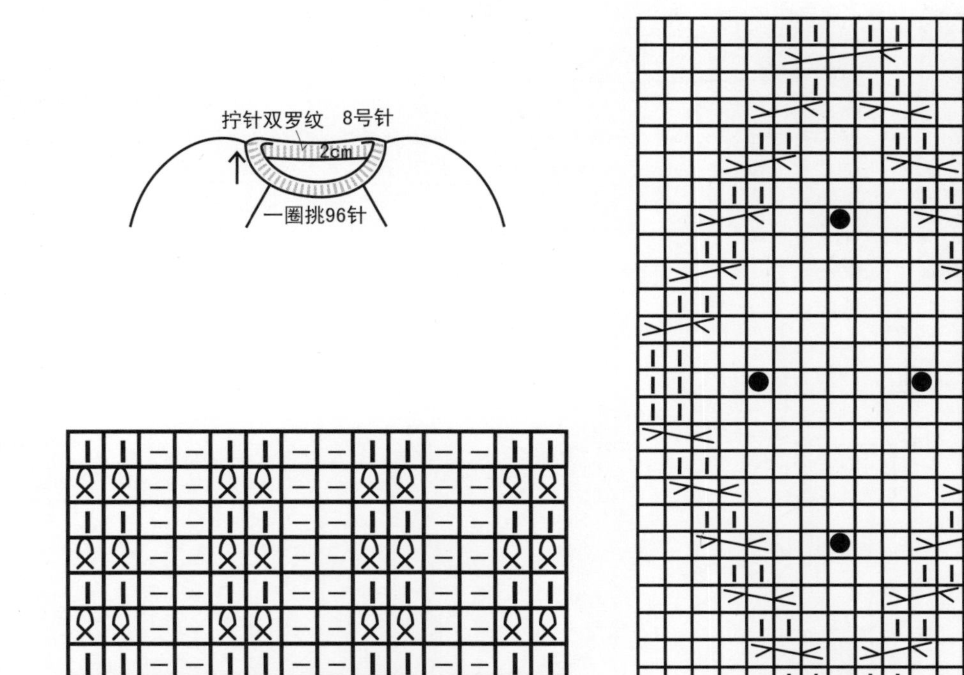

拧针双罗纹

菱形四季豆

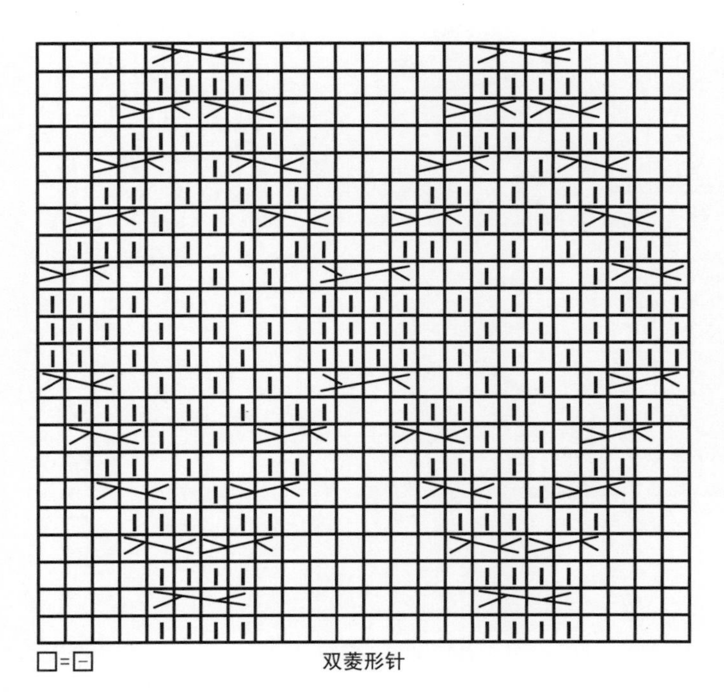

□=⊟ 双菱形针

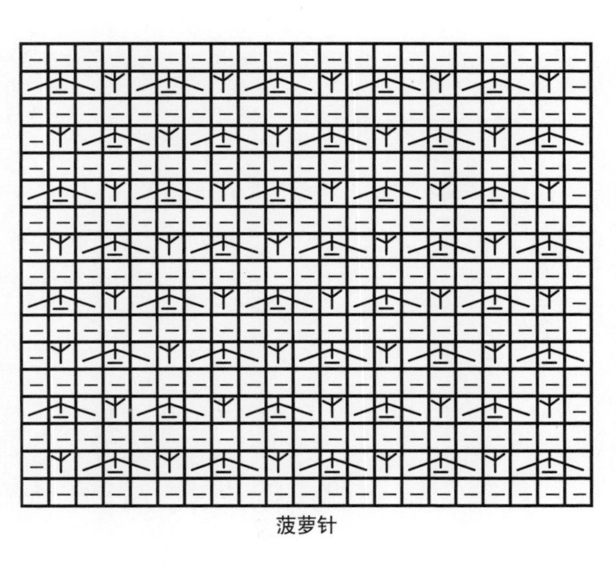

菠萝针

编织简述:

从左袖向右袖横织，环织 56cm，然后大片织 8cm，24cm 再均分两小片织，合成大片再织 8cm，最后合圈并减针织 56cm；下摆后挑针环形织。

编织步骤:

- 用 6 号针从左袖口起 40 针环形织 26cm 拧针双罗纹。
- 按排花环形织，并在袖腋位置取 2 针做加针点，用无洞加针法隔 1 行在加针点左右各加 1 针，加出针织种植园针共加 38 次。
- 以加针点为界，将 116 针分开织大片，直织 8cm 后再分前后片织领口，每片 58 针织 24cm 长后合成大片继续织 8cm，最后再环形织。依照左袖织法，使两袖尺寸和针数对称。
- 从下摆开口处挑 152 针用 6 号针织 12cm 拧针双罗纹，收机械边。

材料:
276规格纯毛手织粗线
用量:
550g
工具:
6号针
尺寸(cm):
以实物为准
平均密度:
边长10cm方块=20针×24行

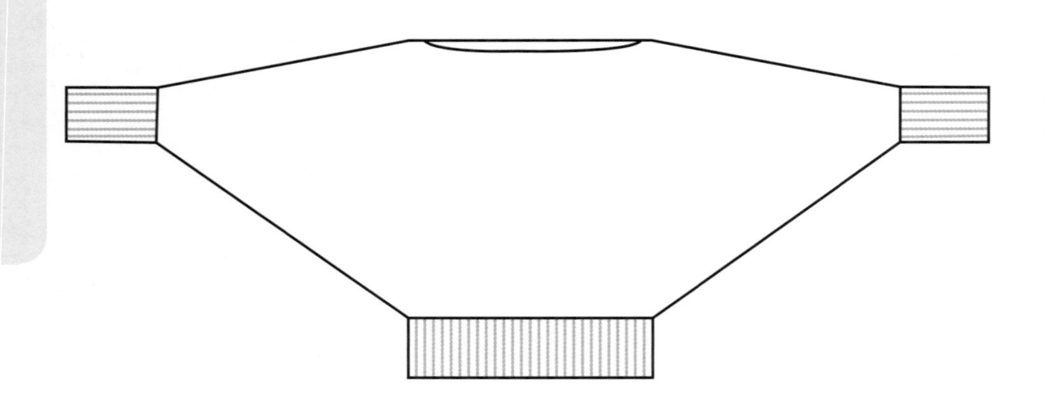

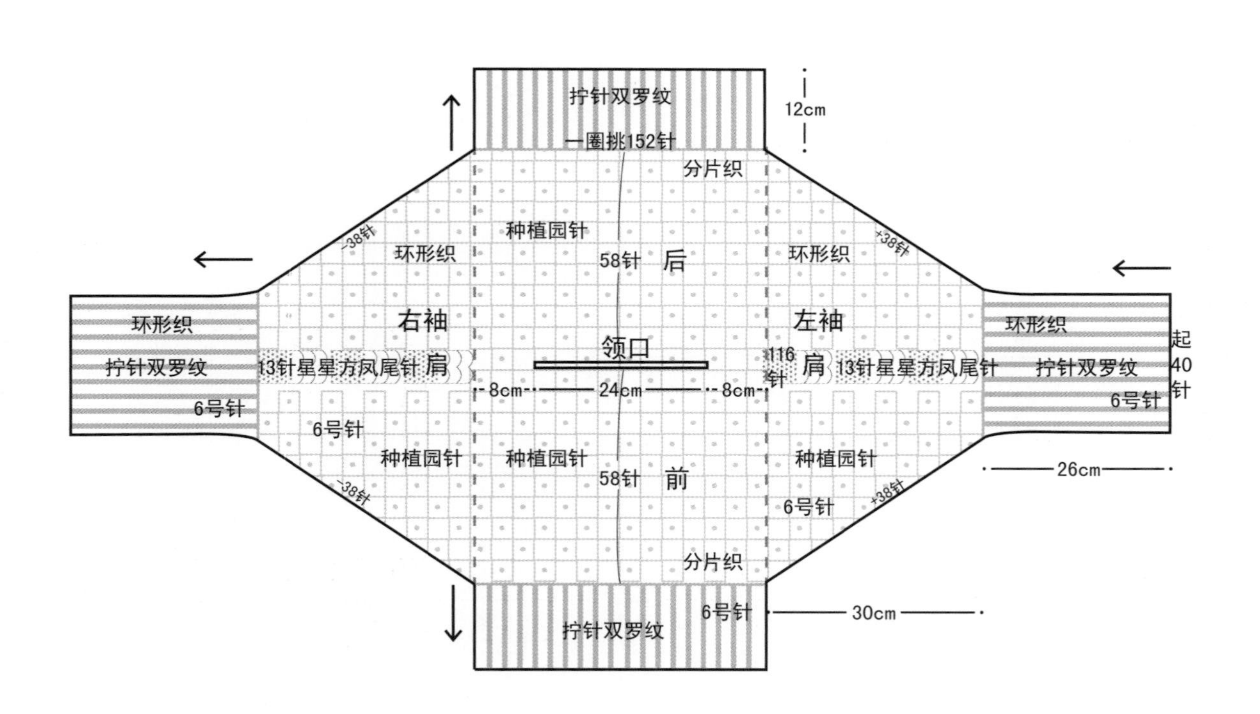

小提示
领口不用特殊处理，自然的内卷效果更时尚。

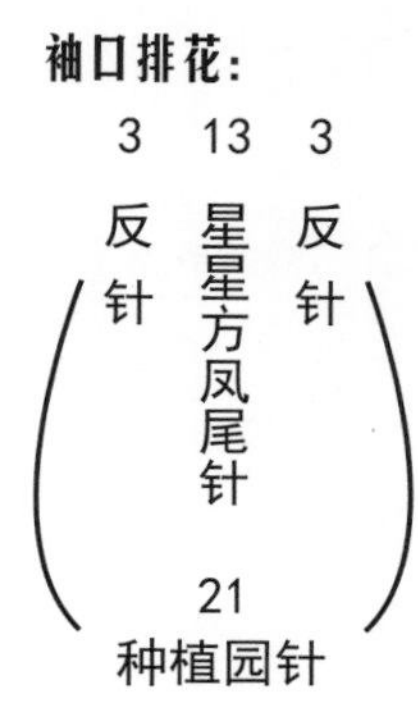

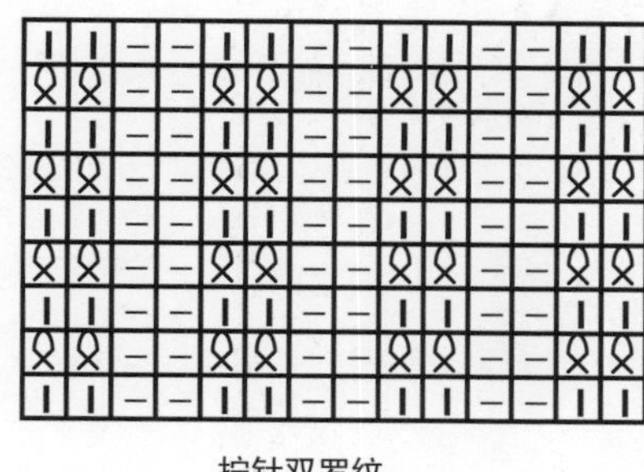

拧针双罗纹

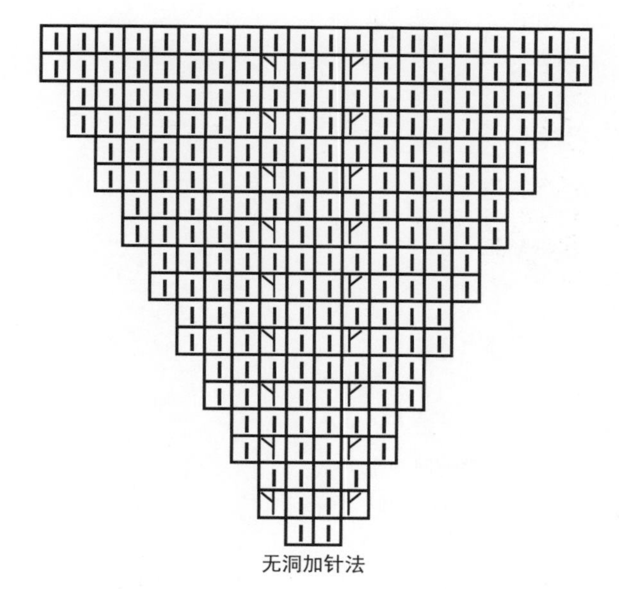

无洞加针法

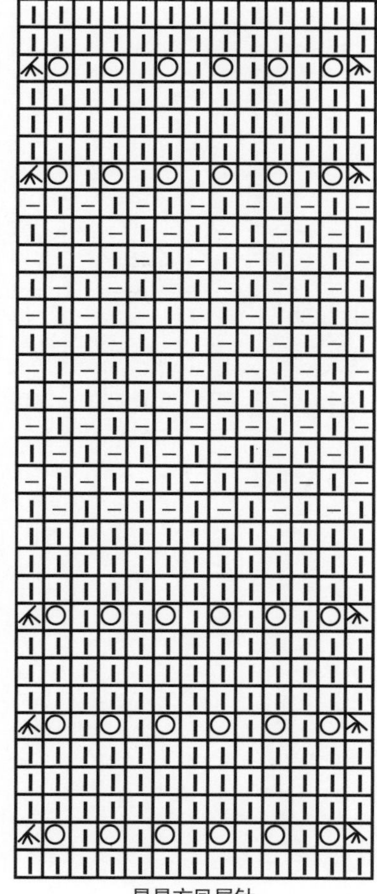

星星方凤尾针

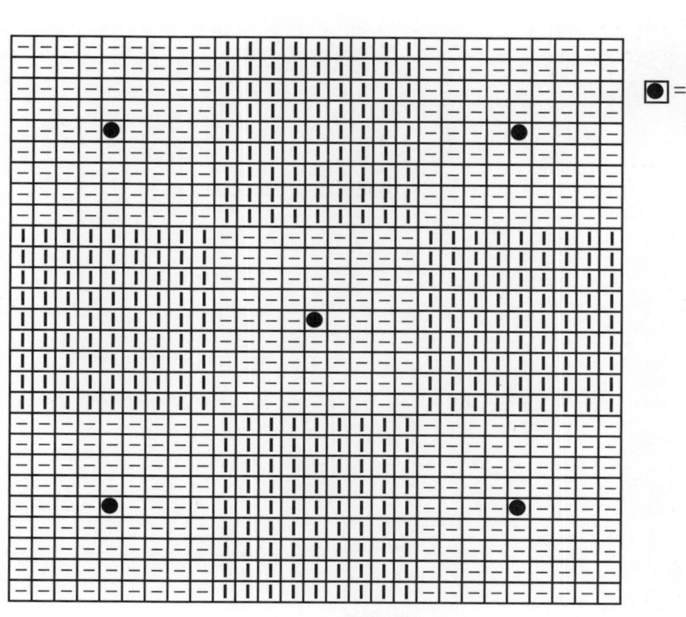

种植园针

编织简述:

按排花往返织一条中间有开口的长围巾，竖对折缝合后形成两袖，然后分别挑织袖口；完成袖子后，从前后环形挑针向下织正身。

编织步骤:

- 用6号针起54针按排花往返向上织27cm。
- 从中间均分两份，每份27针往返向上织18cm后，再合成54针向上织27cm后收针形成中间有开口的长围巾。
- 将长围巾两端18cm的位置竖对折按相同数字缝合形成袖窿口，从袖窿口挑出44针用8号针环形织25cm拧针单罗纹后收机械边形成袖口。
- 前后余下的36cm位置用6号针环形挑出120针织8cm星星针后，再向下织10cm樱桃针并收机械边形成正身下摆。

材料:
275规格纯毛手织粗线
用量:
400g
工具:
6号针　8号针
尺寸(cm):
以实物为准
平均密度:
边长10cm方块=20针×25行

长围巾排花:

5	20	4	20	5
锁链针	心形花纹	反针	心形花纹	锁链针

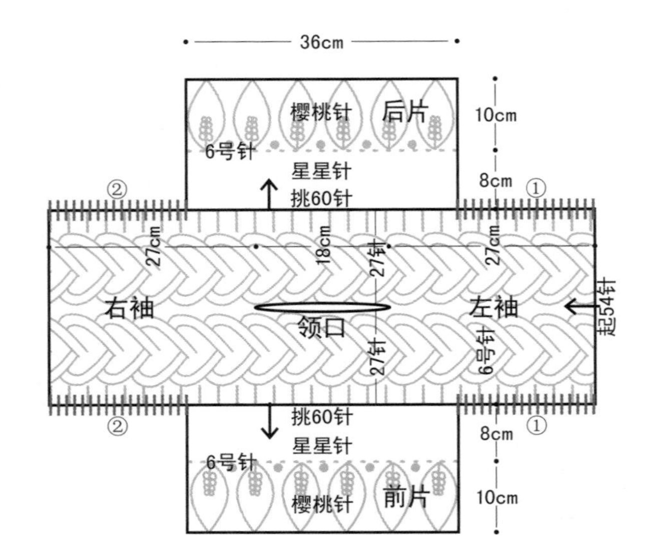

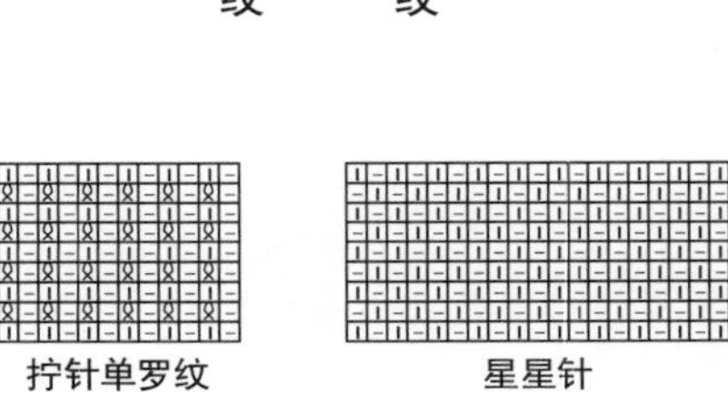

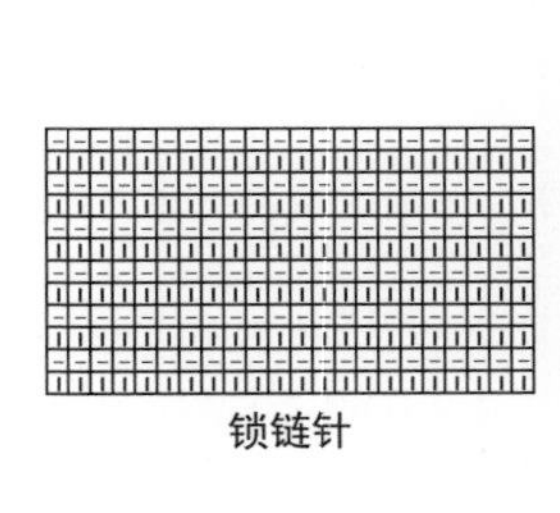

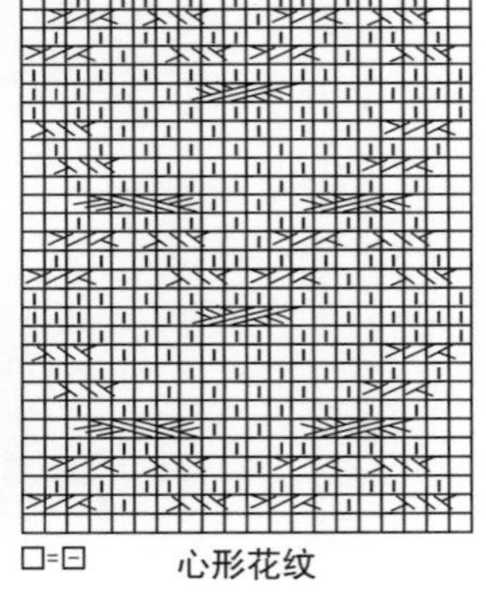

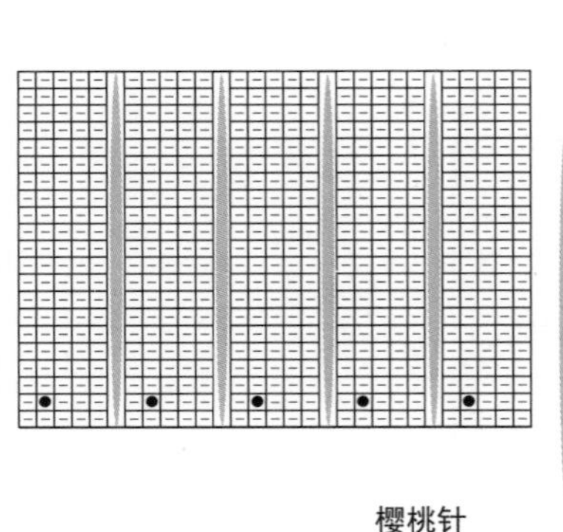

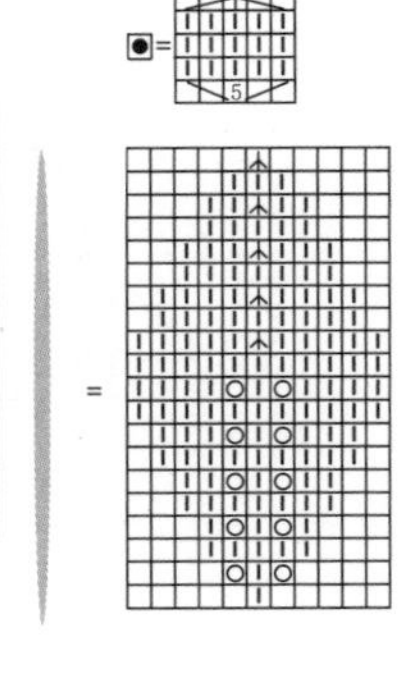

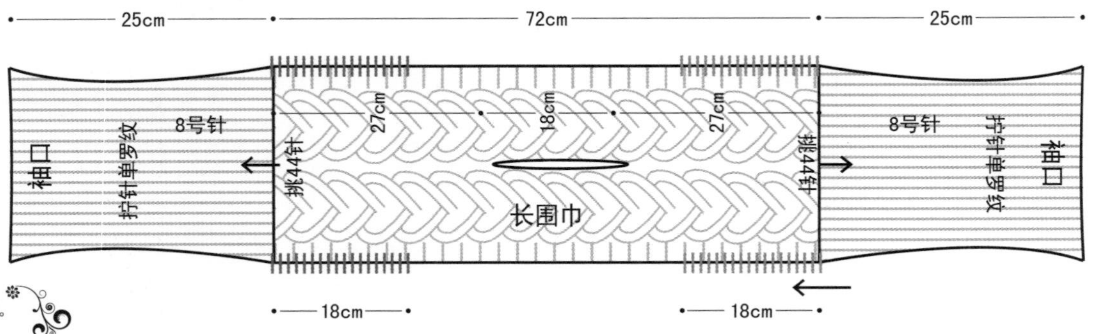

小提示
领部不用特殊处理。

NO.72

第75页

编织简述:

织两片相同的衣片，在两肩头取相同针数缝合后，分别在两侧挑针织两肋，在肋部缝合后，余针为袖窿口，在此处环形织正针并按规律减针至袖口；领子后挑织。

编织步骤:

1. 用6号针起60针往返织球球星星针。
2. 至48cm停针，用星星针织另一片相同大小的长方形，分别在肩部取15针缝合。
3. 从两衣片的侧面共挑出160针往返织4cm拧针双罗纹后，分别取肋部52针缝合连接前后片。
4. 余下的拧针双罗纹一次性减至46正针改环形织袖子，并在袖腋处隔11行减1次针，每次减2针共减5次，至29cm处余36针改织15cm拧针双罗纹后松收机械边。
5. 两肩缝合后，余下的60针一次性加至80针环形织6cm拧针双罗纹形成领子，收机械边。

材料:
286规格纯毛手织粗线

用量:
550g

工具:
6号针

尺寸(cm):
衣长48　袖长44（腋下至袖口）
胸围86　肩宽43

平均密度:
边长10cm方块=17针×26行

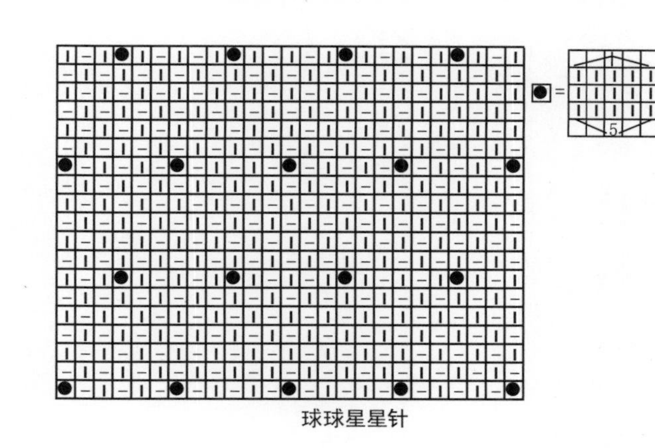

球球星星针

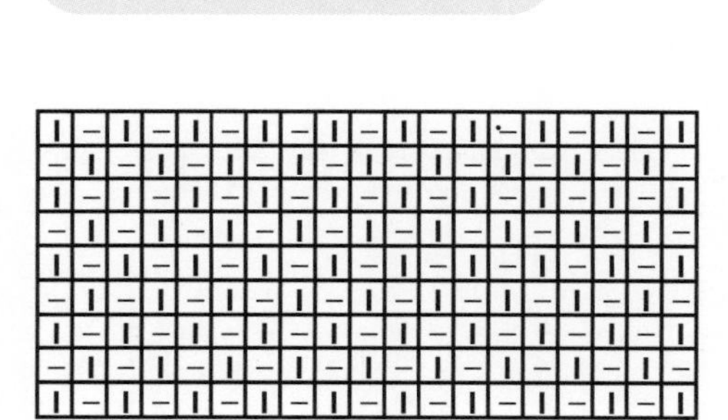
星星针

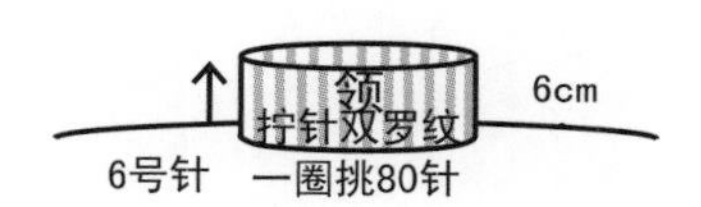

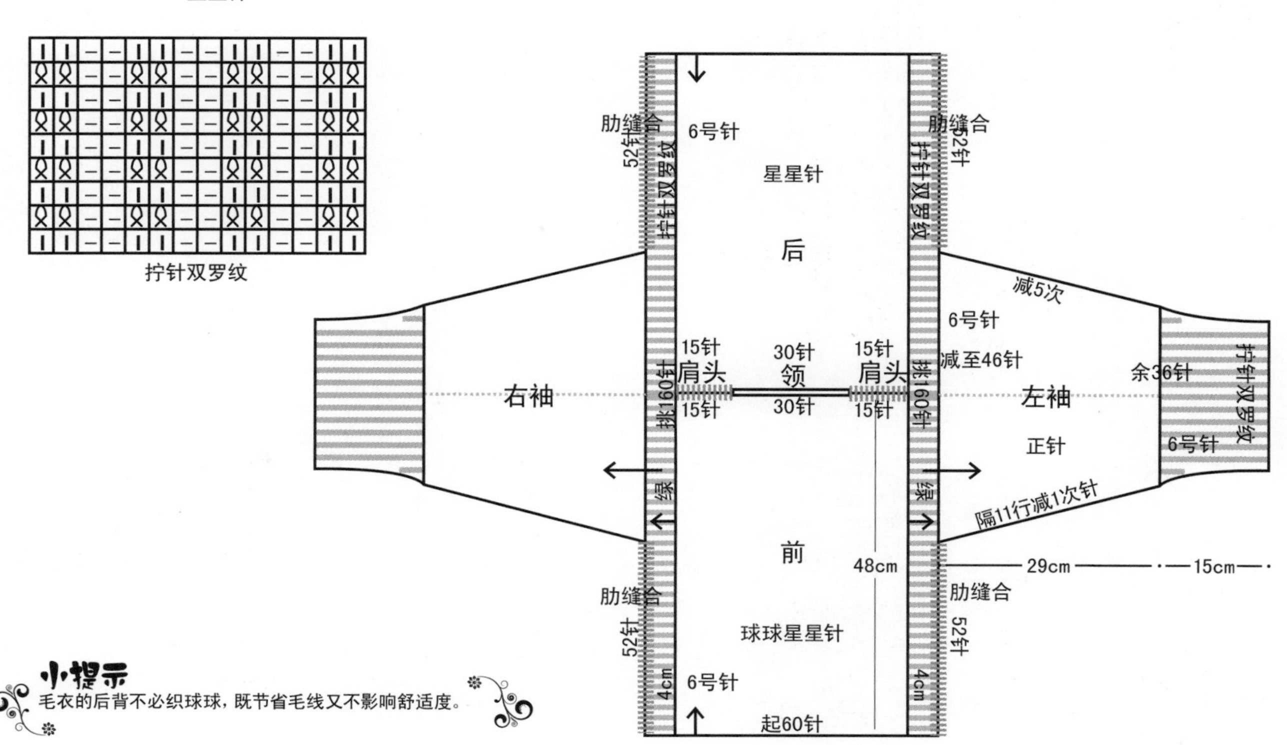

拧针双罗纹

小提示
毛衣的后背不必织球球，既节省毛线又不影响舒适度。

编织简述:

织两个相同的衣片，在两肩头取相同针数缝合后，分别在两侧挑针织两肋，在肋部缝合后，余针为袖窿口，在此处环形织正针并按规律减针至袖口；领子后挑织。

编织步骤:

- 用 6 号针起 84 针往返织 3cm 宽拧针罗纹针。
- 加至 88 针按排花织，24 针麻花针半花织 7cm 拧一次，整花织 15cm 拧一次。
- 总长度至 40cm 时，自正中均分两片织 24cm 后，再合针织 88 针大片，总长度 110cm。
- 按图①－①、②－②缝合两肋，中间 24cm 长的大开口为领口，另起 16 针织麻花长条至 46cm 时对头缝合，并侧缝于领口处。
- 两肋缝合后，左右的开口为袖窿口，从此处用 6 号针挑出 48 针织正针，并在袖下隔 13 行减 1 次针，共减 4 次，至 44cm 时，余 40 针松收平边，袖口自然卷曲。

材料:
286规格纯毛手织粗线
用量:
550g
工具:
6号针
尺寸(cm):
衣长55　胸围84
平均密度:
边长10cm方块=21针×24行

整体排花:

2	4	4	24	4	4	4	4	4	24	4	4	2
反针	正针	反针	麻花针	反针	正针	反针	正针	反针	麻花针	反针	正针	反针

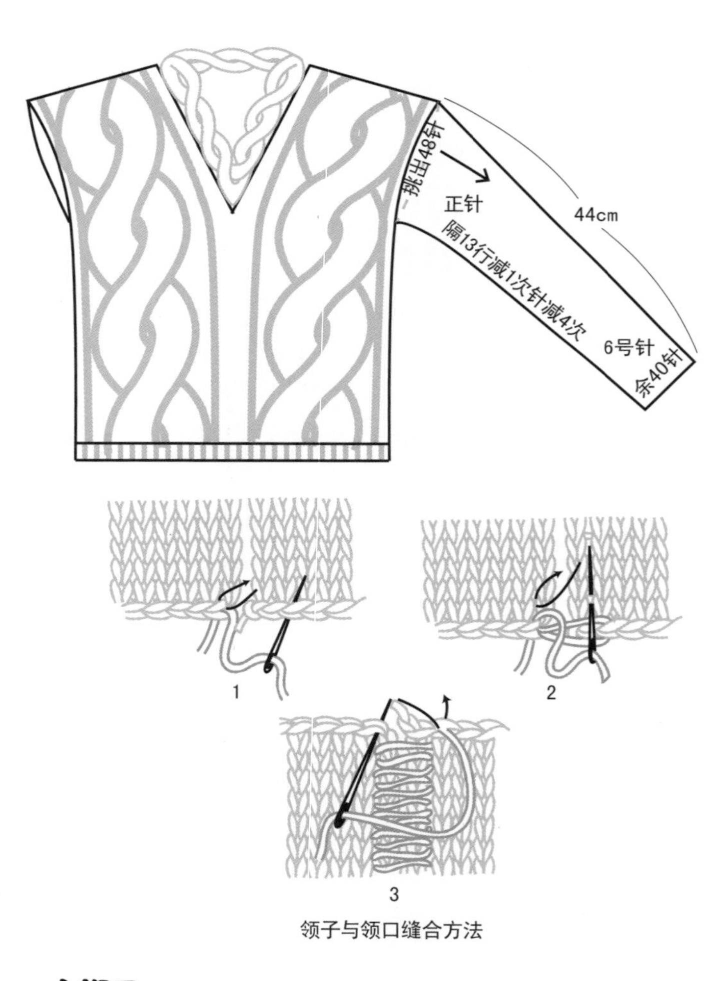

领子与领口缝合方法

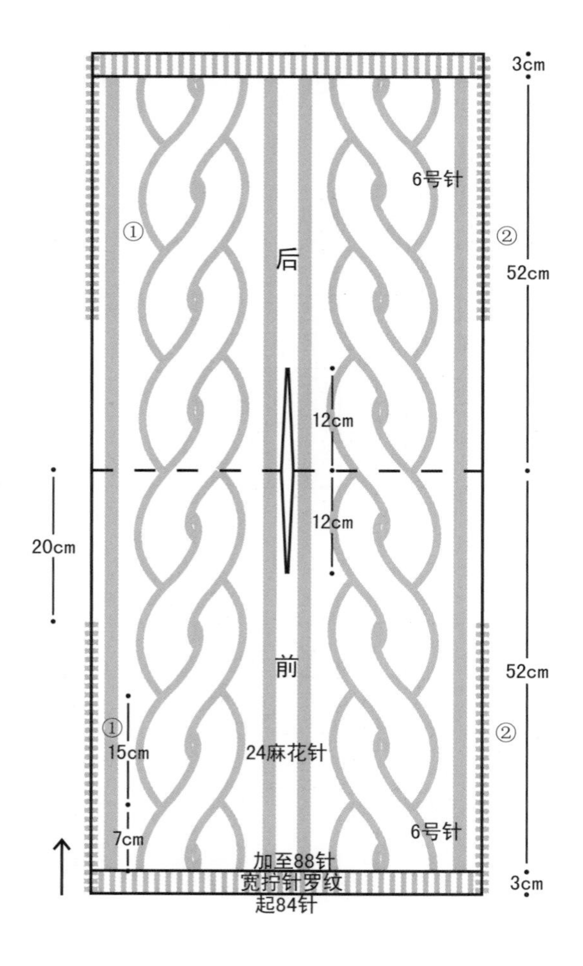

小提示
缝合两肋时不要过紧，以免影响毛衣弹性。

16麻花针

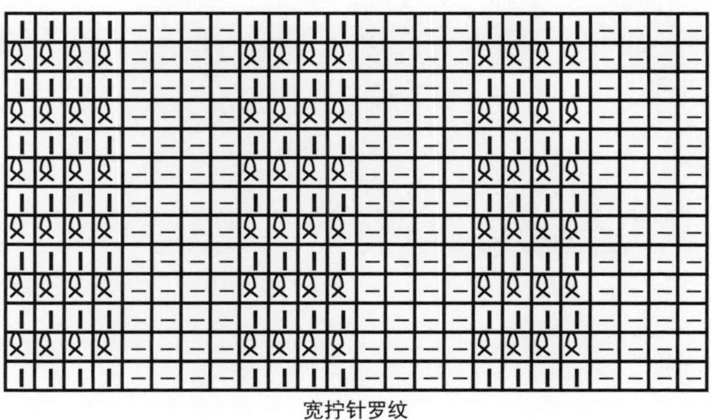
宽拧针罗纹

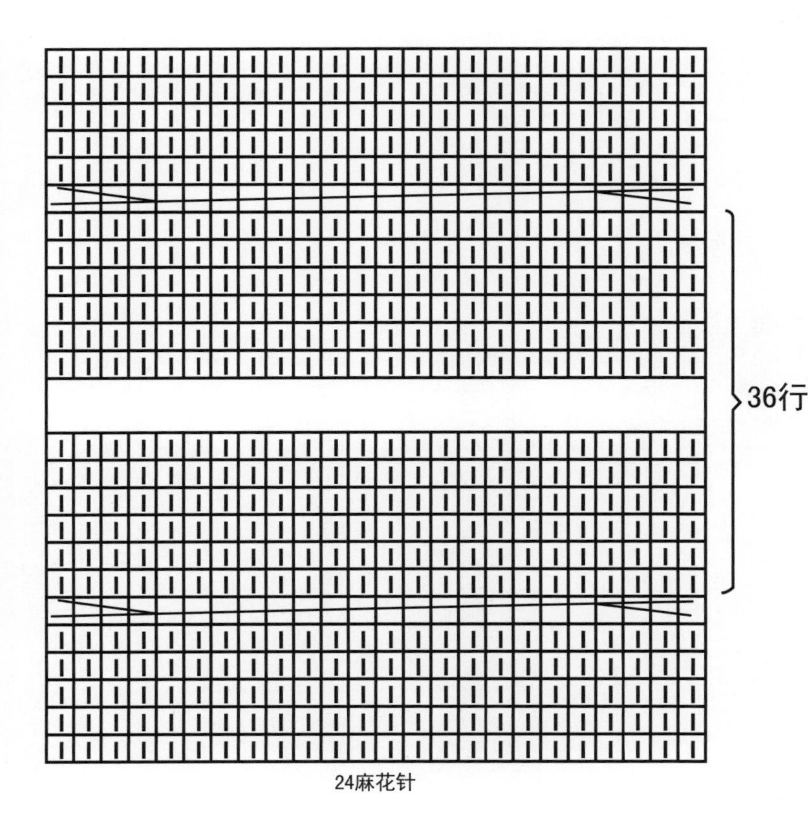

24麻花针

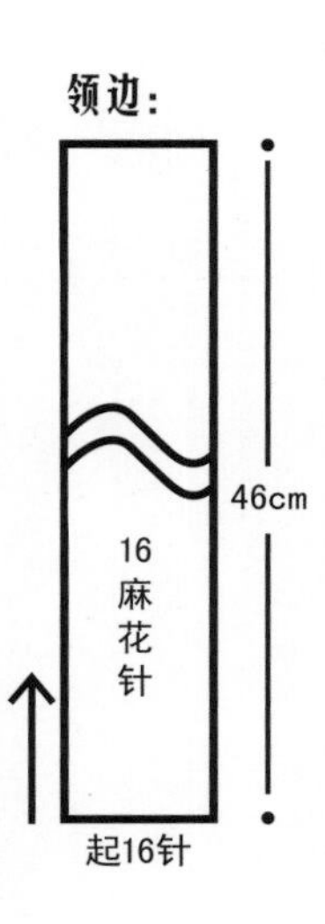

NO.35

第38页

材料：
纯毛合股线

用量：
600g

工具：
6号针　8号针

尺寸(cm)：
以实物为准

平均密度：
边长10cm方块=19针×24行

编织简述：

从领口处起针往返织带开口的圆片，两肩各取32针穿起待织，将后片的46针加至58针，左右前片的23针分别加至29针，然后在左右腋下各平加出8针将前后片连接，整个正身共132针合成大片往返向下织。最后将肩部待织的32针与正身腋部平加的8针穿起，合成一圈环形向下织袖子。

编织步骤：

- 用6号针起84针，共分12组每组7针往返织锁链球球针。隔3行在每组内加1针，总长至14cm时形成有开口的中空圆片。
- 正身按图分针并均匀加针，同时在两腋各平加8针，正身一整片合成132针用6号针按排花往返向下织25cm后，换8号针将中间的116针正针改织拧针双罗纹，星星针不变，至13cm后收机械边形成下摆。
- 两袖各余32针，在腋下平加的8针位置再挑出8针，合成40针用6号针环形向下织正针，总长至32cm后，改织14cm锁链球球针并收平边形成袖口。

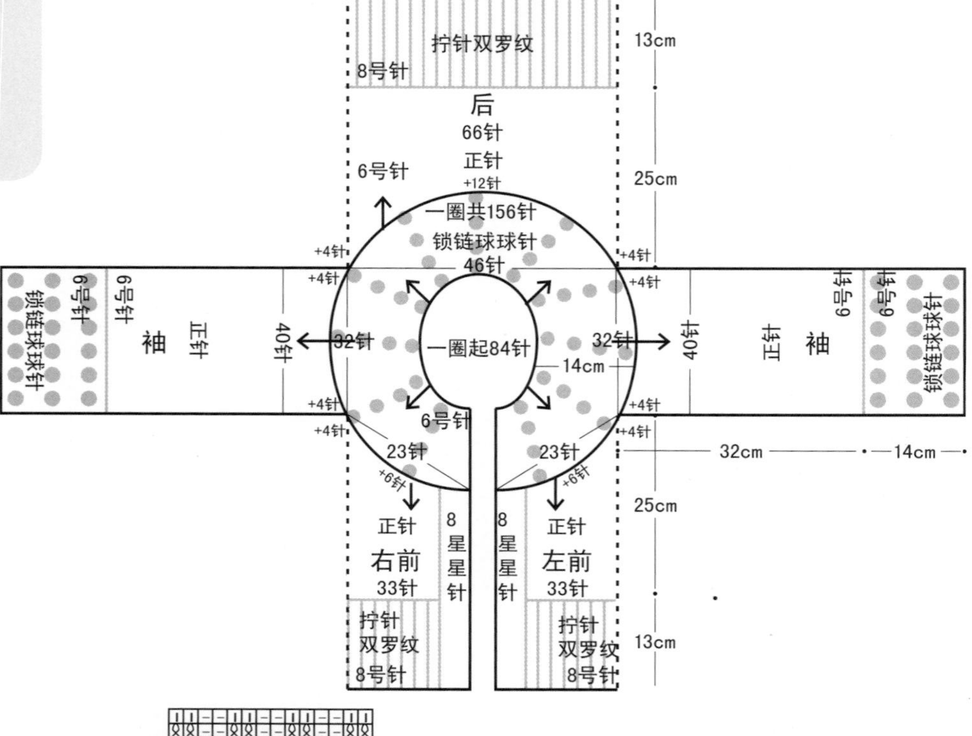

正身排花：132针

8	116	8
星星针	正针	星星针

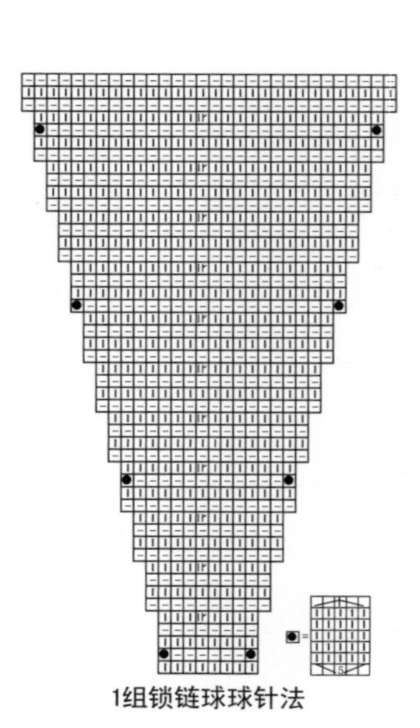

1组锁链球球针法

拧针双罗纹

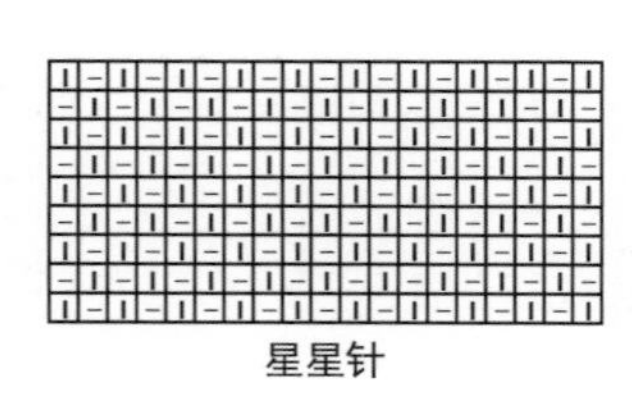

星星针

袖口的锁链球球针

小提示

完成带开口的中空圆片后分针，分针时注意，两肩不加针，只在前后片均匀加针。

NO.26

第29页

编织简述:

按排花织一条有两个开口的宽围巾，分别从开口处挑针向下织袖子。

编织步骤:

1. 用 6 号针起 102 针往返织 4cm 拧针单罗纹后按排花向上织 20cm，取 40 针正针中间的 30 针平收，第 2 行时再平加 30 针，形成开口。
2. 合成 102 针向上再织 40cm 后织第二个开口，其余部分同起针处，两头对称。
3. 两个开口为袖窿口，从此处环形挑出 64 针织 20cm4 正针 4 反针宽罗纹后，改织 18cm 正针，最后织 6cm 拧针单罗纹后收机械边。

材料:
286规格纯毛手织粗线

用量:
500g

工具:
6号针

尺寸(cm):
衣长46　袖长44（腋下至袖口）
胸围88　肩宽40

平均密度:
边长10cm方块=22针×25行

4cm
正针 右前 20cm
6号针
5针 平加30针 5针
平收30针
领 锁链针 正针 后 40cm
菠萝针 麻花针
下摆
80cm
5针 平加30针 5针
平收30针
正针 左前 20cm
6号针
10针 40针 32针 20针
6号针 起102针 拧针单罗纹
4cm

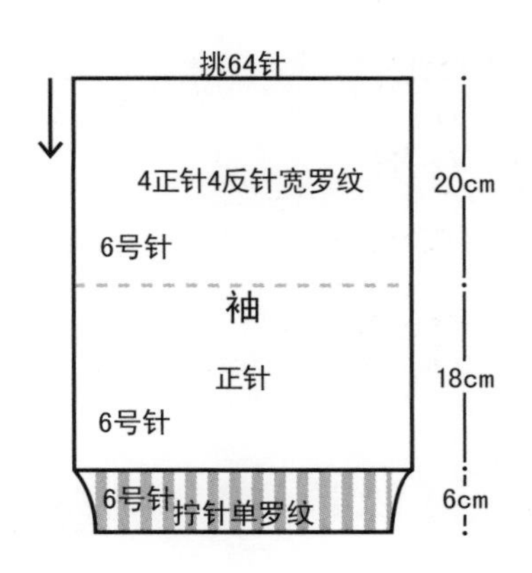

整体排花:

10	40	32	20
锁链针	正针	菠萝针	麻花针

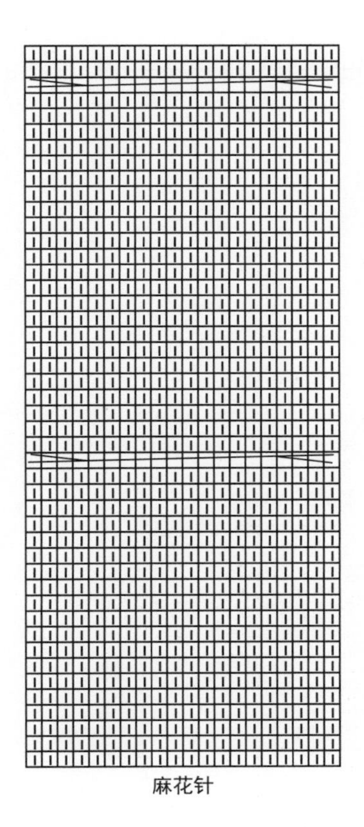
麻花针

拧针单罗纹

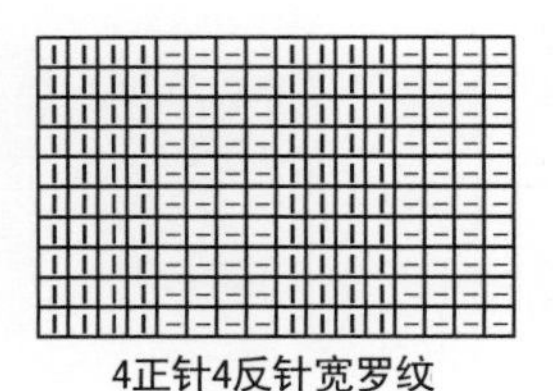
4正针4反针宽罗纹

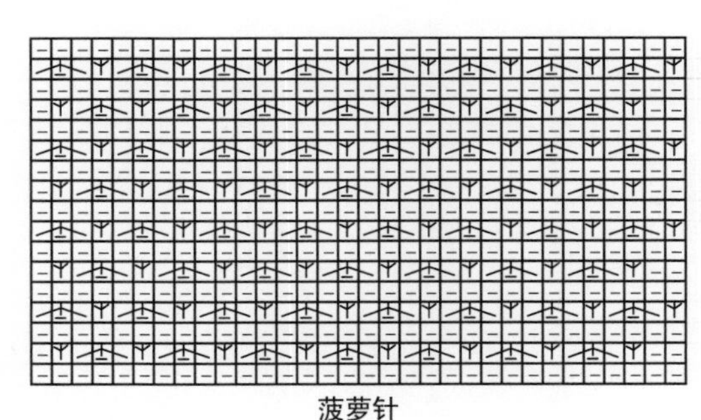
菠萝针

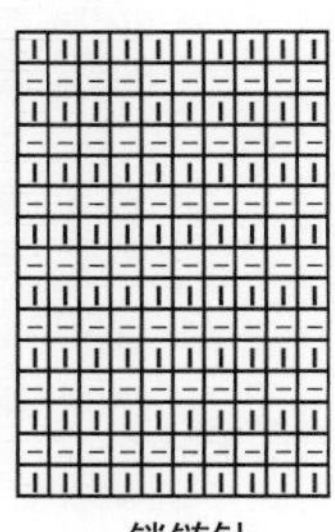
锁链针

小提示
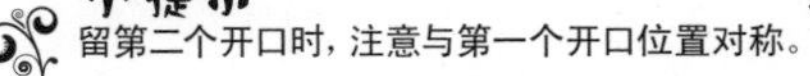
留第二个开口时，注意与第一个开口位置对称。

编织简述:

按排花往返织一条长围巾，然后另起针织后背片，将后背片与长围巾按要求缝合后，再从袖窿口挑针向下环形织袖子。

编织步骤:

- 用 8 号针起 40 针往返向上织 3cm 星星针。
- 换 6 号针按长围巾排花往返向上织 130cm 后，再换 8 号针改织 3cm 星星针后收针形成长围巾。
- 用 8 号针另线起 66 针往返向上织 15cm 拧针双罗纹后，换 6 号针按后背片排花往返向上织 15cm 后，缝合在长围巾正中 30cm 位置形成后背片。
- 将长围巾一侧的 30cm 重叠后，再与后背片一侧的 15cm 按相同数字缝合，形成自然的褶皱效果。
- 用 6 号针从袖窿口处挑出 36 针，环形向下织横条纹针，总长至 35cm 后，换 8 号针改织 10cm 拧针双罗纹后收机械边形成袖子。

材料:
纯羊毛中粗线
用量:
650g
工具:
6号针　8号针
尺寸(cm):
以实物为准
平均密度:
边长10cm方块=20针×24行

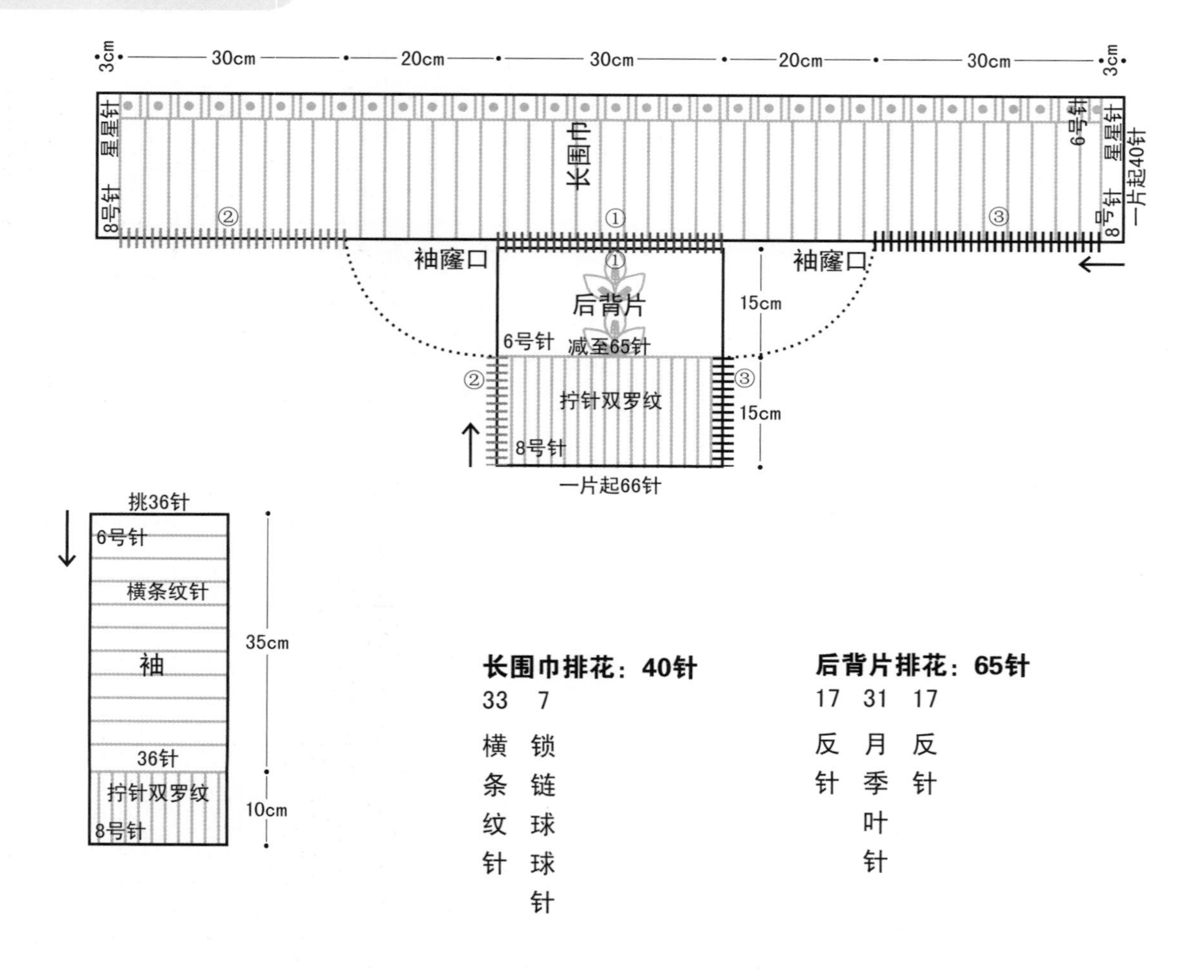

小提示
注意长围巾起针和收针处的3cm不与后背片缝合。

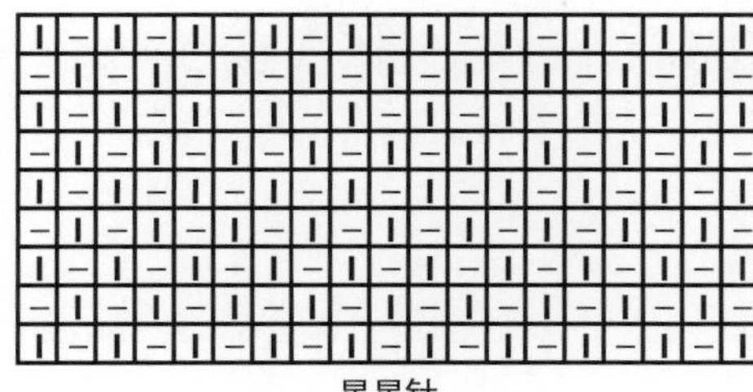

星星针

拧针双罗纹

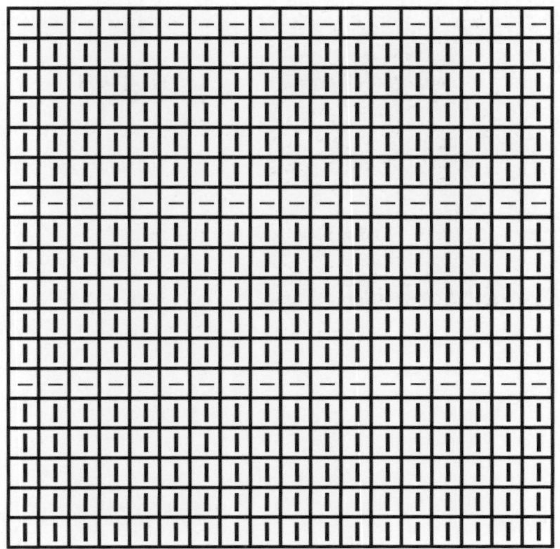

横条纹针

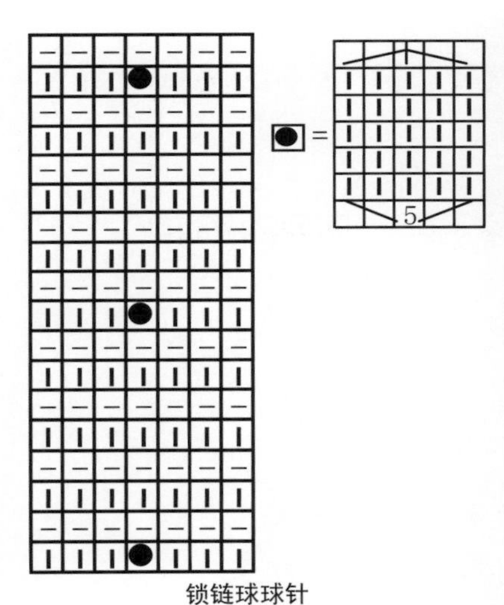

锁链球球针

月季叶针

编织简述:

织一个长方形的大片，在相应位置留开口为袖口，从开口处挑针向下织正针后改织拧针单罗纹形成袖子。

编织步骤:

- 用6号针起116针往返织3cm拧针单罗纹。
- 中间96针织15针镂空席子花和1反针，领一侧织8针锁链针，下摆侧织12针锁链针。
- 总长至21cm时，领8针锁链针改织绵羊圈圈针。
- 总长至33cm时，左76针右40针分片织13cm后再合针织完整片，形成的开口是袖口。
- 合针织33cm后织第二个开口，按原方法编织，两头对称。
- 从开口处用6号针挑50针环形织26cm正针，并隔11行减1次针，共减4次，余42针改织18cm拧针单罗纹，收机械边。

材料:
286规格纯毛粗线

用量:
500g

工具:
6号针　8号针

尺寸(cm):
以实物为准

平均密度:
边长10cm方块=21针×24行

1　2　3
绵羊圈圈针

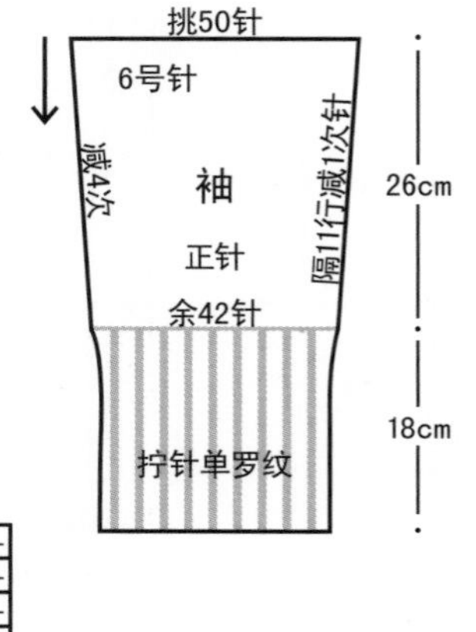

拧针单罗纹

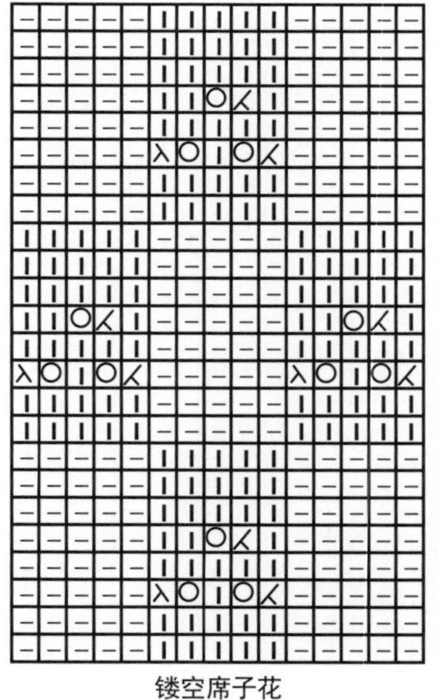
镂空席子花

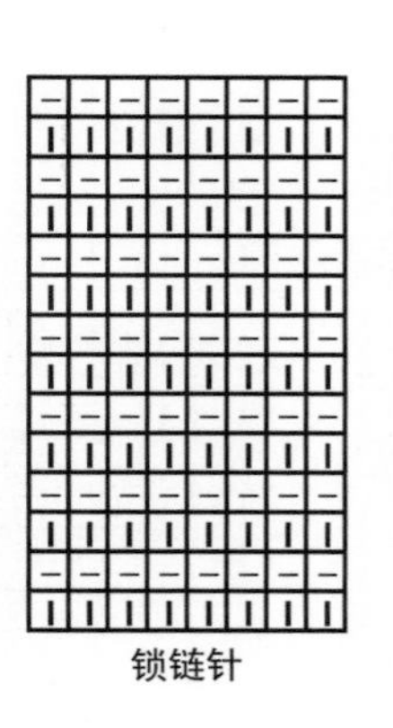
锁链针

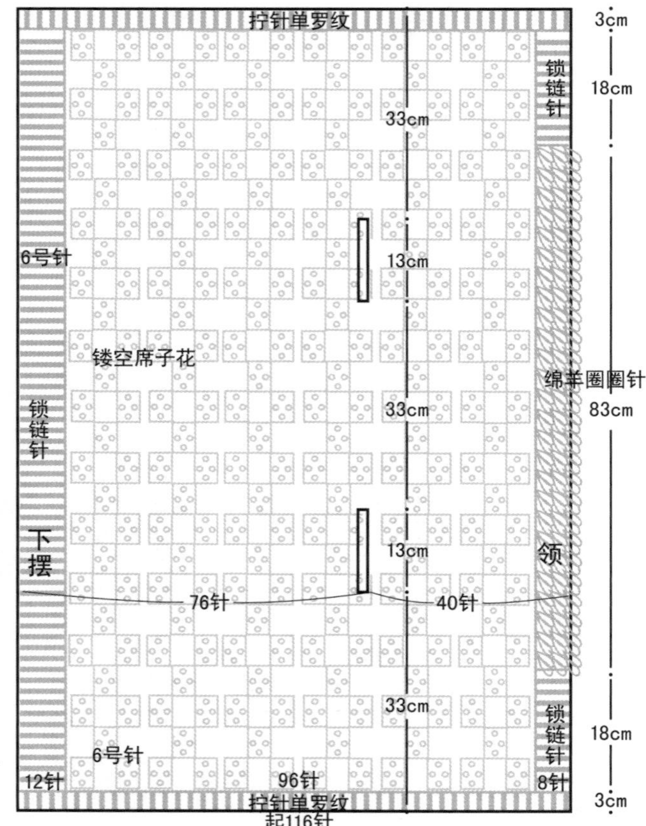

小提示
注意长围巾起针和收针处的3cm不与后背片缝合。

NO.46

第49页

编织简述:

织一个长方形片，按图缝合各处，圆口处挑针环形织袖子。

编织步骤:

- 用 6 号针起 75 针松织菠萝针至 200cm 时收针。
- 按图对折，将两头 12cm 重合，按相同数字松缝合。
- 从 19cm 开口处挑 36 针环形织 28cm 凤尾针形成袖子，收机械边。

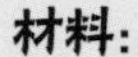

材料:
286规格纯毛粗线
用量:
550g
工具:
6号针
尺寸(cm):
以实物为准
平均密度:
边长10cm方块=20针×24行

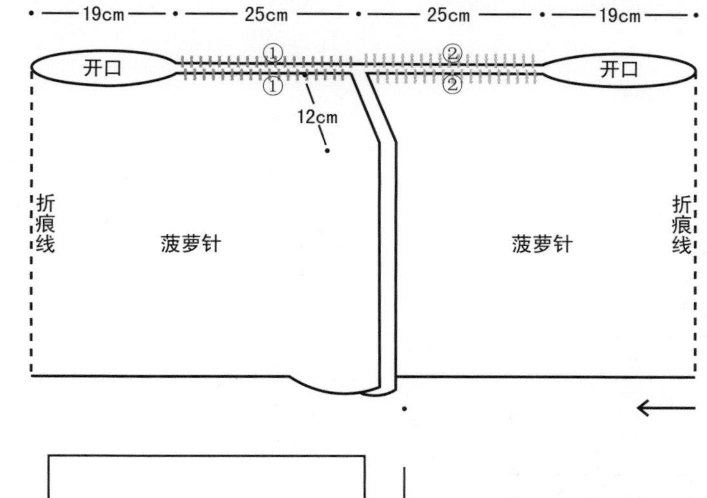

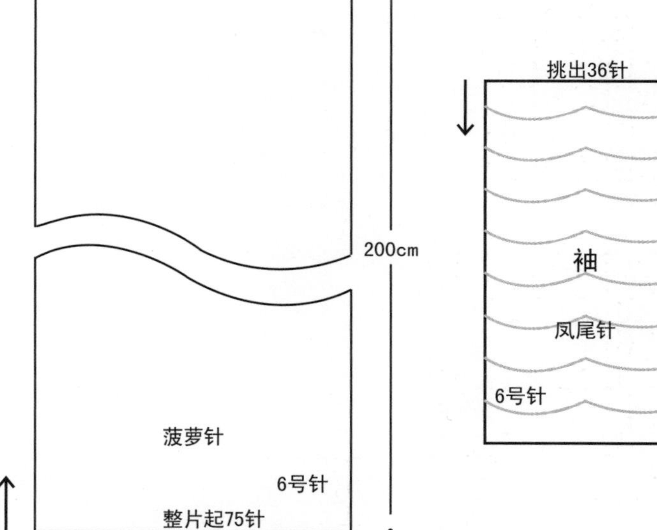

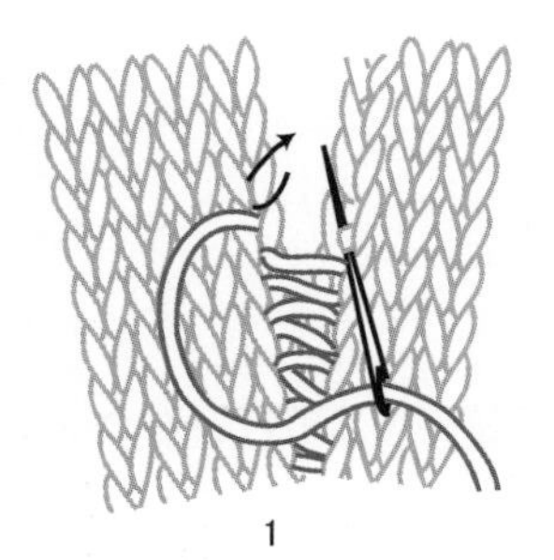
1

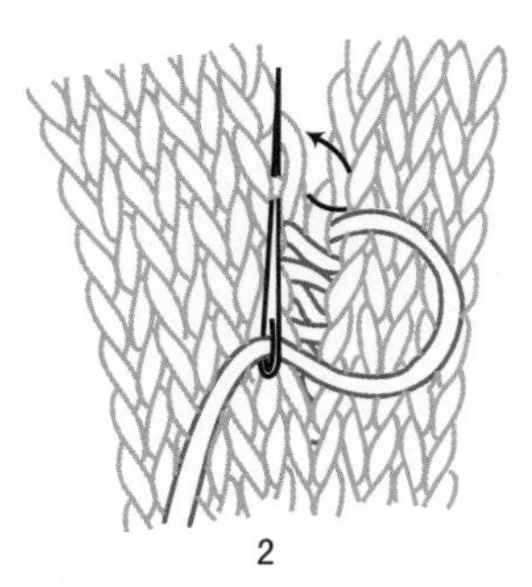
2

竖缝合方法

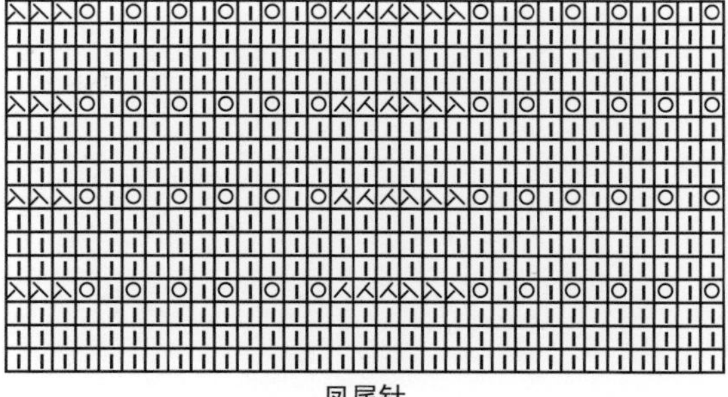
凤尾针

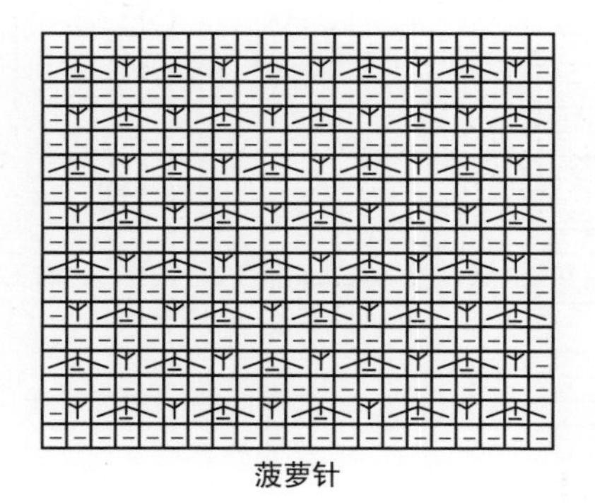
菠萝针

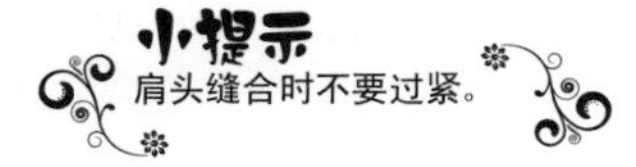

NO.28

第31页

编织简述:

起针后往返织一个“十”字形，对折缝合后，分别向下挑织两袖和领子门襟等。

编织步骤:

- 用 6 号针起 100 针往返织 10cm 拧针双罗纹。
- 不换针，在两侧各平加 25 针，整片共 150 针向上直织 36cm 拧针双罗纹后，再从两侧各平减 25 针，恢复原来的 100 针向上织 10cm 后平收。
- 将“十”字形按虚线对折并缝合两侧。
- 用 3/0 钩针从袖窿口环形钩织 10cm 荷叶边。
- 沿虚线环形钩 10cm 荷叶边形成门襟和领子等。

材料:
273规格纯毛粗线

用量:
550g

工具:
6号针　3/0钩针

尺寸(cm):
以实物为准

平均密度:
边长10cm方块=26针×25行

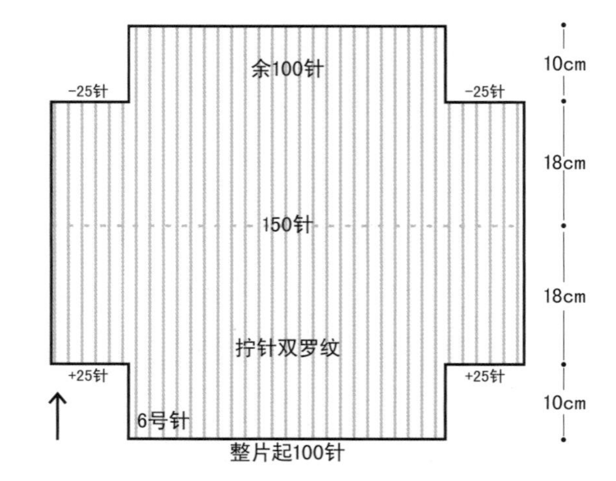

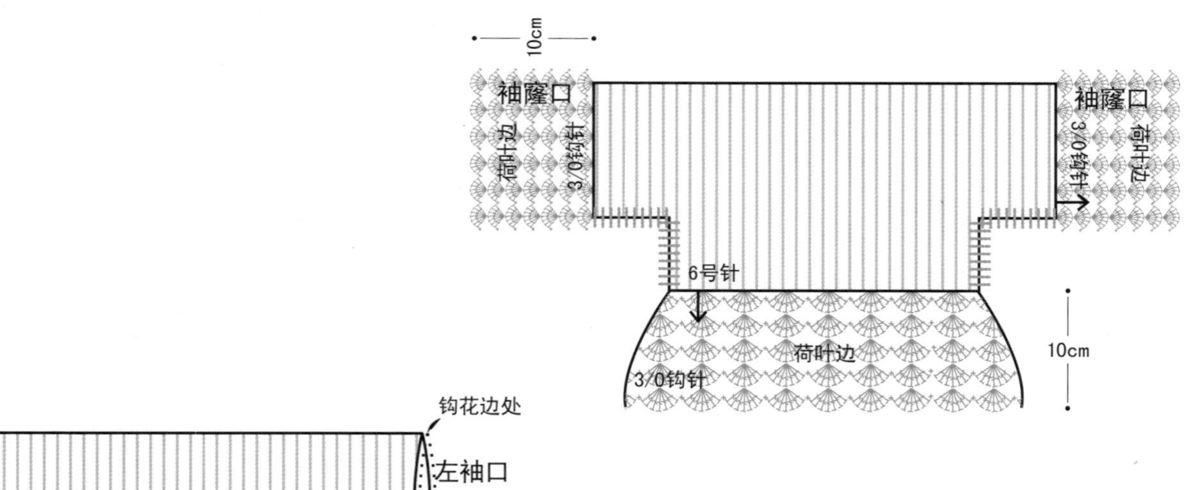

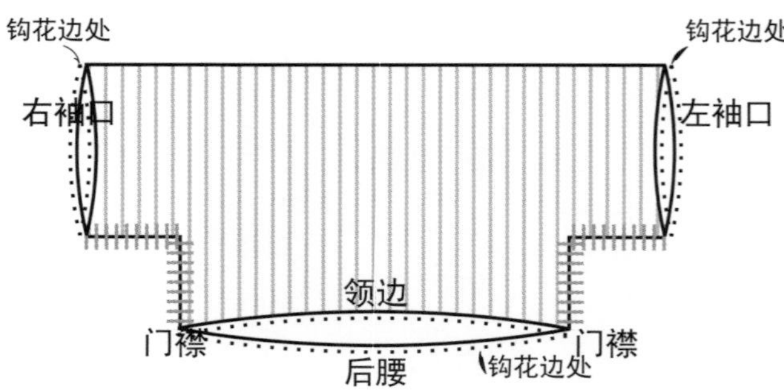

小提示
棒针编织部分与钩针编织部分在密度上有很大差异，编织时要特别注意。

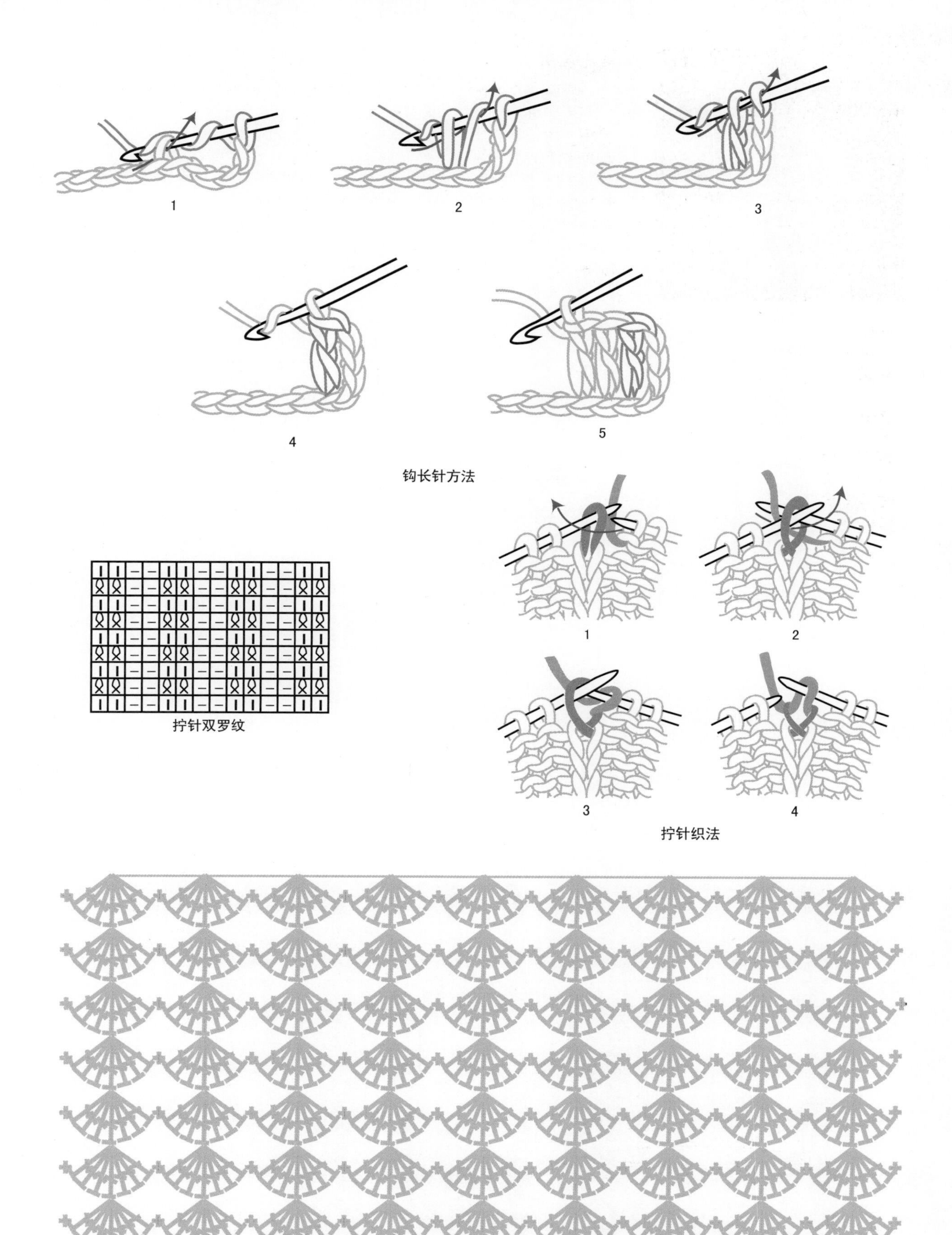

钩长针方法

拧针双罗纹

拧针织法

荷叶边

NO.67

第70页

编织简述:

按图织一个长条，另线起针织一个后背片，将长条与后背片按要求缝合，最后挑针向下环形织袖子。

编织步骤:

- 用6号针起47针按长条排花往返织124cm后收针，注意两头花纹对称。
- 另线起119针往返织13cm双波浪凤尾针，统一减至68针改织5cm铜钱花后，再改织12cm正针并减袖窿平收腋一侧4针，隔1行减1针减4次。总长至48cm时收针，与长条正中的28cm位置缝合，并按相同数字缝合两肋。
- 缝合两部分后形成袖窿口，从此处环形挑出44针，用6号针按袖子排花环形织38cm后，换8号针改织10cm拧针单罗纹并收机械边形成袖口。

材料:
273规格纯毛粗线

用量:
500g

工具:
6号针　8号针

尺寸(cm):
以实物为准

平均密度:
边长10cm方块=19针×25行

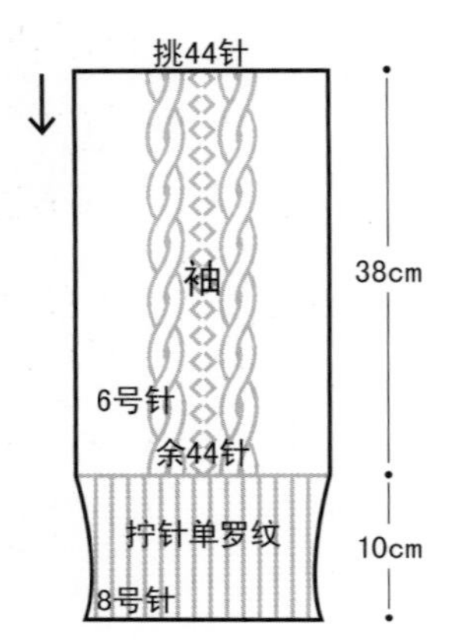

袖子排花:

1	6	1	4	1	6	1
反针	麻花针	反针	铜钱花	反针	麻花针	反针

24
正针

长条排花:

25	1	4	1	16
种植园针	反针	铜钱花	反针	麻花针

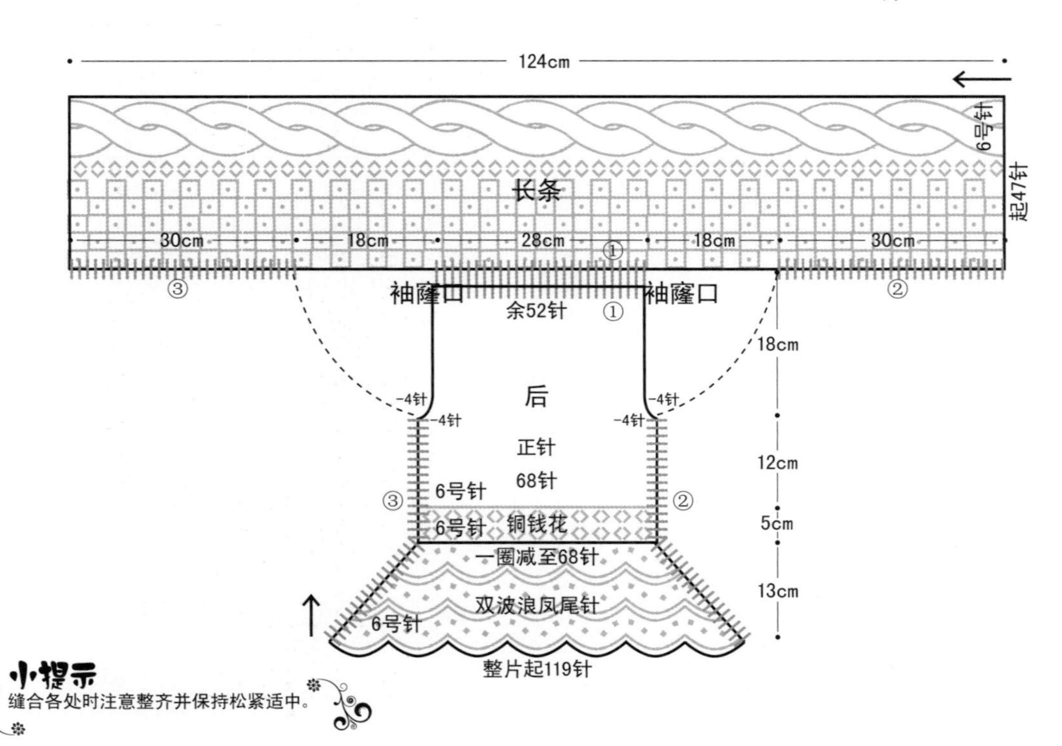

小提示
缝合各处时注意整齐并保持松紧适中。

麻花针

双波浪凤尾针

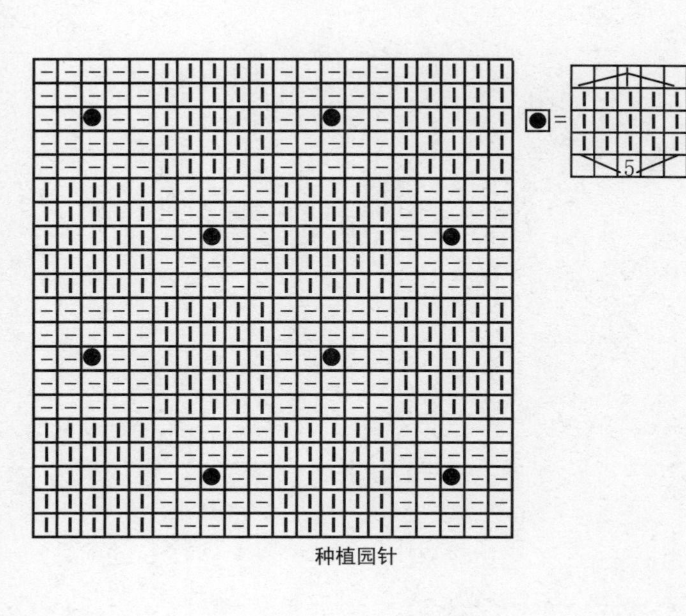
种植园针

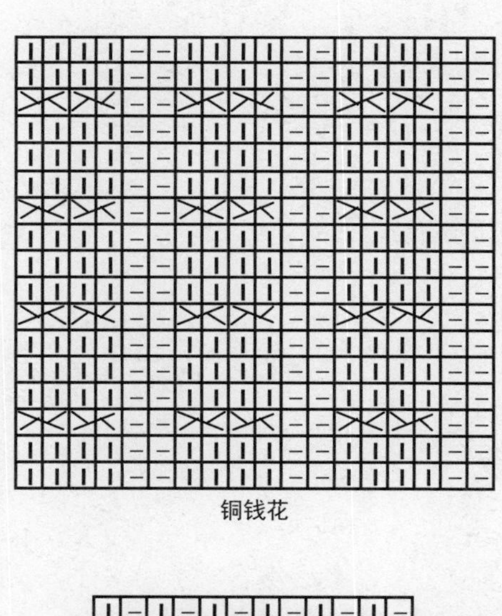
铜钱花

拧针单罗纹

编织简述:

织 2 片长方形前片，再织 1 片后片，2 前片交叉后按相同数字缝合，然后挑织袖子。

编织步骤:

- 用 6 号针起 36 针往返织 60cm 席子花长方形，共织 2 片。
- 后背用 6 号针起 90 针织 25cm 鱼骨针后，按排花织叶子，至 20cm 后，取正中 36 针织 2cm 拧针单罗纹，将两个长方形交叉后，与肩头左右余针按相同数字缝合。
- 从袖窿口处挑出 44 针，用 6 号针织 50cm 拧针双罗纹至袖口后，收双机械边。

材料:
286规格纯毛粗线
用量:
450g
工具:
6号针
尺寸(cm):
衣长45　袖长50　胸围75　肩宽37
平均密度:
边长10cm方块=24针×24行

席子花

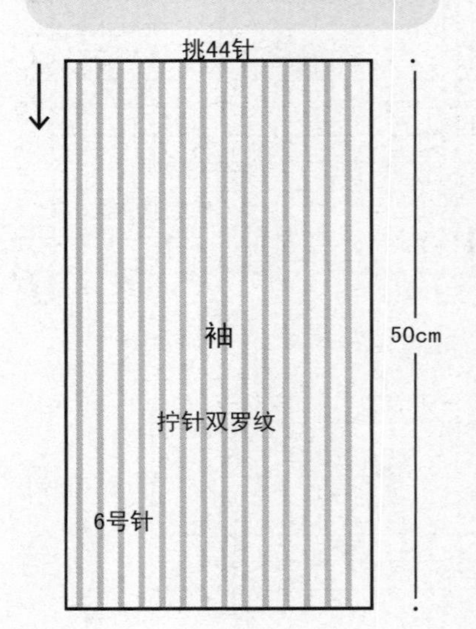

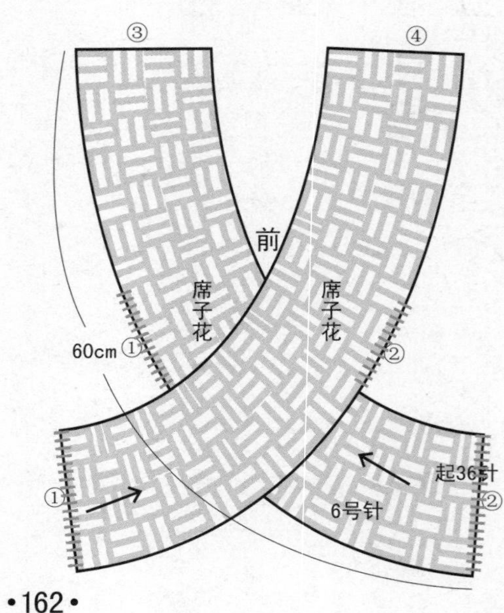

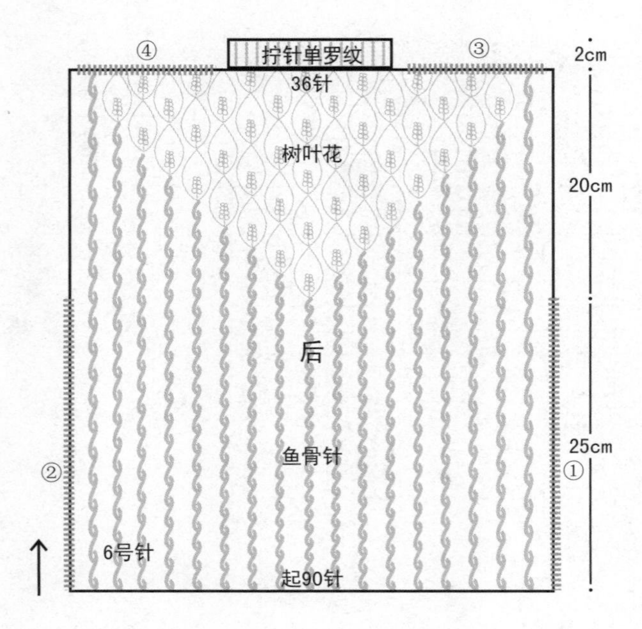

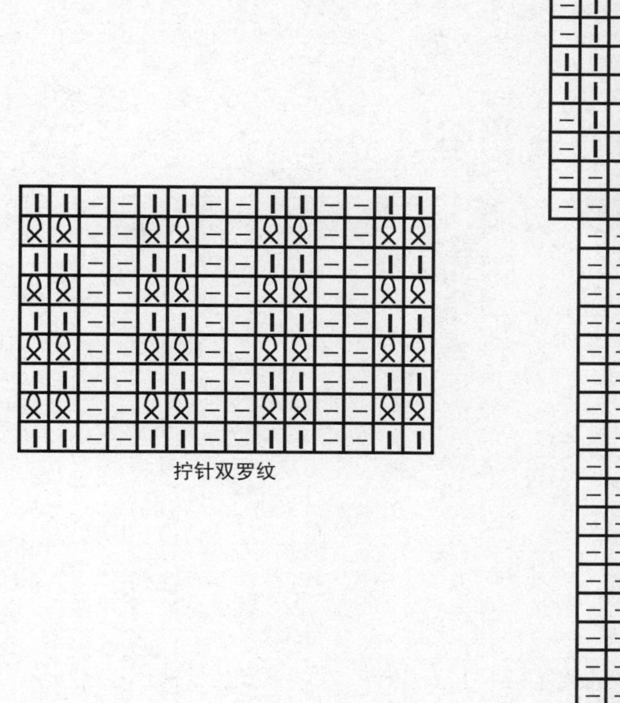

拧针双罗纹

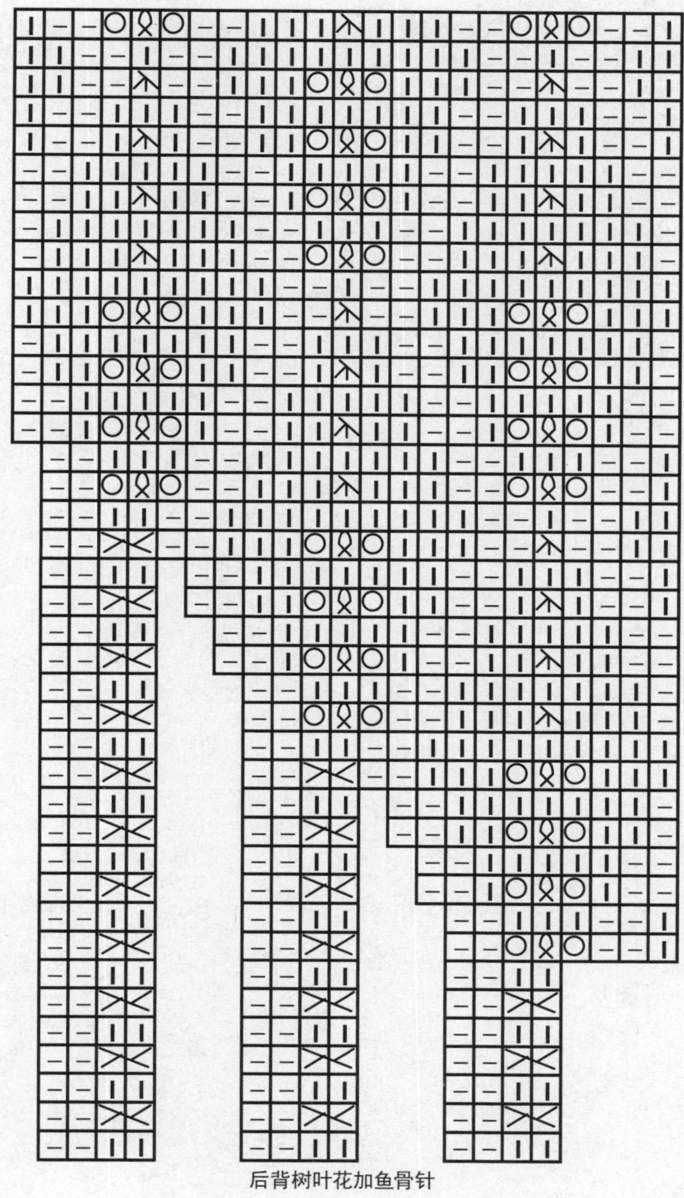

后背树叶花加鱼骨针

拧针单罗纹

小提示

在袖窿口挑针时，腋下要多挑针，防止出现孔洞。

NO.68

第71页

编织简述:

从左袖起针环形织袖子，一次性加至相应针后依然环形织，织相应长后分片织并从大片正中再分两片织，合针后织右袖，与左袖对称；分片织形成的开口为领口，从此处挑针织领子，从下沿挑针织下摆。

编织步骤:

- 用6号针起40针从左袖环形织36cm拧针双罗纹。
- 一次性加至112针环形织13cm格子针后从腋部分片织8cm，再以大片正中为界分两片织22cm形成领口。
- 合成112针织大片，分片织8cm后环形织13cm并一次性减至40针织36cm拧针双罗纹，松收机械边。
- 正中分片织的22cm开口为领口，从此处一次性挑出88针织8cm拧针双罗纹，松收机械边。
- 从下摆分片织的位置环挑164针织14cm拧针双罗纹，松收机械边。

材料:
286规格纯毛粗线
用量:
400g
工具:
6号针
尺寸(cm):
衣长42　袖长49(腋下至袖口)
胸围76　肩宽38
平均密度:
边长10cm方块=20针×25行

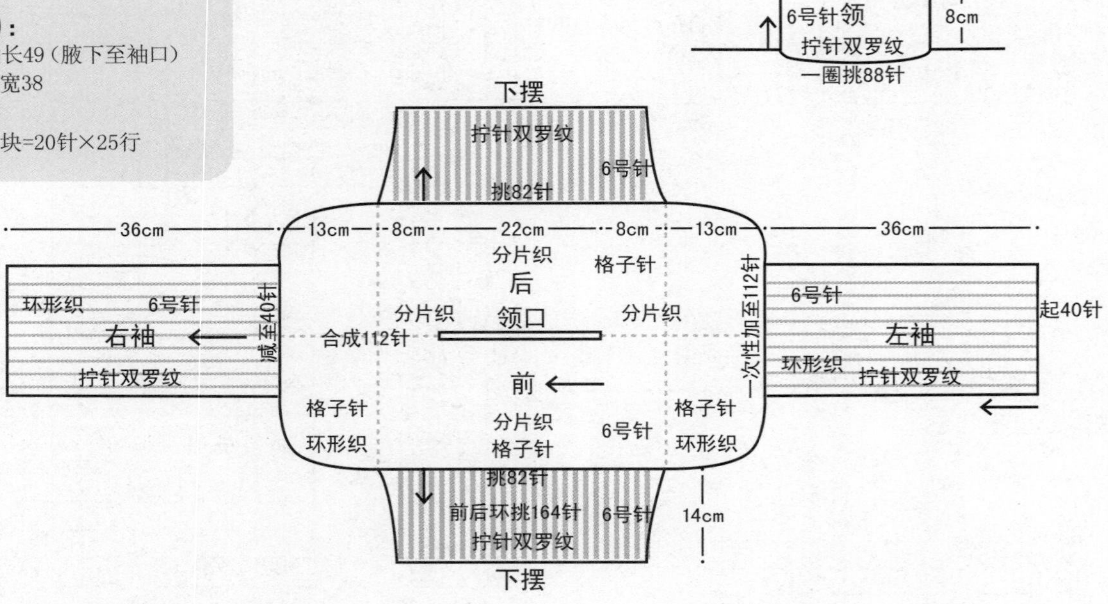

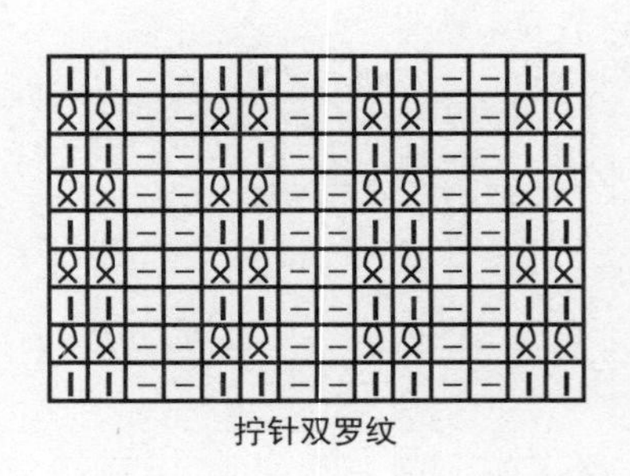
拧针双罗纹

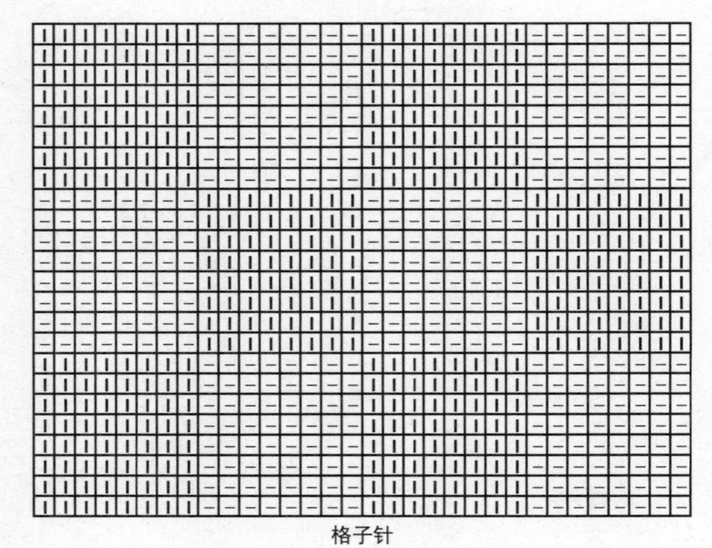
格子针

小提示
挑织领口和下摆时，在前后片交界处要多挑针，以消除孔洞。

编织简述:

从左袖经正身向右袖横织，然后挑织帽子并缝合腋下，最后挑织下摆。

编织步骤:

- 用6号针起124针从左袖往返织2cm单罗纹后，再按排花织16cm，以正中22反针中间为界分出前后片，在左前片的11反针处隔1行减1针减10次，余1反针后，平收前片所有针，后背的11反针及其他余针直织5cm后停针。
- 另线起52针按原花纹织右前片，并在领口位置隔1行加1针加10次至62针时，与后片合成124针后大片织16cm，最后改针织2cm单罗纹并收机械边。
- 帽片从整个领口挑50针按排花织31cm后在头顶缝合，然后从帽边挑出110针织5cm正针后停针。
- 分别从左右前片横挑50针，与帽边的110待织的针数合成210针织3cm单罗纹并收平边。
- 左右腋下按相同数字缝合15cm形成小袖，在下摆开口环挑152针织18cm双罗纹，收机械边。

材料:
273规格纯毛粗线
用量:
450g
工具:
6号针
尺寸(cm):
以实物为准
平均密度:
边长10cm方块=20针×24行

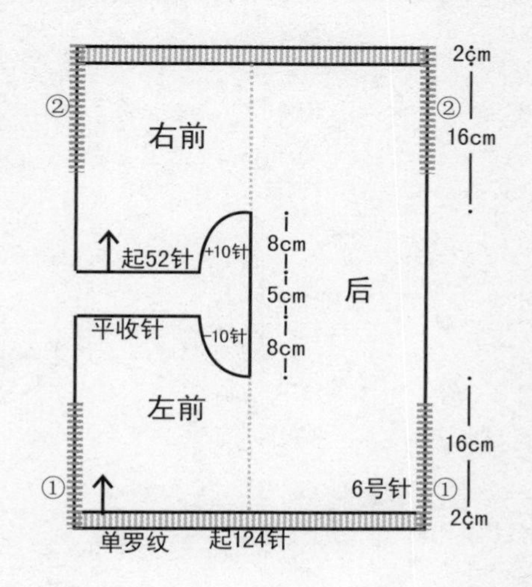

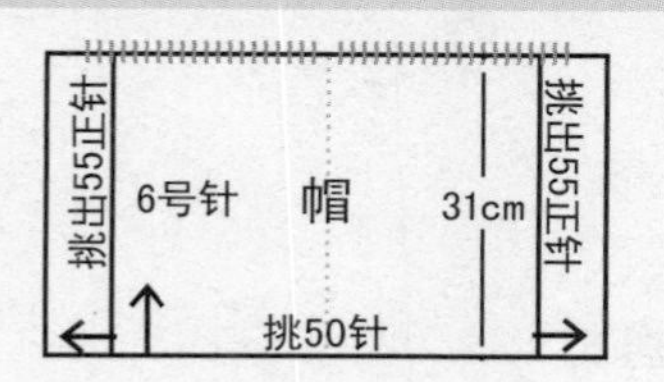

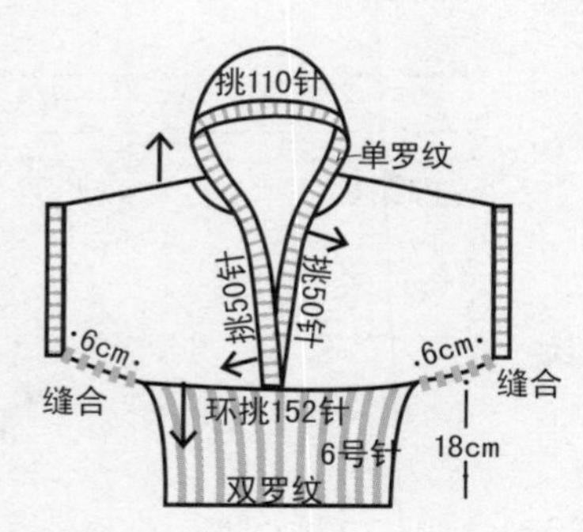

帽子排花:

16	18	16
对拧麻花针	反针	对拧麻花针

整体排花:

中

3	2	6	1	3	1	7	16	7	1	3	1	22	1	3	1	7	16	7	1	3	1	6	2	3
反针	鱼骨针	反针	正针	金钱花	正针	反针	对拧麻花针	反针	正针	金钱花	正针	反针	正针	金钱花	正针	反针	对拧麻花针	反针	正针	金钱花	正针	反针	鱼骨针	反针

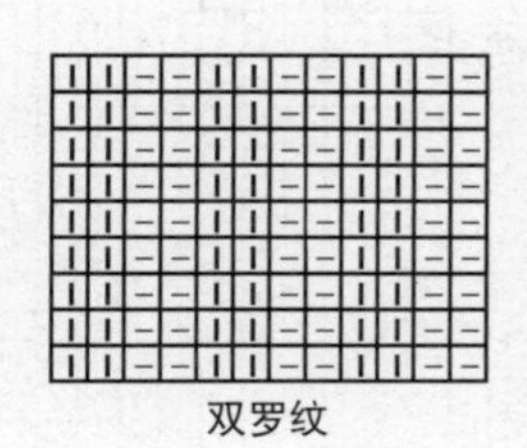
双罗纹

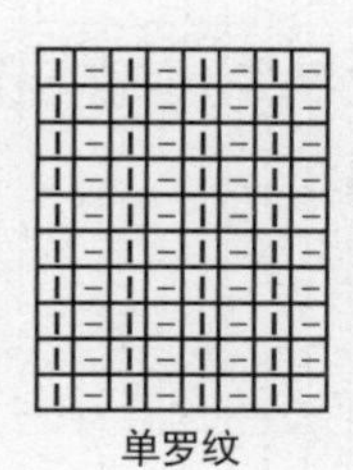
单罗纹

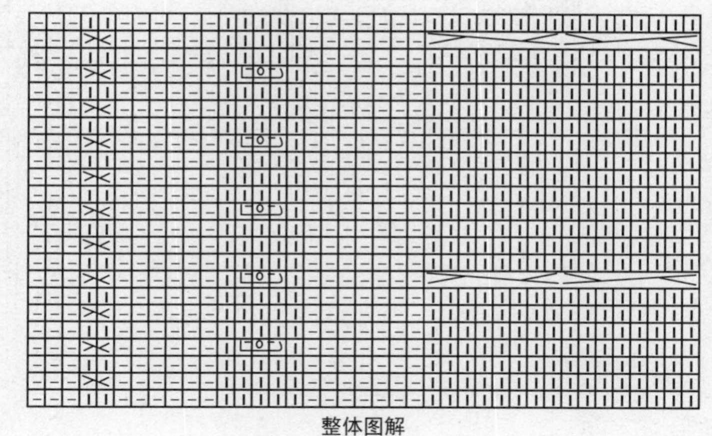
整体图解

小提示

环挑织下摆时，要把4cm宽的门襟重叠一起后再挑针。

NO.08

第11页

编织简述:

织两个相同的衣片，在两肩头取相同针数缝合后余下为领口，在两端挑针织两肋，在肋部缝合后，余针为袖窿口，在此处环形织正针并按规律减针至袖口；领子后挑织。

编织步骤:

- 用6号针起68针织9辫子麻花加2反针，织片。
- 至52cm停针。共织两个相同的片，分别在肩部取18针缝合。
- 从两衣片的侧面共挑出160针往返织4cm拧针双罗纹后，分别取肋部60针缝合以连接前后片。
- 余下的拧针双罗纹一次性减至48针织正针袖子，并在袖下隔11行减1次针，每次减2针共减4次，至29cm处余40针改织15cm拧针双罗纹后松收机械边。
- 两肩缝合后，余下的64针为领口，一次性加至84针环形织6cm拧针双罗纹形成领子，收机械边。

材料:
286规格纯毛粗线
用量:
500g
工具:
6号针
尺寸(cm):
衣长52　袖长44(腋下至袖口)
胸围80　肩宽40
平均密度:
边长10cm方块=21针×25行

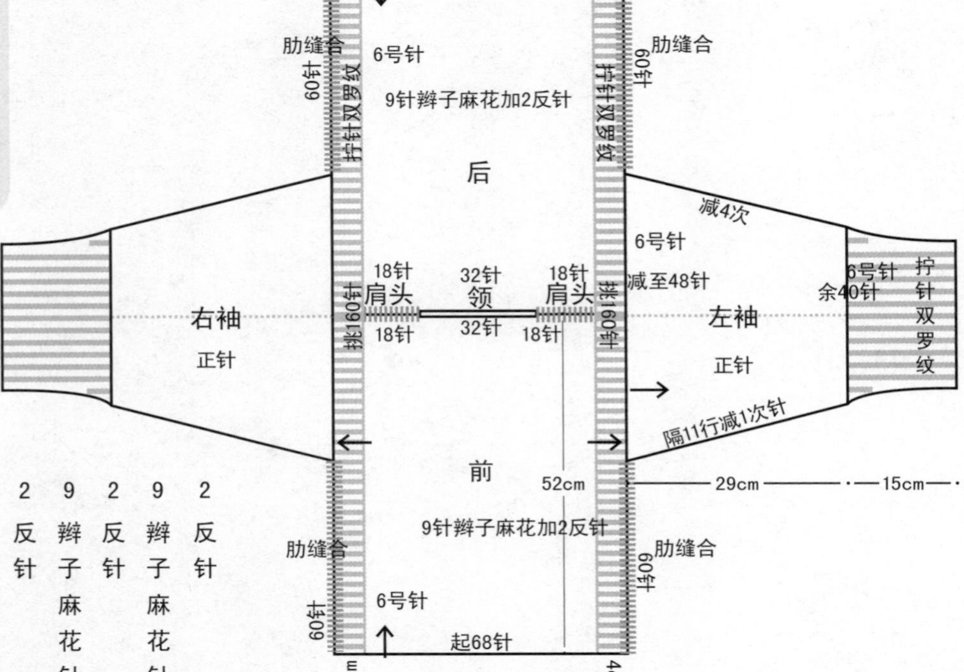

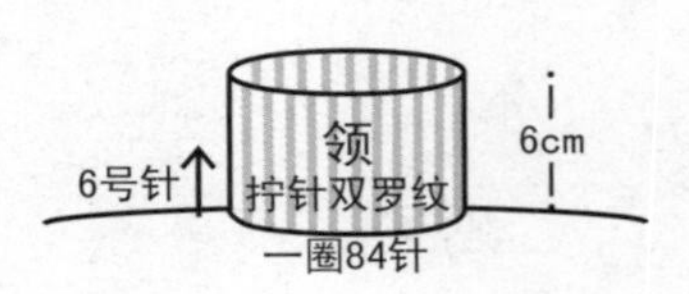

正身排花:

2	9	2	9	2	9	2	9	2	9	2	9	2
反针	辫子麻花针	反针	辫子麻花针	反针	辫子麻花针	反针	辫子麻花针	反针	辫子麻花针	反针	辫子麻花针	反针

拧针双罗纹

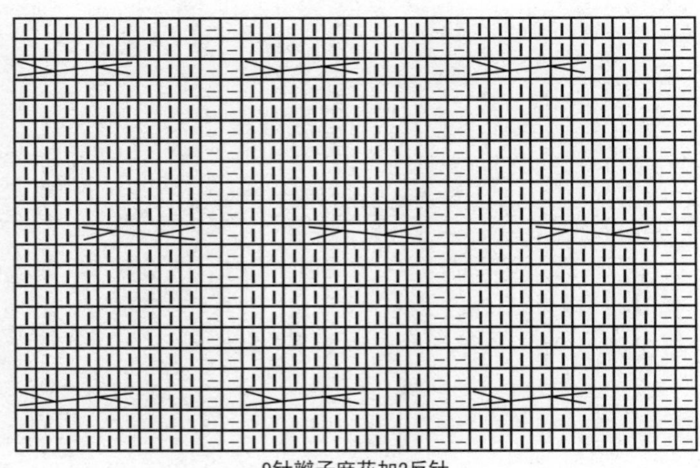

9针辫子麻花加2反针

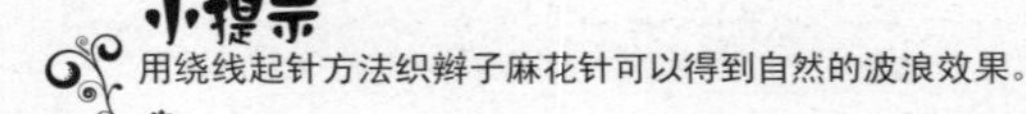

编织简述:

织两个相同的衣片，在两肩头取相同针数缝合后，分别在两端挑针织两肋，将肋部缝合后，余针为袖窿口，在此处环形织正针并按规律减针至袖口；领子后挑织。

编织步骤:

- 用6号针起60针往返织48cm，共织两个相同的衣片，分别在肩部取15针缝合。
- 从两衣片的侧面共挑出160针用绿色线往返织5cm拧针单罗纹后，分别取肋部48针缝合以连接前后片。
- 余下的拧针单罗纹一次性减至44针正针改织袖子，并在袖下隔13行减1次针，每次减2针，共减4次，至24cm处余36针换绿色线改织19cm拧针单罗纹后，松收机械边。
- 两肩缝合后，余下的60针一次性加至78针环形织6cm拧针单罗纹形成领子，收机械边。

材料:
286规格纯毛粗线
用量:
400g
工具:
6号针
尺寸(cm):
衣长48　袖长43（腋下至袖口）
胸围86　肩宽43
平均密度:
边长10cm方块=18针×26行

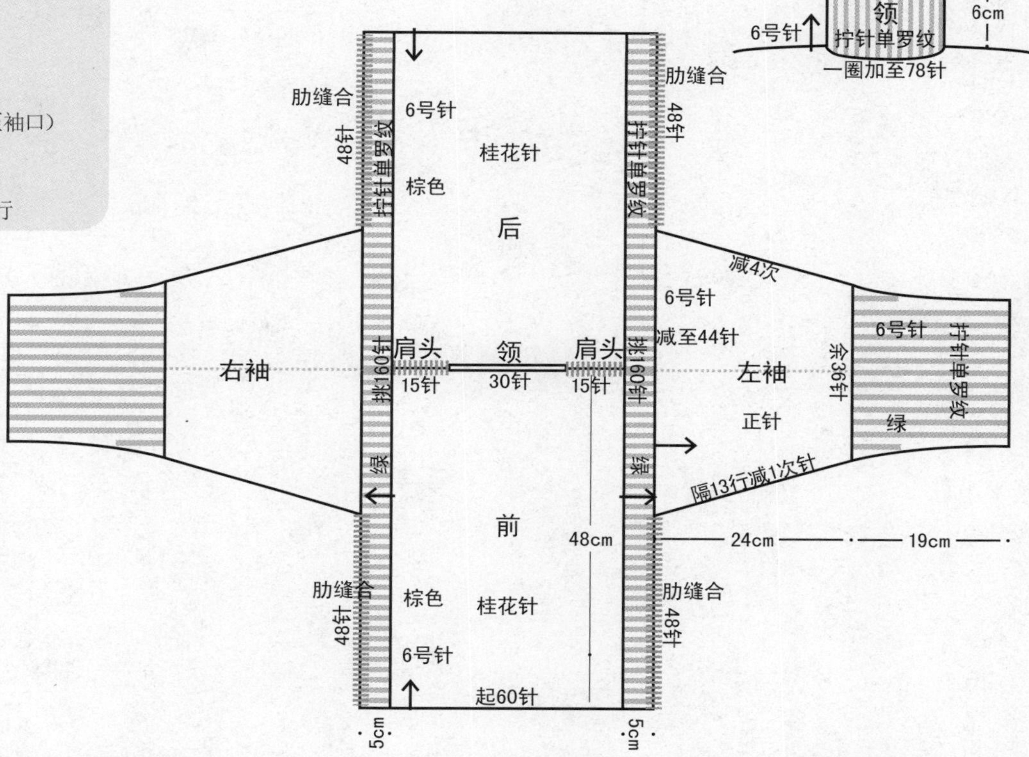

拧针单罗纹

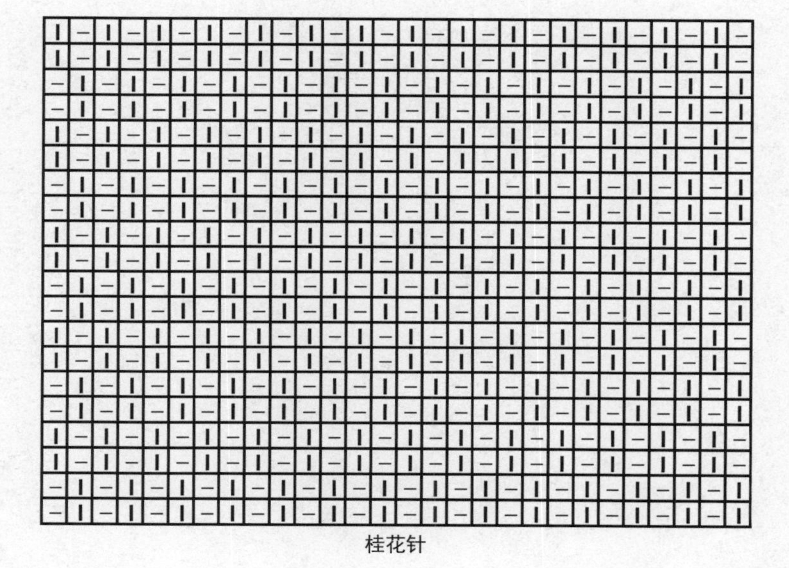

桂花针

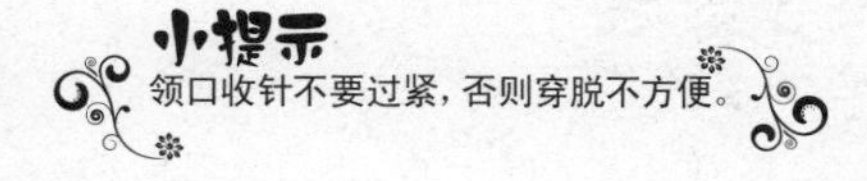

NO.42

第45页

编织简述:

织一个长方形片，留出的开口是袖窿口，从此处挑针向下织袖子，在袖口处收针。

编织步骤:

- 用6号针起160针，左右各6针织锁链针，中间148针织春蕾花。
- 总长至20cm时，以正中72针为界分三片织15cm后，再合成160针向上直织18cm后，改织2cm拧针单罗纹边。
- 从开口处挑50针环形织正针，隔11行减1针，减5次，至42cm时余40针改织2cm拧针单罗纹，收机械边。

材料:
286规格纯毛粗线

用量:
450g

工具:
6号针

尺寸(cm):
以实物为准

平均密度:
边长10cm方块=20针×24行

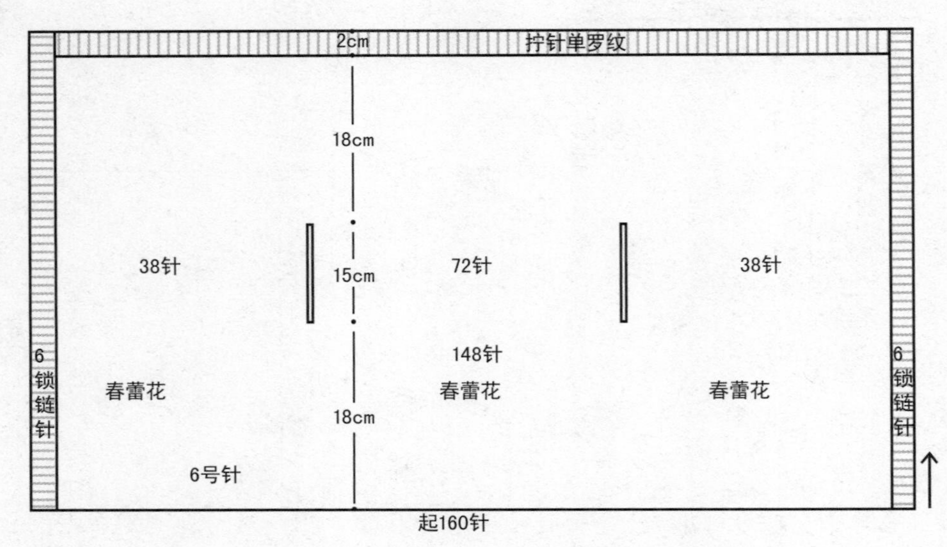

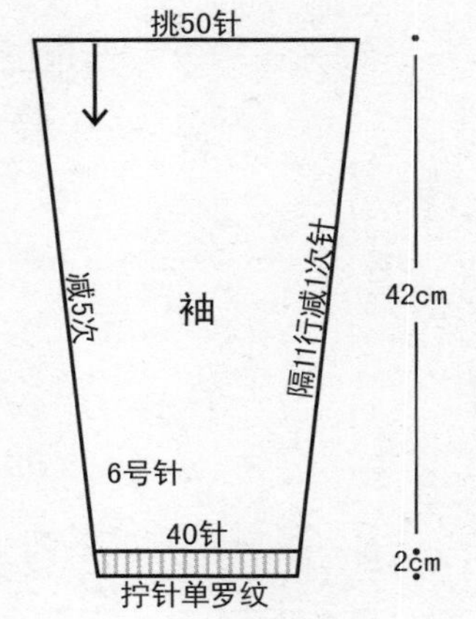

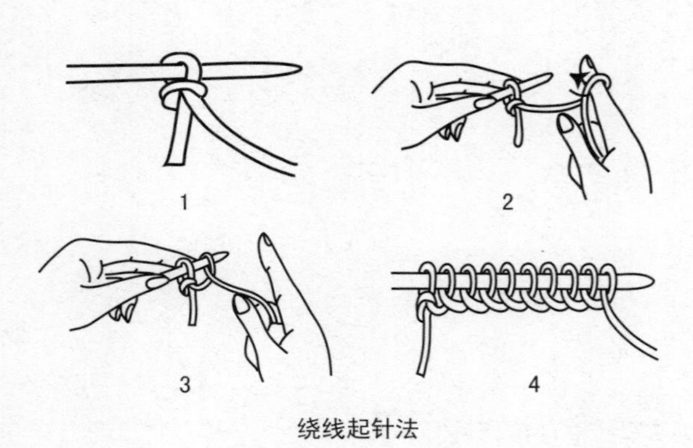

绕线起针法

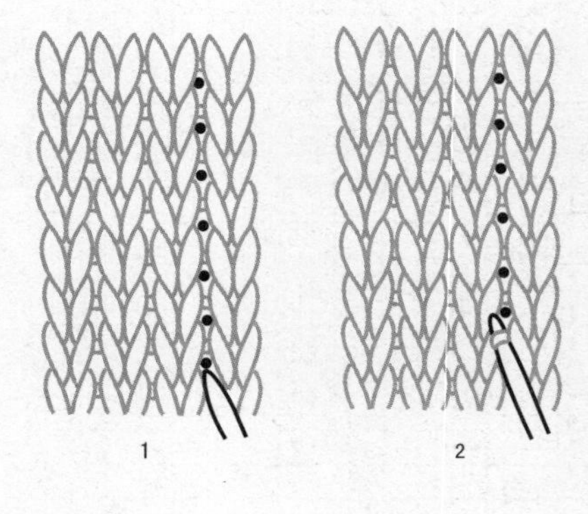
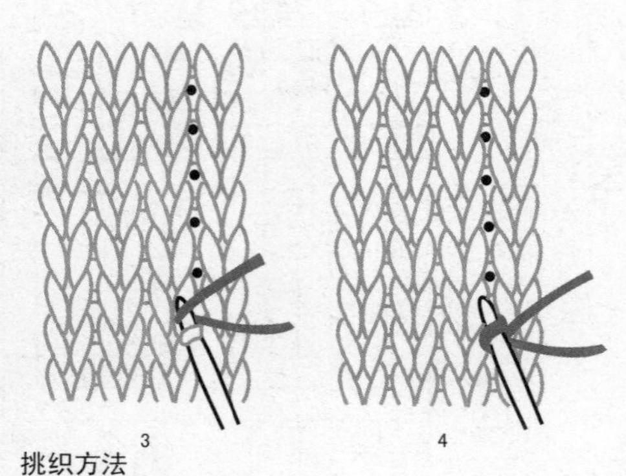

挑织方法

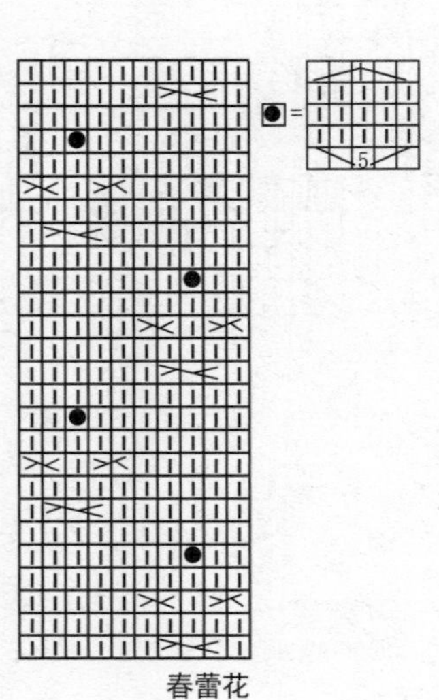

春蕾花

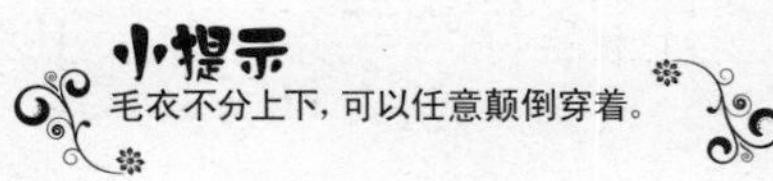

小提示
毛衣不分上下，可以任意颠倒穿着。

编织简述:

从下摆起针环织后，在正中重复挑针并分开织大片，在两肋规律加针、在领口规律减针，将肩头缝合后，门襟继续向上织，相应长后在后脖对头缝合；从袖窿口环挑针后织袖子，相应长后松收机械边。

编织步骤:

- 用6号针起144针环形织15cm鱼骨针。
- 以前片正中为界分开织大片，门襟由18针席子花和4锁链球球针组成，需要重叠挑针，其余部分为蝴蝶结针。
- 在两肋位置正中取2针做加针点，在2针的左右隔3行加1针，共加16次。
- 领部减针在22针门襟花纹的外侧隔7行减1次针共减6次。
- 总长至35cm后，不加减向上直织20cm后，将前后片肩头按相同数字松缝合。左右门襟不缝继续向上织，至后脖正中时对头缝合。
- 从袖口环形挑出40针织40cm鱼骨针，松收机械边。

材料:
273规格纯毛粗线
用量：
500g
工具:
6号针
尺寸(cm):
衣长55　袖长40（腋下至袖口）
平均密度:
边长10cm方块=19针×24行

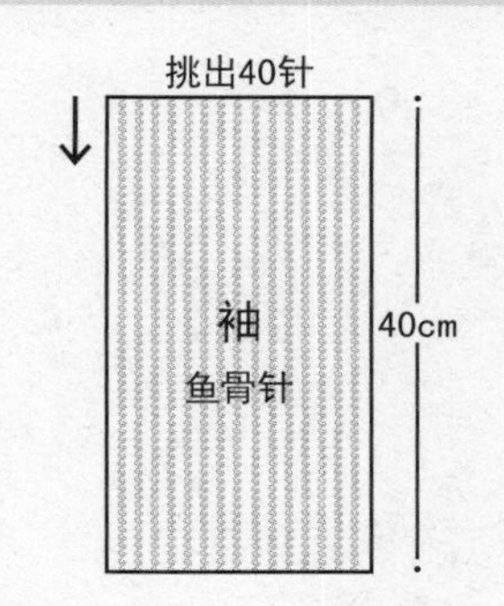

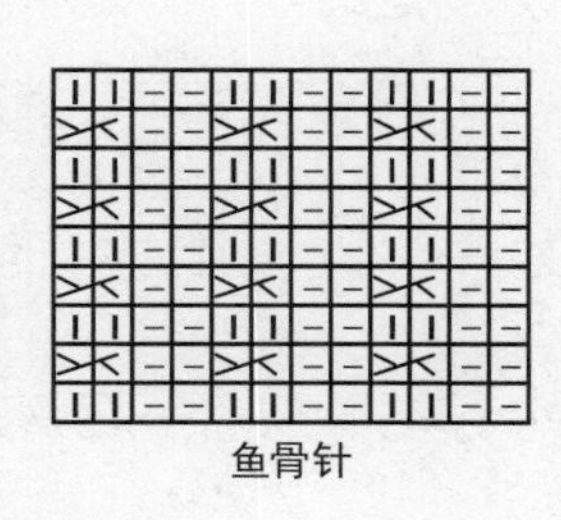
鱼骨针

门襟排花:

1	18	4
反针	席子花	锁链球球针

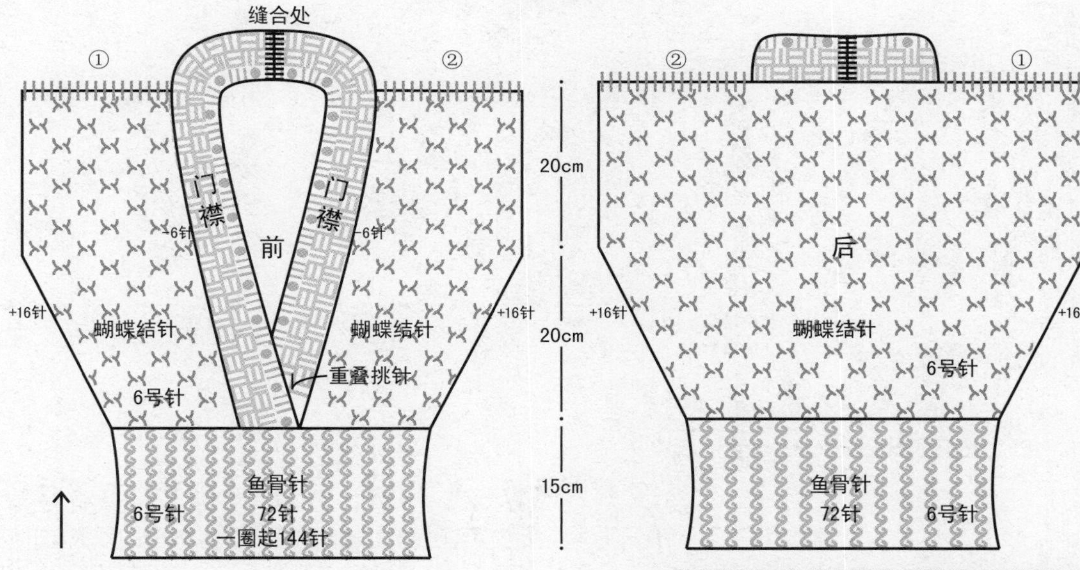

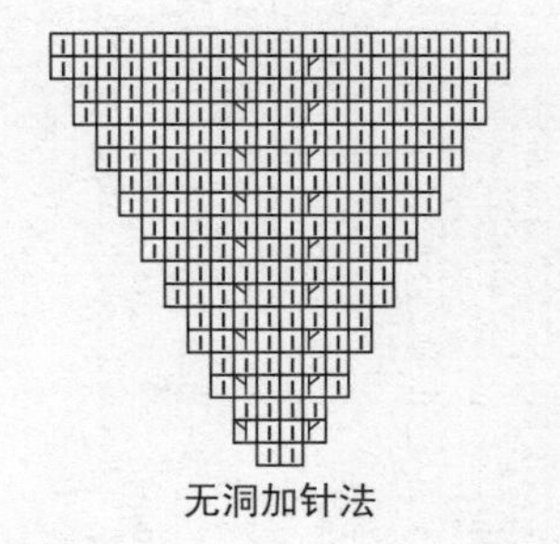
无洞加针法

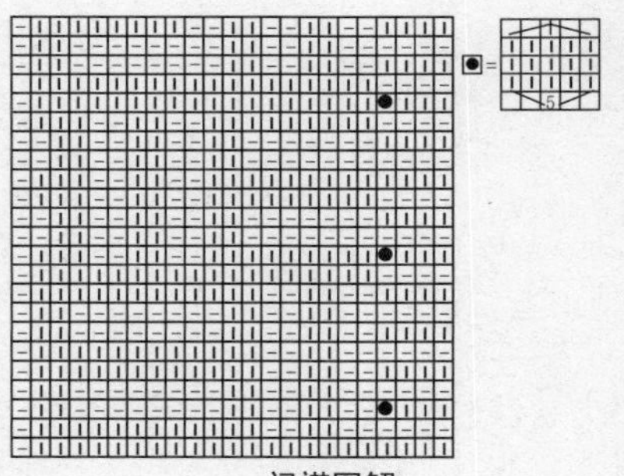
门襟图解

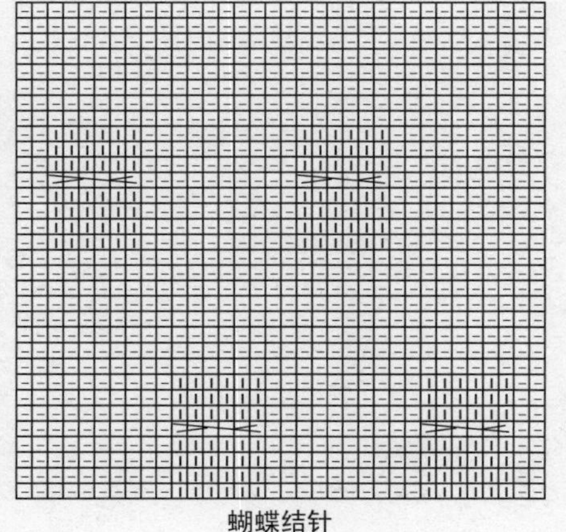
蝴蝶结针

小提示
肩头不要缝得过紧，以免影响穿着舒适度。

NO.64

第67页

编织简述:

织一个长方形片，相应长后，取两边缝合为肩头，余针环形织为领子，两袖口后挑织。

编织步骤:

- 用6号针起210针往返织不对称树叶花。至55cm时，按相同数字松缝合左右的120针。
- 余下90针的6组完整花纹是领子，继续向上环形织15cm后收平边。
- 分别从袖开口处13cm长位置环形挑40针织30cm拧针双罗纹作为袖口，收机械边。

材料:
273规格纯毛粗线
用量:
550g
工具:
6号针
尺寸(cm):
以实物为准
平均密度:
边长10cm方块=20针×24行

钩针缝合方法

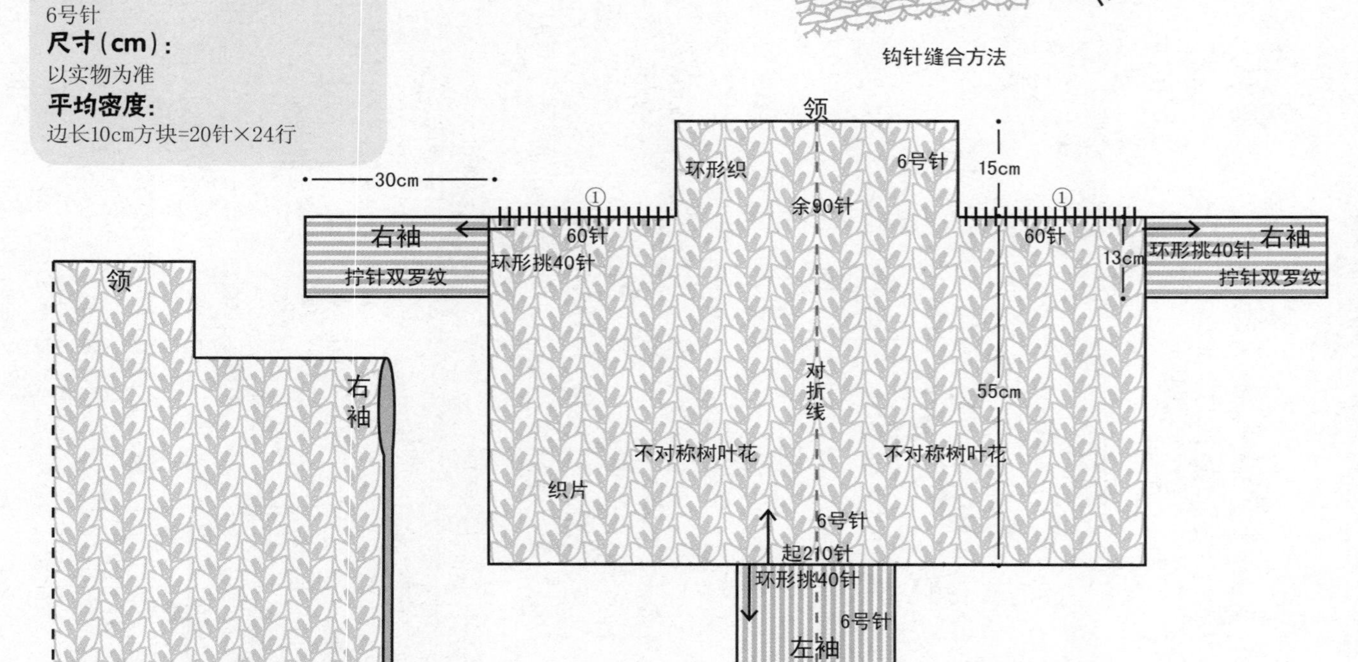

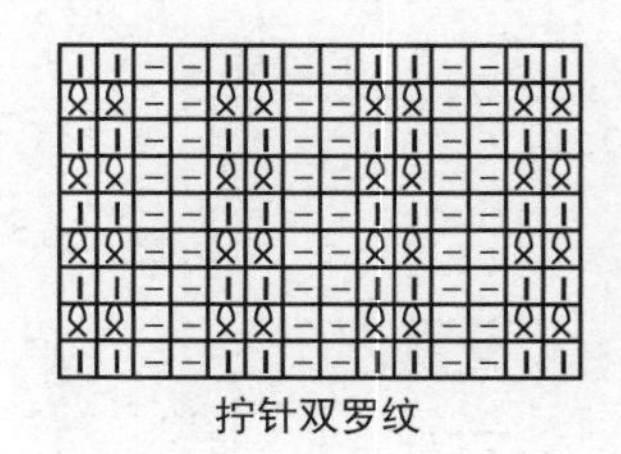
拧针双罗纹

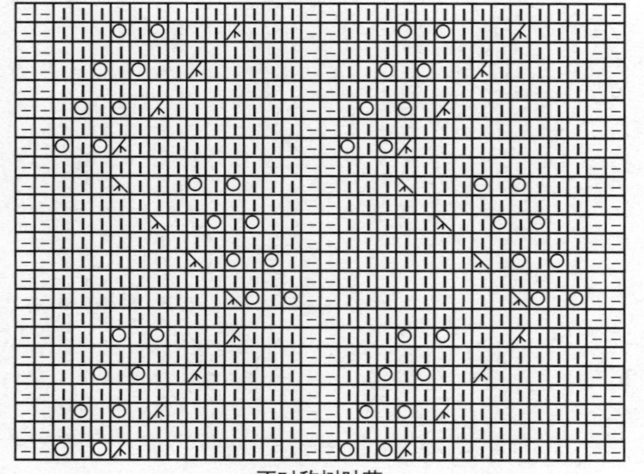
不对称树叶花

小提示
肩头的120针缝合时，注意手法，保持松紧适度。

NO.62

第65页

编织简述:

按图织一个“U”形片，两肋缝合后挑织袖窿口，最后挑织宽领边。

编织步骤:

- 用6号针起100针往返织4cm拧针单罗纹。
- 不加减针按排花向上织，两侧分别织9针锁链球球针，至64cm后，平收大片正中的20针，左右各40针分别向上织60cm后，改织4cm拧针单罗纹，收机械边，左右的锁链球球针不变。
- 两肋不必缝合，以球球针中的小球固定前后片。
- 从袖口处挑100针往返织4cm拧针单罗纹后收针。
- 从“U”形领口挑出300针往返松织20cm拧针单罗纹后，松收机械边。

材料:
286规格纯毛粗线

用量:
450g

工具:
6号针

尺寸(cm):
衣长64　　胸围100

平均密度:
边长10cm方块=20针×24行

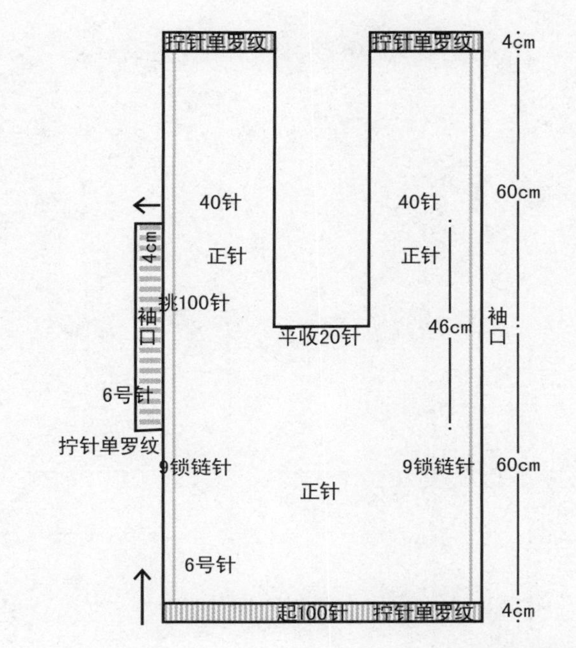

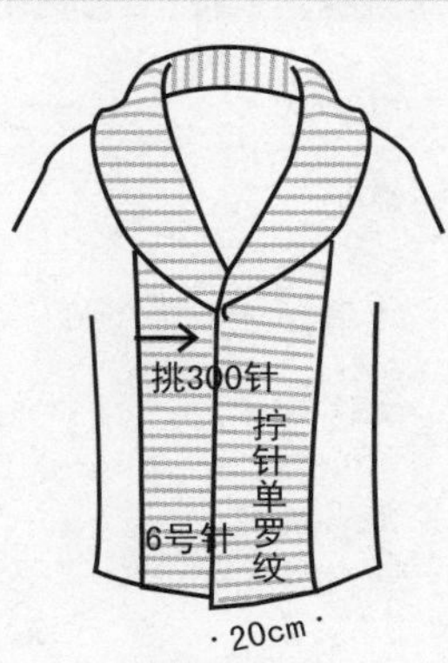

整体排花:

9	82	9
锁链球球针	正针	锁链球球针

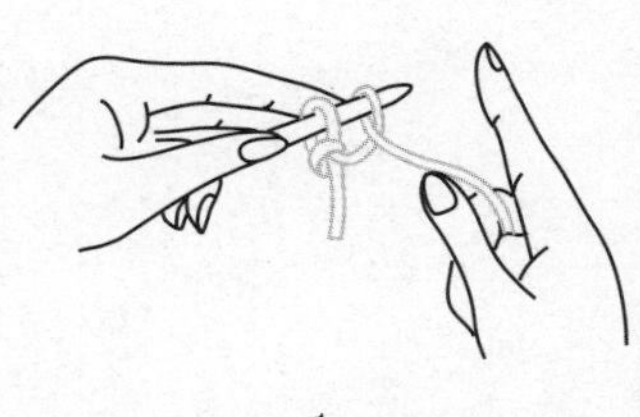
1

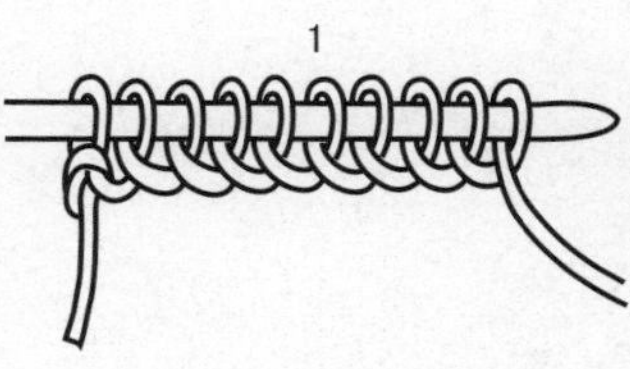
2

绕线起针法

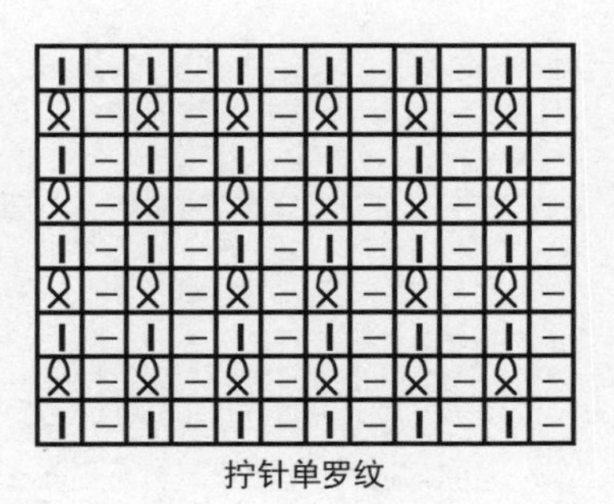
拧针单罗纹

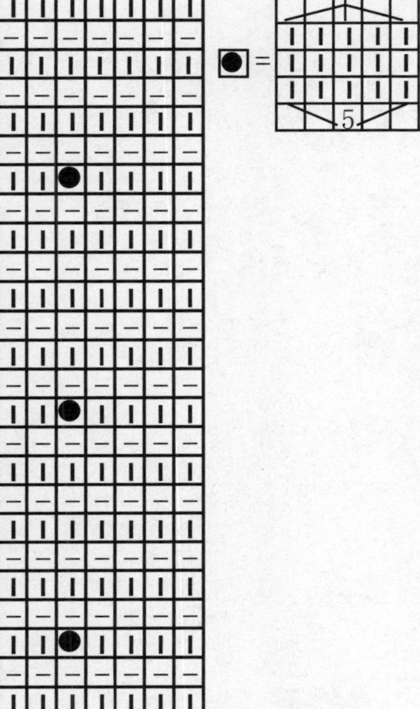
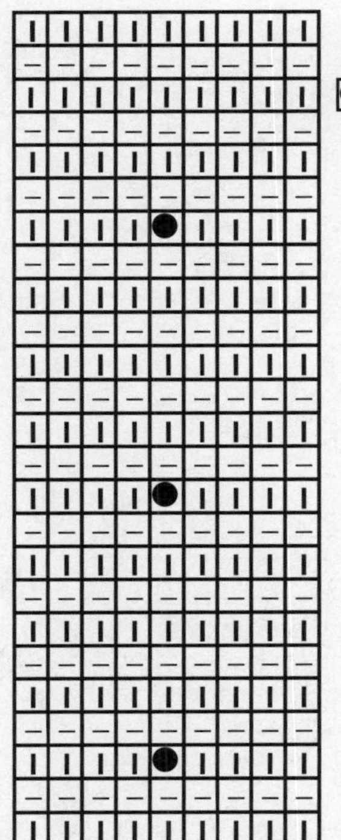

9锁链球球针

小提示

不必缝合两肋，以花纹中的小球固定，也可以做披肩或围巾用。

NO.43

第46页

编织简述:

织一个长方形大片，分别减针后再加针形成开口，在此处环形挑针织袖子。

编织步骤:

- 用 6 号针起 121 针，左右织 5 针锁链针，中间 111 针织阿尔巴尼亚针至 40cm。
- 不加减针改织条纹花蕾针，左右 5 针锁链针不变。
- 织 3cm 条纹花蕾针后，在中部 12cm 位置平收 24 针后再平加出 24 针，形成开口为袖口。
- 合针织 50cm 后织第二个开口，最后向上织 3cm 条纹花蕾针后改织 40cm 阿尔巴尼亚针，收机械边。
- 分别从两个开口处环形挑 40 针织 35cm 阿尔巴尼亚针为袖子，收机械边。

材料:
286规格纯毛粗线

用量:
600g

工具:
6号针

尺寸(cm):
以实物为准

平均密度:
边长10cm方块=19针×24行

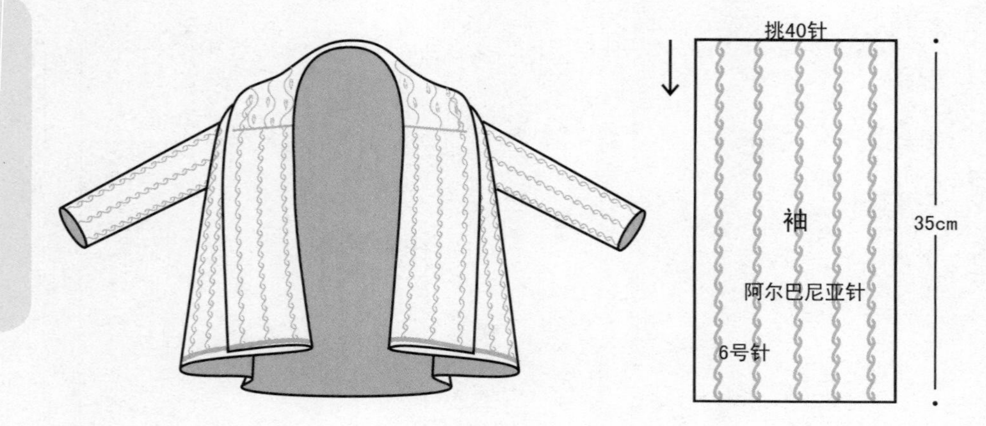

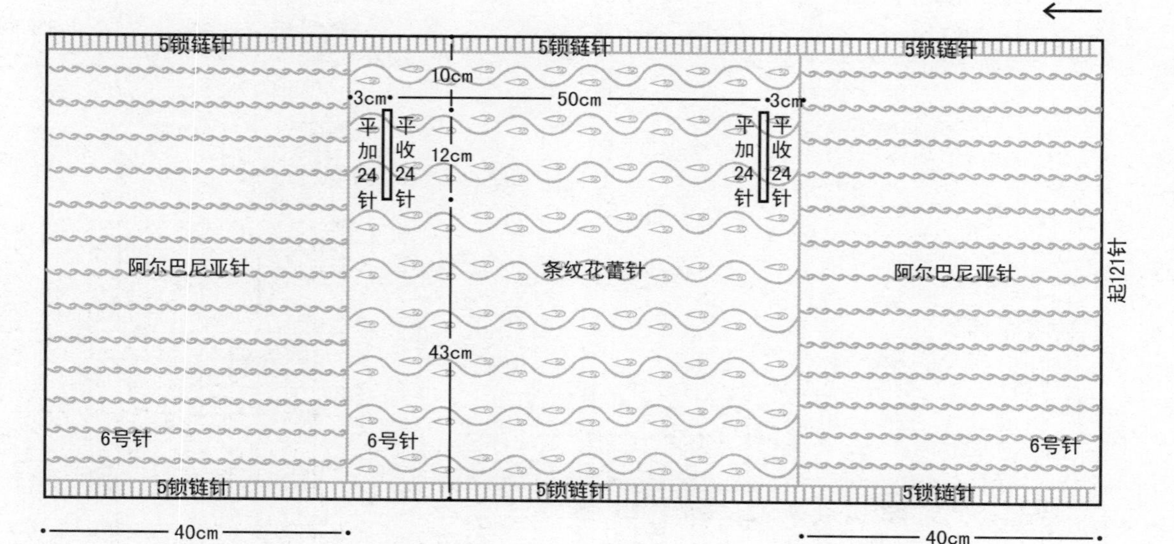

阿尔巴尼亚针

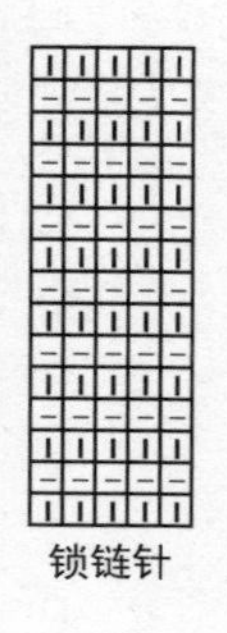
锁链针

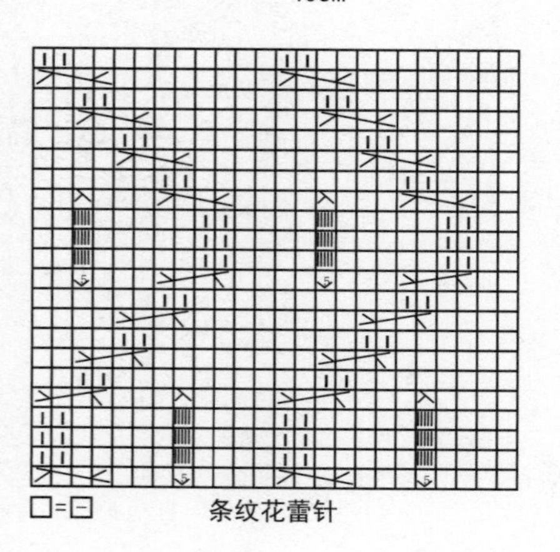
□=□ 条纹花蕾针

小提示
注意两个开口要留在平行位置。

NO.21

第24页

编织简述:

从左袖起针环形织袖子，一次性加至相应针依然环形织，两肋平加针时再分大片织，织相应长后，从大片正中分开两片织并按规律加减针形成领口，合针后织右袖，与左袖对称；从领口挑针织领子，两肋缝合后，从下沿挑针织下摆。

编织步骤:

- 用6号针起40针从左袖环形织28cm拧针单罗纹。
- 一次性加至104针按排花环形织15cm，前片织星星针和麻花，后片织星星针。
- 从腋部分片织，并在肋侧平加9针后合成大片共122针织6cm，再以整片正中为界分片织24cm，并在前片横减领口：隔1行减1针减9次，不加减织9cm，隔1行加1针加9次。
- 合成122针织大片，至6cm后左右各平减9针至104针环形向上织15cm后并一次性减至40针织28cm拧针单罗纹，收机械边。
- 正中分片织的24cm开口为领口，从此处一次性环形挑出88针织9cm拧针单罗纹，松收机械边。
- 两肋平加的9针缝合后，从下摆环挑160针织15cm拧针单罗纹，松收机械边。

材料:
286规格纯毛粗线

用量:
400g

工具:
6号针

尺寸(cm):
衣长47 袖长43（腋下至袖口）
胸围72 肩宽36

平均密度:
边长10cm方块=19针×25行

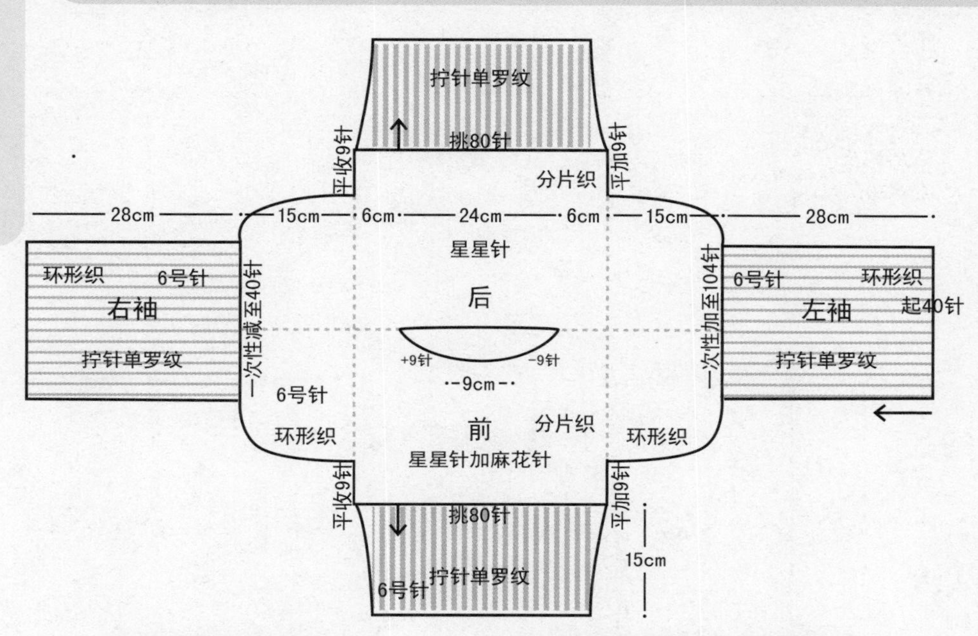

整体排花:

前			后
8	26	18	52
星星针	麻花针	星星针	星星针

拧针单罗纹

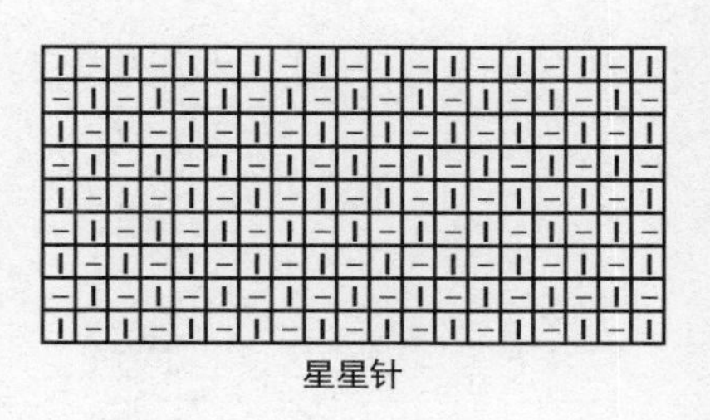

星星针

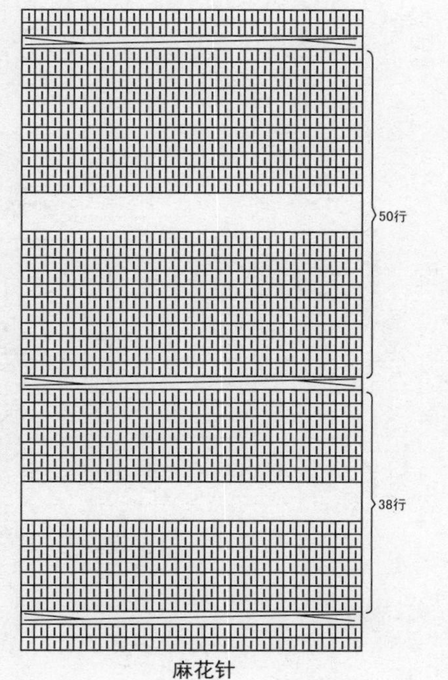

麻花针

小提示

麻花在拧针时注意左右对称，大麻花在胸部正中位置拧针。

NO.45

第48页

材料:
273规格纯毛粗线

用量:
500g

工具:
6号针

尺寸(cm):
衣长55　袖长40(腋下至袖口)

平均密度:
边长10cm方块=19针×24行

编织简述:

下摆起针环织后，从正中重复挑针，并以此为界分开织大片，在两肋规律加针，在领口规律减针，肩头缝合后，门襟继续向上织，相应长后在后脖对头缝合；从袖窿口环挑针后织袖子，相应长后松收机械边。

编织步骤:

- 用6号针起144针环形织15cm金钱花。
- 以正中为界分开织大片，两端门襟的16针小树结果针加6锁链针重叠挑针，其余部分为小荷针。
- 在两肋位置正中取2针做加针点，隔3行在加针点的两侧各加1针，共加16次。
- 领部减针在16针小树结果针的外侧隔7行减1次针压减6次。
- 总长至35cm后，不加减向上直织20cm后，将前后片肩头按相同数字松缝合。左右门襟不缝继续向上织，至后脖正中时对头缝合。
- 从袖口用6号针环形挑出36针织40cm金钱花，松收机械边。

门襟排花:

1	16	6
反针	小树结果针	锁链针

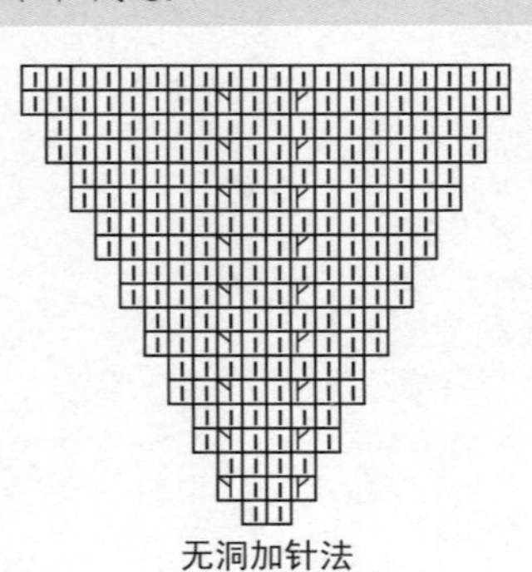
无洞加针法

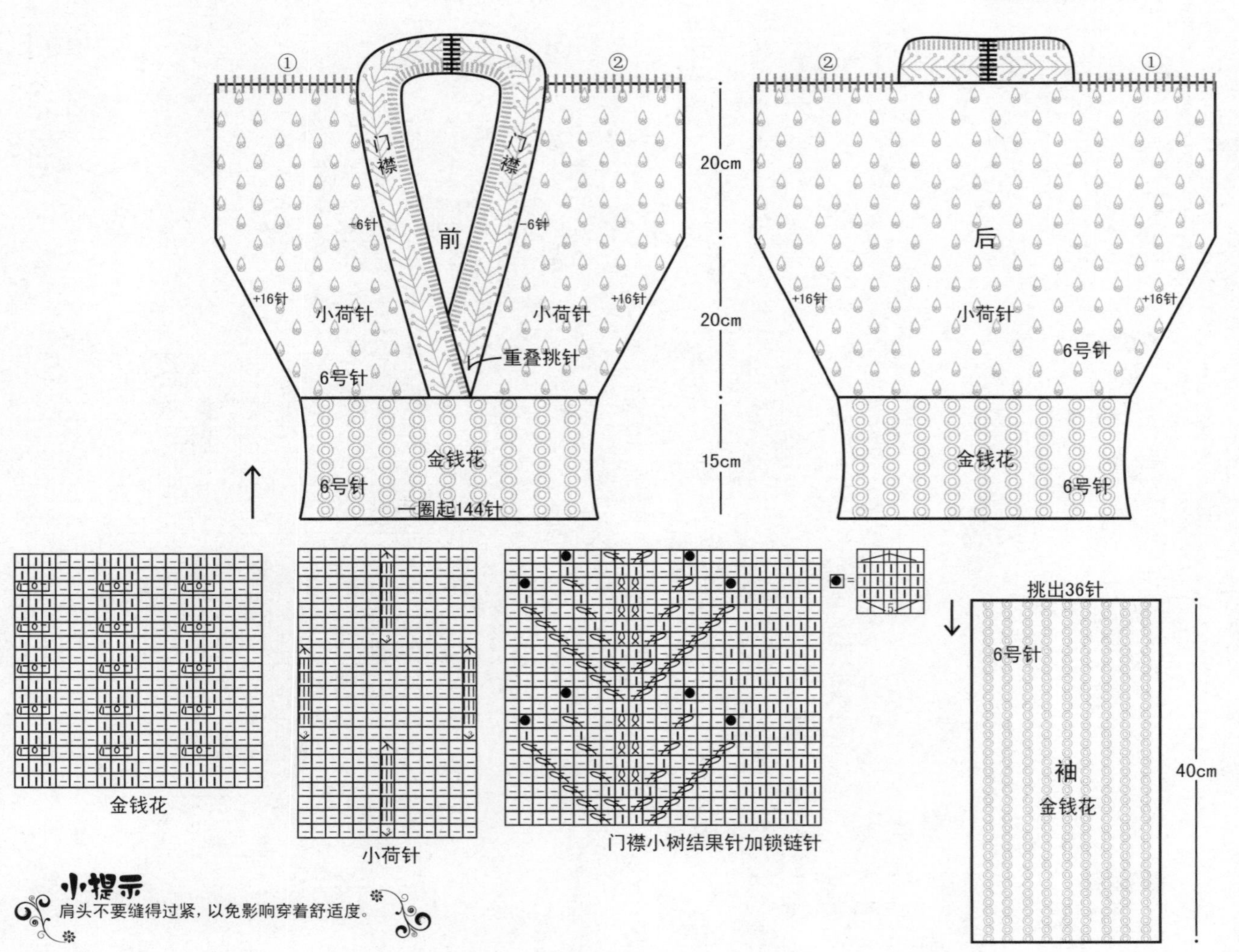

金钱花　小荷针　门襟小树结果针加锁链针

小提示
肩头不要缝得过紧，以免影响穿着舒适度。

编织简述:

按图织一个“凸”形，并按相同数字缝合两肋，形成的开口为袖窿口，从此处挑针环形织袖子。

编织步骤:

- 用6号针起221针往返织22cm双波浪凤尾针后，平收两侧各85针，只保留中间51针向上直织38cm后收平边。
- 按相同数字缝合两肋，形成的开口为袖窿口。
- 用6号针从袖窿口挑出40针环形织44cm阿尔巴尼亚罗纹针后收平边形成袖子。

材料:
278规格纯毛粗线

用量:
500g

工具:
6号针

尺寸(cm):
以实物为准

平均密度:
边长10cm方块=20针×24行

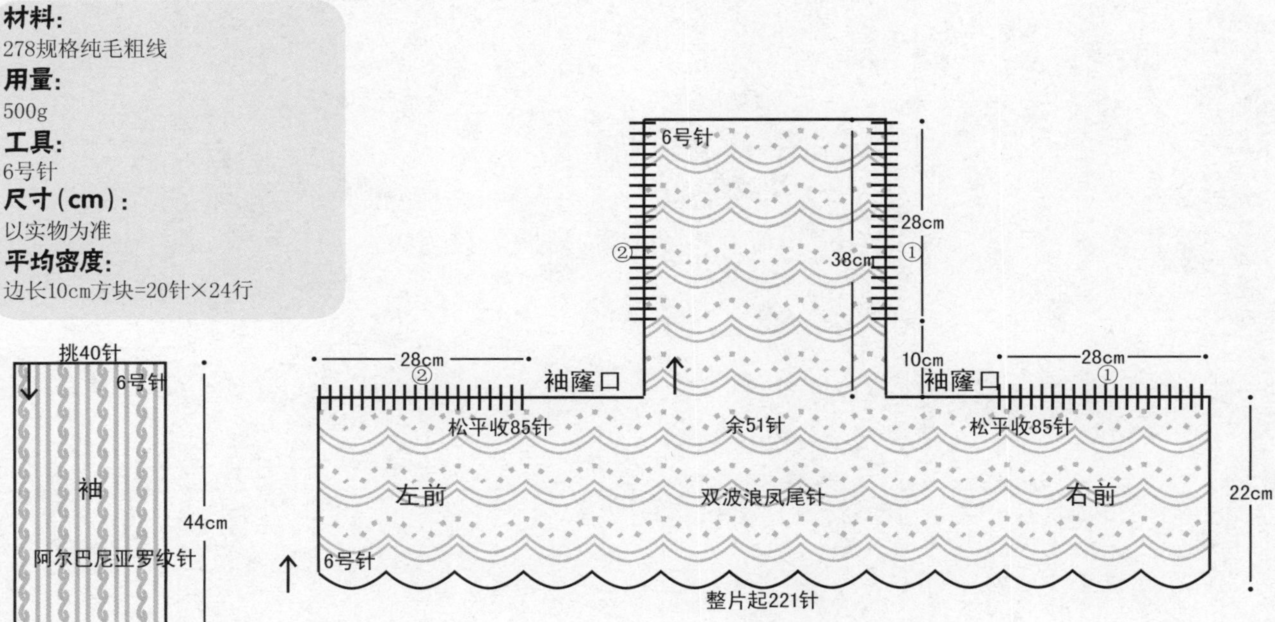

拧针单罗纹

阿尔巴尼亚罗纹针

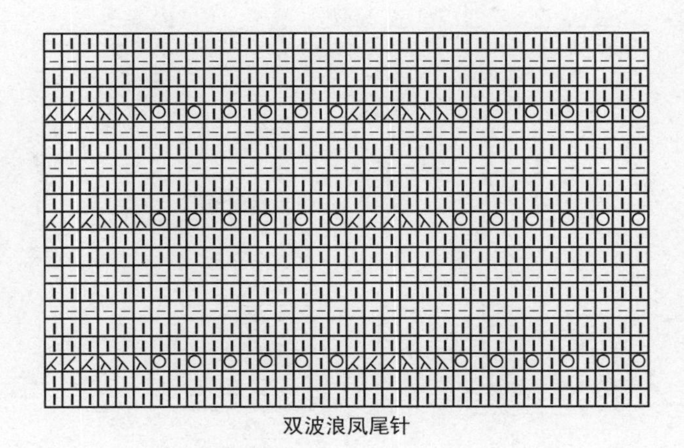
双波浪凤尾针

小提示
双波浪凤尾针属普通针法，也可用多色线织出彩色波浪效果。

NO.61

第64页

编织简述:

织一条宽围巾，织相应长时分两片织后再合成大片织，开口为领口，另线起针织领边，缝合于领口处。缝合两肋后，从袖窿口挑针向下织袖子。

编织步骤:

- 用 6 号针起 84 针织 3cm4 拧针罗纹，织片。
- 加至 88 针按排花织 40cm。
- 自正中均分两片织 24cm 后，再合针织 88 针大片，总长度 110cm。
- 按图①-①、②-②缝合两肋，中间 24cm 长的大开口为领口，另起 16 针织麻花长条至 46cm 时对头缝合，并侧缝于领口处。
- 两肋缝合后，左右的开口为袖窿口，从此处用 6 号针挑出 48 针织正针，并在袖下隔 13 行减 1 次针，共减 4 次，至 44cm 处，余 40 针时松收平边，袖口自然卷曲。

材料:
286规格纯毛粗线
用量:
550g
工具:
6号针
尺寸(cm):
衣长55　胸围83
平均密度:
边长10cm方块=21针×24行

整体排花:

2	4	6	20	6	4	4	4	6	20	6	4	2
反针	正针	反针	如意花	反针	正针	反针	正针	反针	如意花	反针	正针	反针

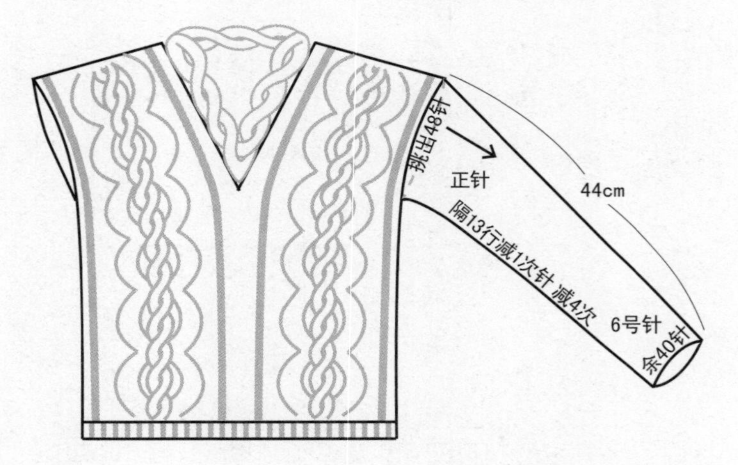

领边:

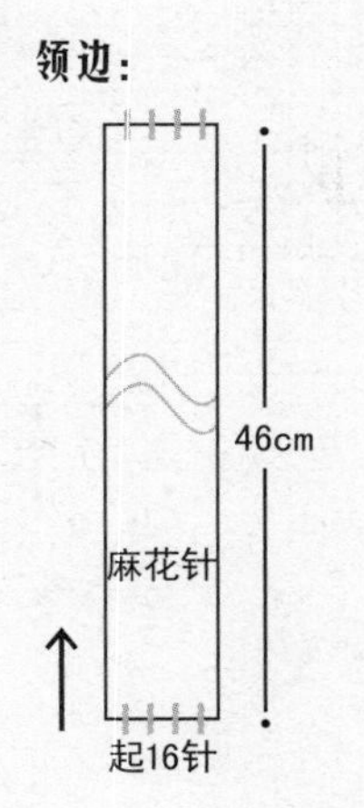

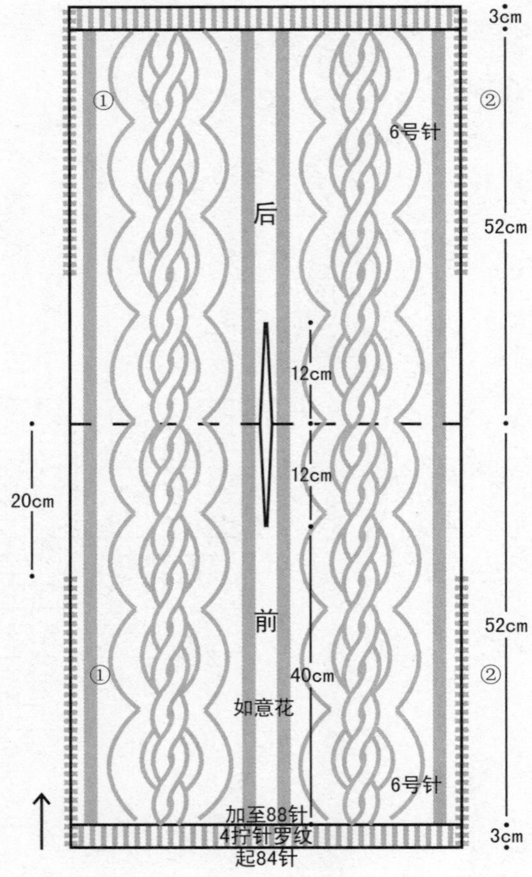

小提示

袖窿口挑出所有针数，第2行时再减至需要的针数开始编织；用这种方法挑出的袖子，在接合处会非常整齐。

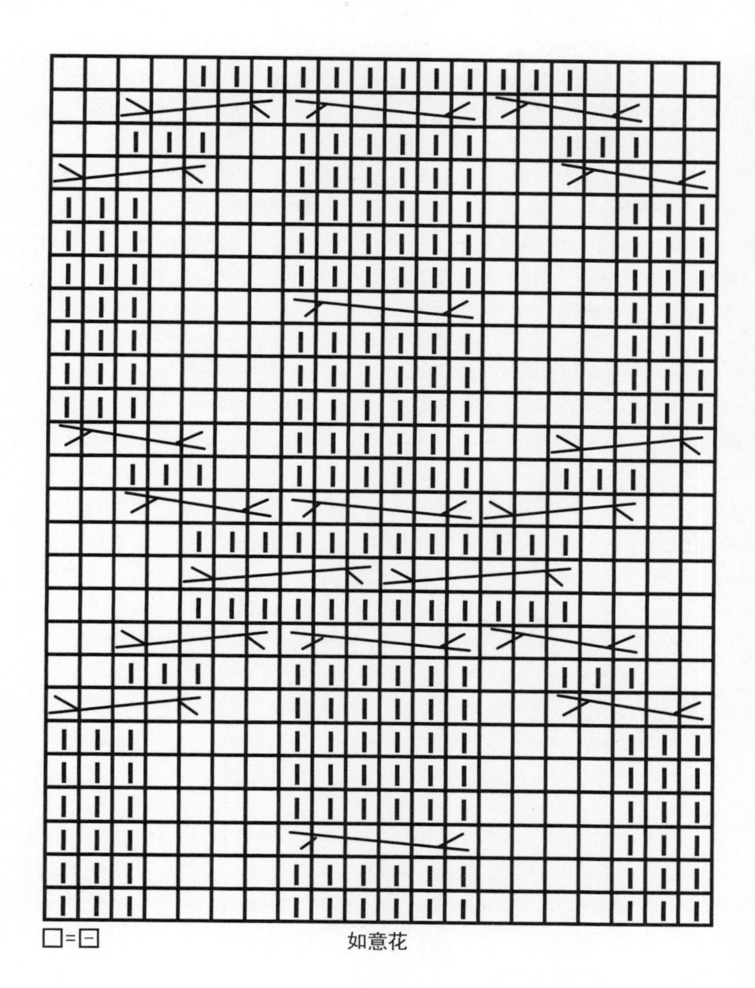

□=⊟

如意花

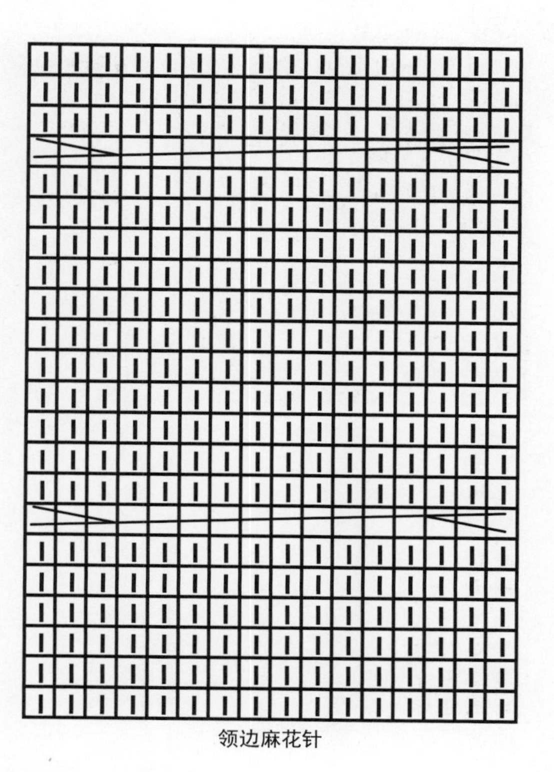

领边麻花针

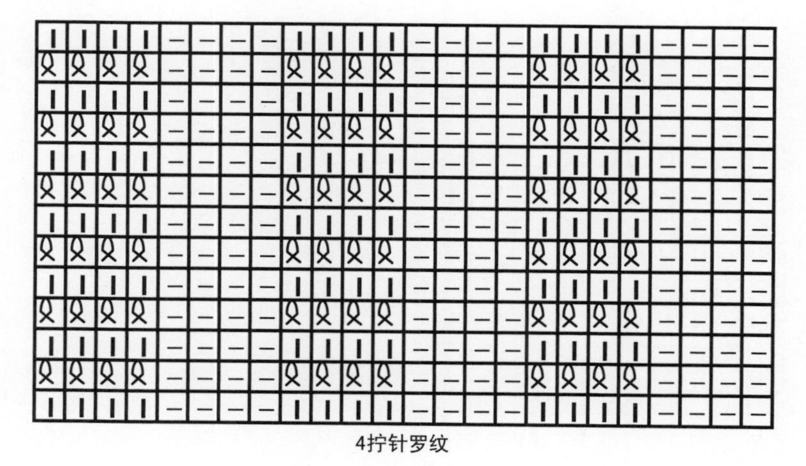

4拧针罗纹

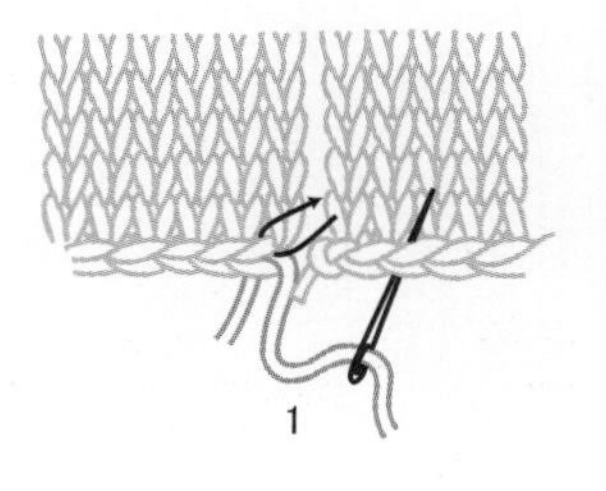

1

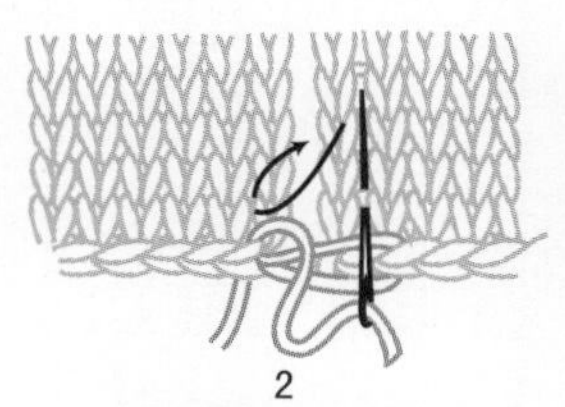

2

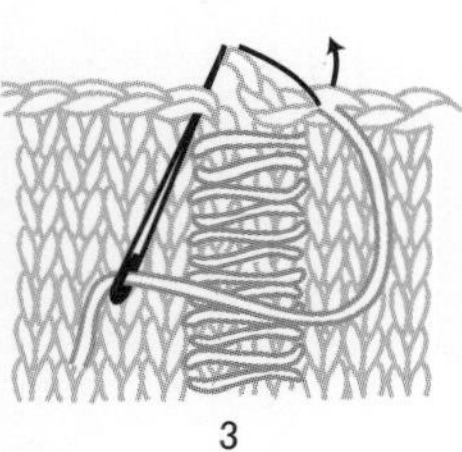

3

领子与领口缝合方法

NO.29

编织简述:

从一个袖口向另一袖口横织，下摆后挑织。

编织步骤:

- 用8号针起40针环形织5cm双罗纹。
- 换6号针改织正针，并隔13行在左右各加1针加3次，至20cm处一次性加至92针环形织25cm正针后，将92针自腋下位置分开织片，约13cm。再次分片织，每片46针，改织6.5cm星星针后，另一片46针织13cm长后，合片共92针织13cm后合圈与起针处对称。
- 从平加的46针处挑出46针向相反方向织6.5cm星星针，收机械边。
- 从后腰和左右前摆处挑出178针织镂空席子花大片，左右各织5针星星针，中间168针织镂空席子花，至25cm时收平边。

材料:

278规格纯毛粗线

用量:

500g

工具:

6号针　8号针

尺寸(cm):

衣长47　袖长45(腋下到袖口)

平均密度:

边长10cm方块=21针×24行

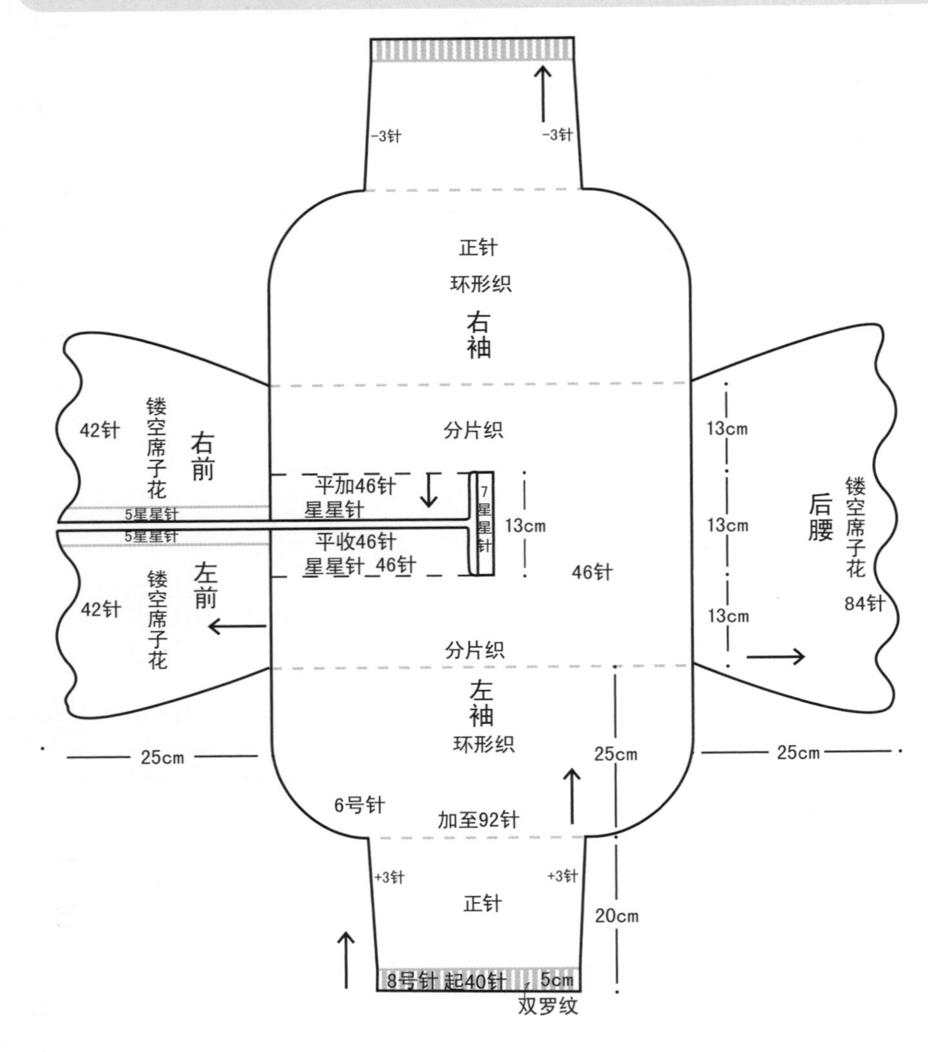

镂空席子花

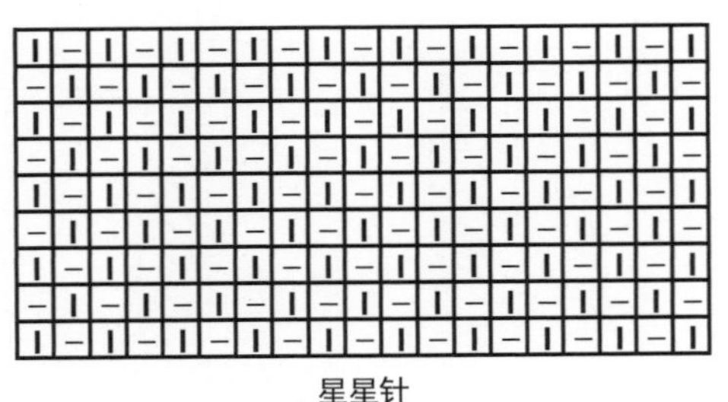

星星针

小提示

星星针的特点是不卷边、涨针、整齐，常配合其他花纹出现，用于全身时手感不够柔软。

编织简述:

织一条长围巾和一个长方形的后片，按要求缝合后，形成的洞口为袖窿口，从此处环形挑针向下织袖子。

编织步骤:

- 用6号针起47针按排花往返织112cm长围巾。
- 后片用6号针起72针往返织42cm对称树叶花后松平收，与长围巾正中缝合，两肋按相同数字缝合，形成的洞口为袖窿口。
- 另线从袖窿口处挑出40针环形织44cm拧针双罗纹后收机械边形成袖子。

材料:
280规格纯毛粗线
用量:
400g
工具:
6号针
尺寸(cm):
以实物为准
平均密度:
边长10cm方块=20针×24行

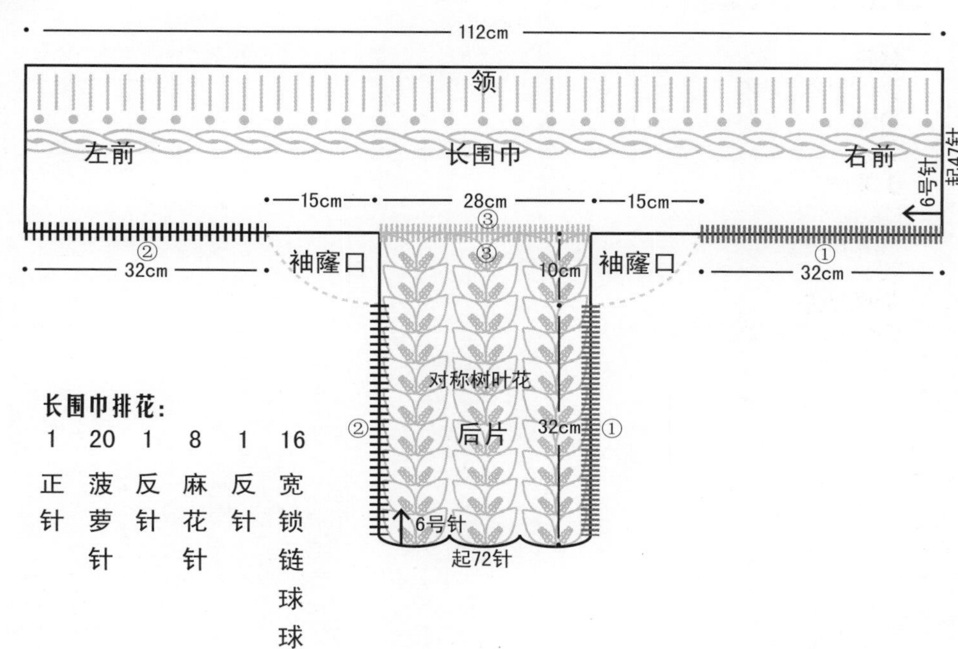

长围巾排花:

1	20	1	8	1	16
正针	菠萝针	反针	麻花针	反针	宽锁链球球针

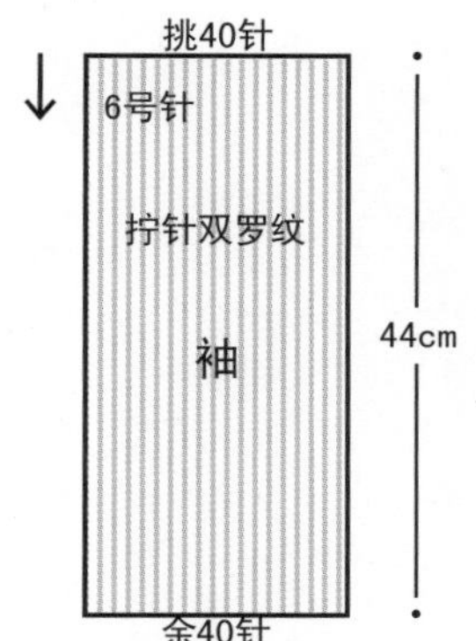

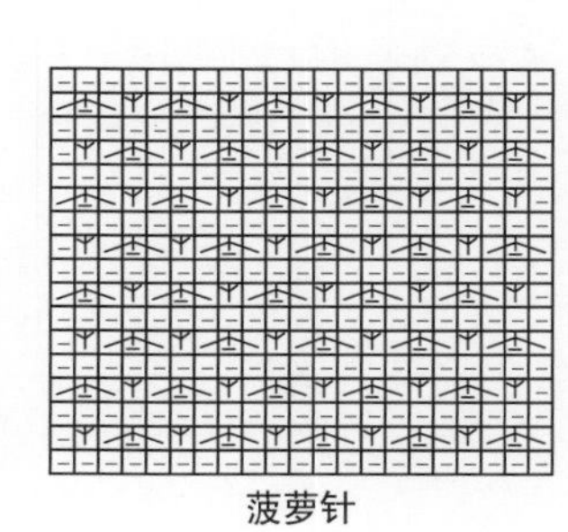
菠萝针

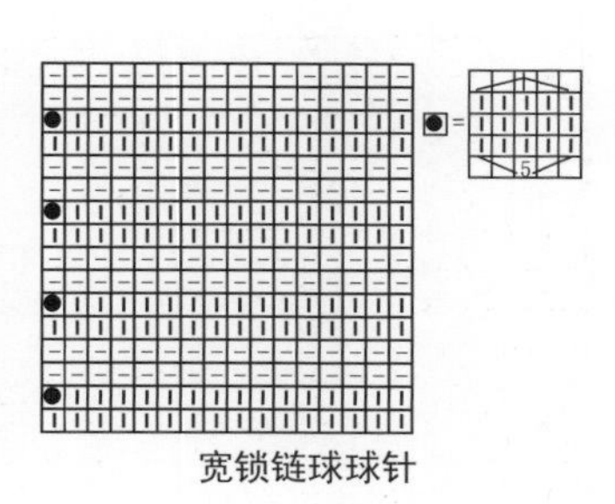

宽锁链球球针

拧针双罗纹

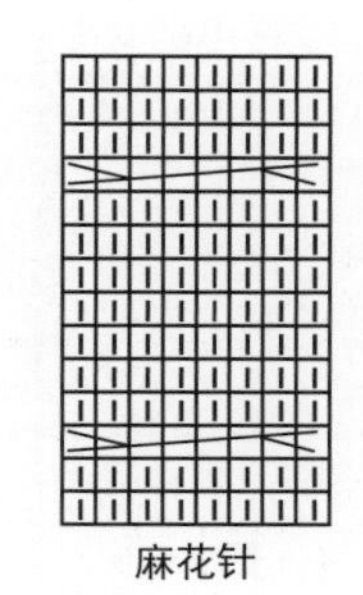
麻花针

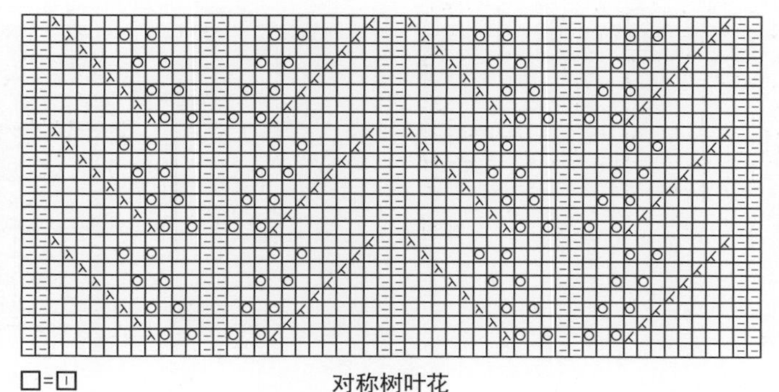

对称树叶花

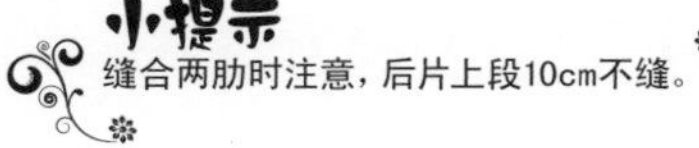

NO.53 第56页

材料:
286规格纯毛粗线
用量:
550g
工具:
6号针
尺寸(cm):
以实物为准
平均密度:
边长10cm方块=21针×24行

编织简述:

织一个长方形的大片，在相应位置留开口为袖口，从开口处挑针向下织正针后改织拧针单罗纹形成袖子。

编织步骤:

- 用 6 号针起 116 针往返织 3cm 拧针单罗纹。
- 中间 96 针织鸳鸯花加 3 反针，领一侧织 8 针锁链针，下摆处织 12 针锁链针。
- 总长至 21cm 时领一侧的 8 针锁链针改织绵羊圈圈针。
- 总长至 33cm 时，左 76 针右 40 针分片织 13cm 后再合针织完整片，形成的开口是袖窿口，两开口间距 33cm。
- 其他部分按原方法编织，两头对称。
- 从袖窿处用 6 号针挑 50 针环形织 26cm 正针，并隔 11 行减 1 次针减 4 次，余 42 针改织 18cm 拧针单罗纹，收机械边形成袖子。

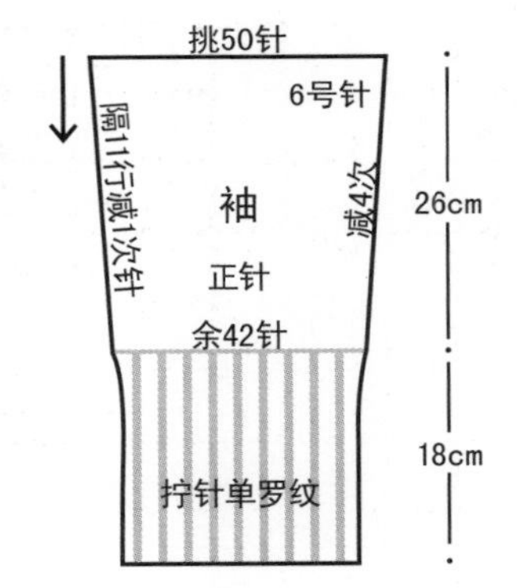

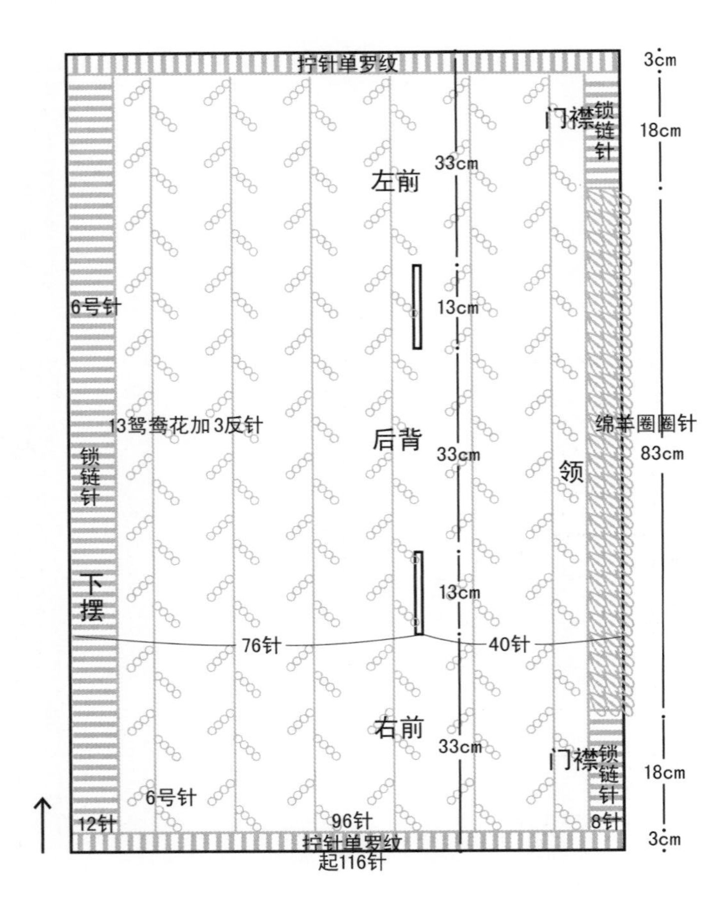

拧针单罗纹

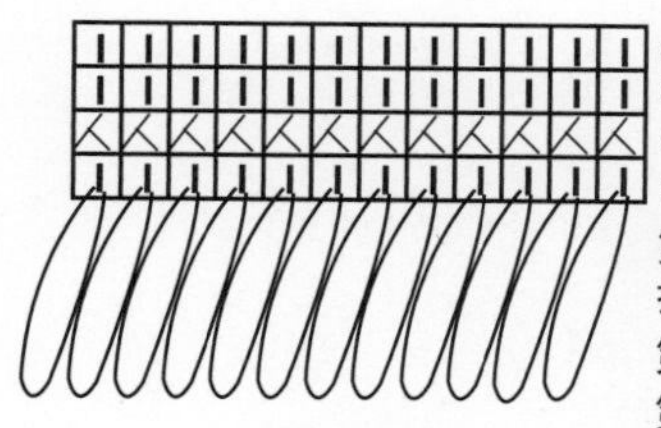

绵羊圈圈针

第1行：右手食指绕双线织正针，然后把线套绕到正面，按此方法织第2针。

第2行：由于是双线所以2针并1针织正针。

第3、第4行：织正针，并拉紧线套。

第5行以后重复第1~4行。

1　2　3

绵羊圈圈针

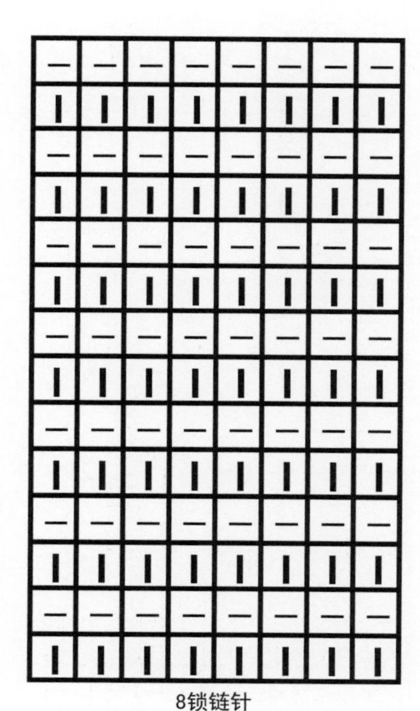
8锁链针

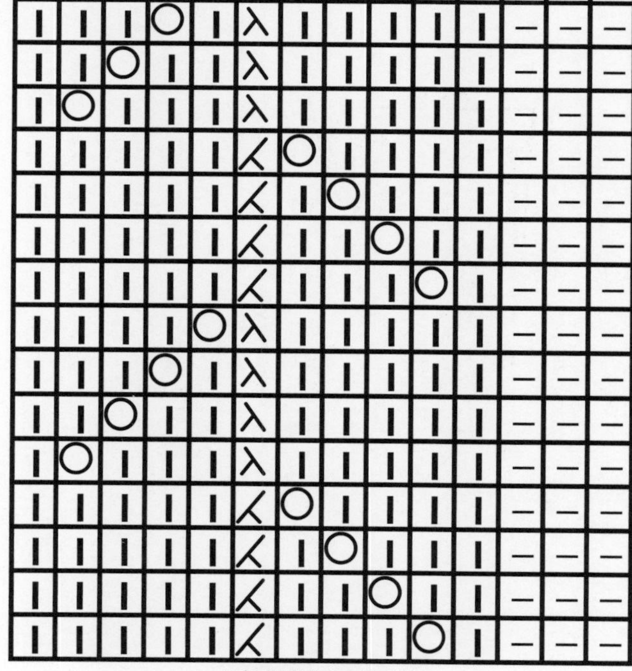
13针鸳鸯花加3针反针

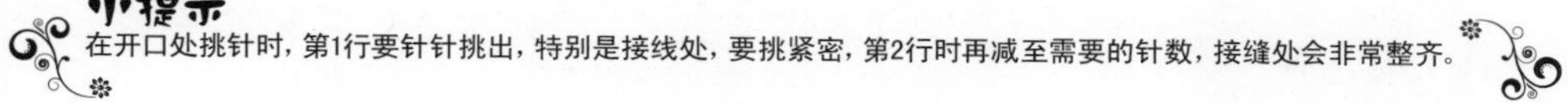
小提示

在开口处挑针时，第1行要针针挑出，特别是接线处，要挑紧密，第2行时再减至需要的针数，接缝处会非常整齐。

NO.27

第30页

编织简述:

织 2 片前片，再织 1 片后片。将两前片交叉后与后片，按相同数字缝合，从袖口挑挑织袖子。

编织步骤:

- 用 6 号针起 40 针往返织 60cm 树叶花长方形，共织两个大小相同的长方形。
- 后背用 6 号针起 90 针往返织 25cm 拧针罗纹后，按排花织花蕾针，至 20cm 后，取正中 36 针织 2cm 拧针单罗纹，两个长条交叉后，与肩头左右余针缝合。
- 从袖窿口处挑出 44 针，用 6 号针织 50cm 拧针双罗纹，收双机械边。

材料:
286规格纯毛粗线

用量:
550g

工具:
6号针

尺寸(cm):
衣长45　袖长50（腋下到袖口）

平均密度:
边长10cm方块=21针×24行

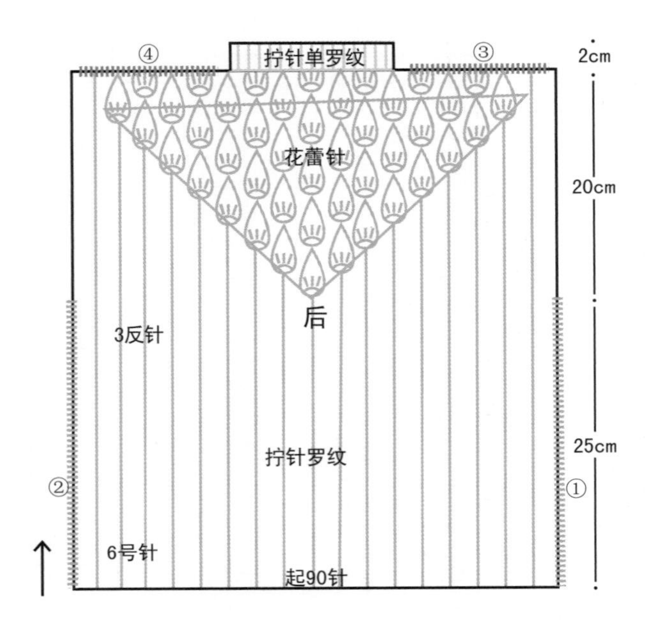

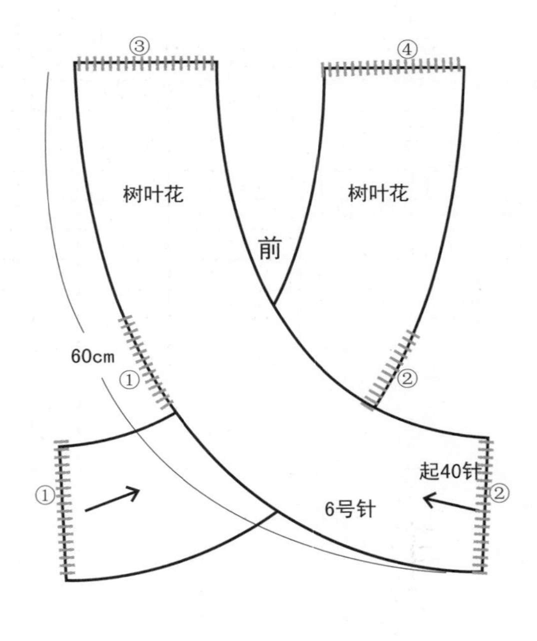

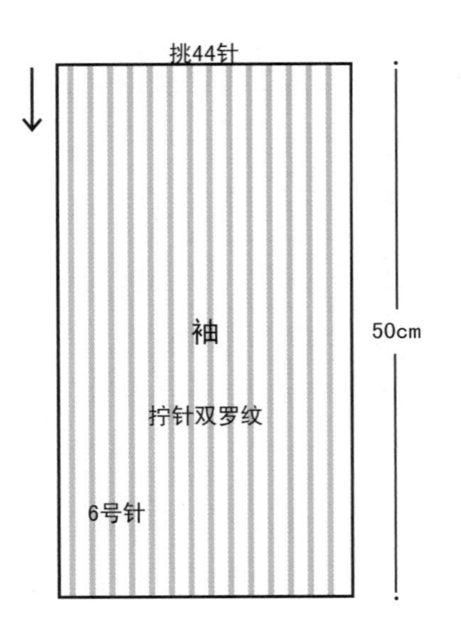

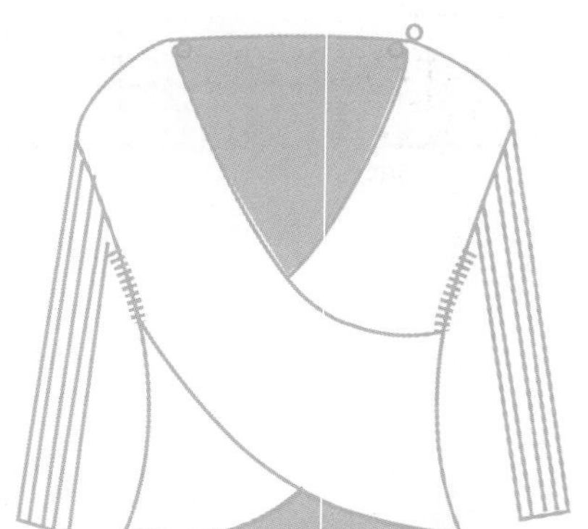

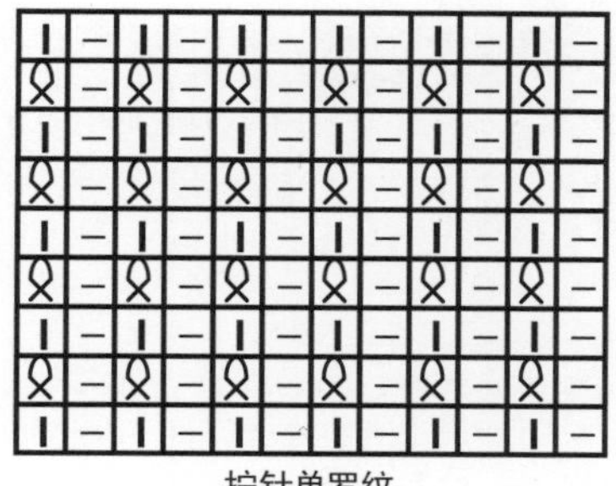

拧针单罗纹

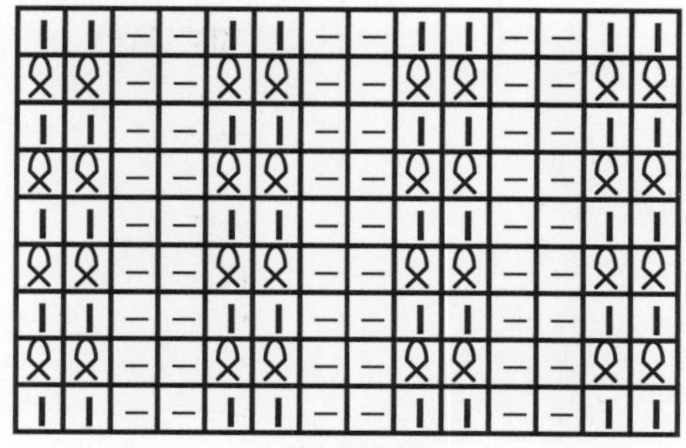

拧针双罗纹

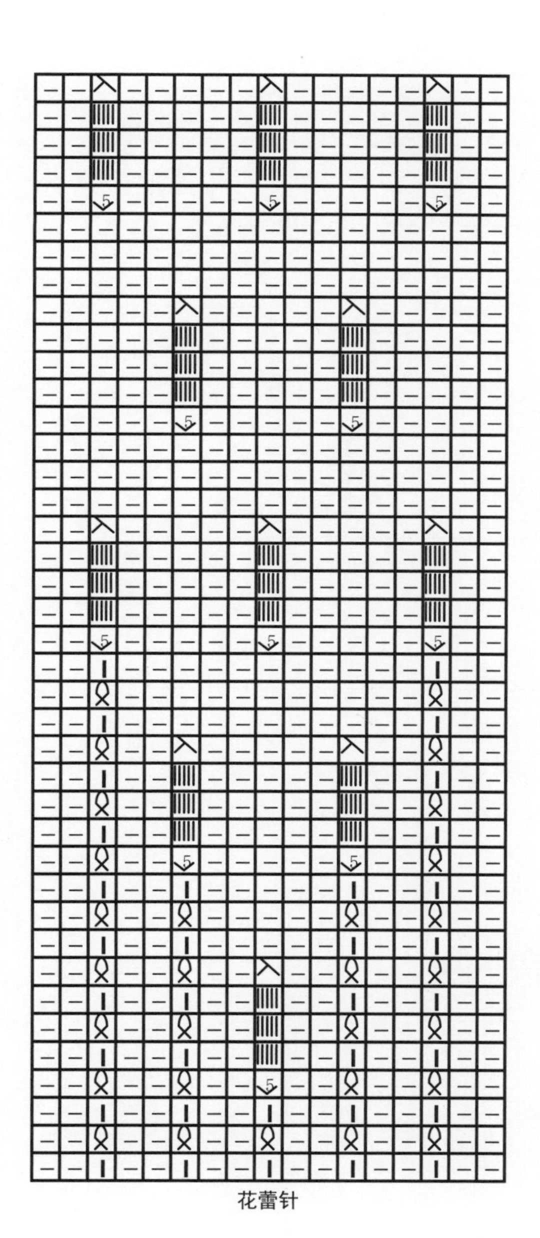

花蕾针

树叶花

小提示

在袖窿口挑针时，腋下要多挑针，防止出现孔洞。

编织简述:

从右门襟起针后往返织片，在一侧加针形成领口效果。织相应长后平收针再平加针形成右袖窿；后背直织不必加减针，左袖窿与右袖窿织法相同。至左门襟时规律减针形成左领口；前后肩头按相同数字缝合，最后挑针织翻领和短袖口。

编织步骤:

- 用6号针起88针往返织8cm拧针双罗纹，同时在右侧隔1行加1针，共加10次。
- 按排花往返向上织14cm后，取右侧20cm位置共40针平收，余58针织1行后，再平加出40针合成98针向上织，形成的开口为袖窿口。
- 合成的98针往返向上织40cm形成后背，同时重复以上步骤形成左袖窿。
- 总长至76cm时改织8cm拧针双罗纹，同时在右侧隔1行减1针减10次，余88针收机械边形成左门襟。
- 按相同数字缝合肩头，然后在领口处挑出100针用8号针往返织10cm拧针双罗纹后收机械边形成翻领。
- 从袖窿口挑出100针用8号针环形织8cm拧针双罗纹后收机械边形成短袖口。

材料:
275规格纯毛粗线
用量:
500g
工具:
6号针　8号针
尺寸(cm):
衣长49　袖长8　胸围84　肩宽40
平均密度:
边长10cm方块=20针×25行

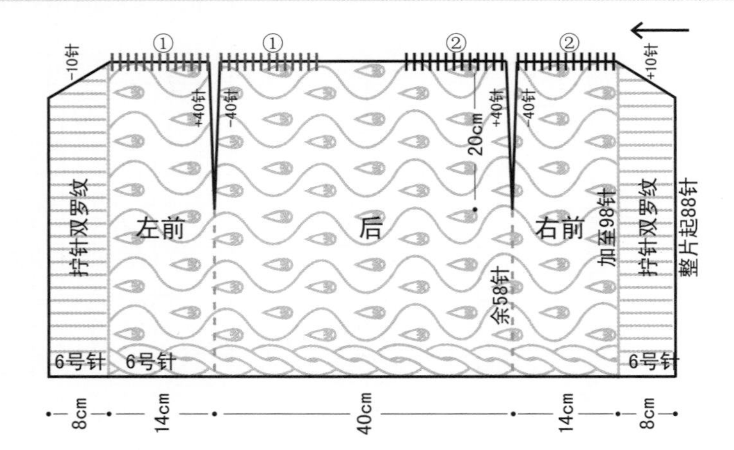

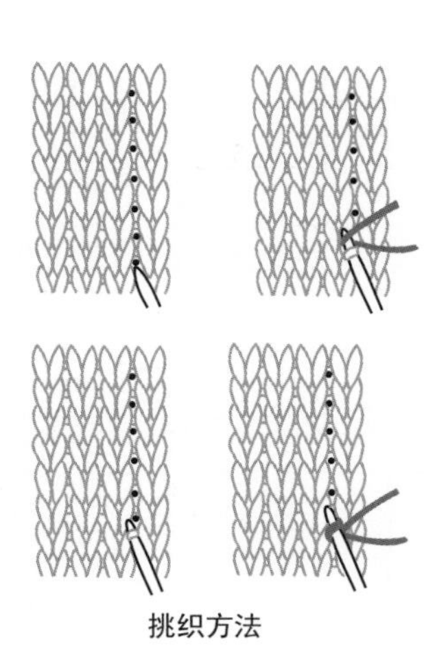

挑织方法

整体排花:

12	2	12	2	12	2	12	2	12	2	12	2	12	2
麻花针	反针	花蕾针鱼骨	反针	花蕾针鱼骨	反针	花蕾针鱼骨	反针	花蕾针鱼骨	反针	花蕾针鱼骨	反针	花蕾针鱼骨	反针

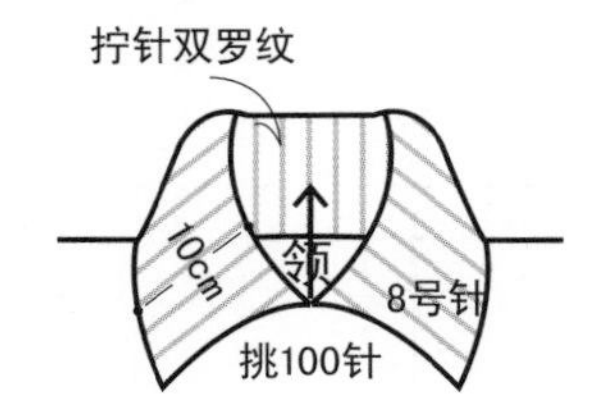

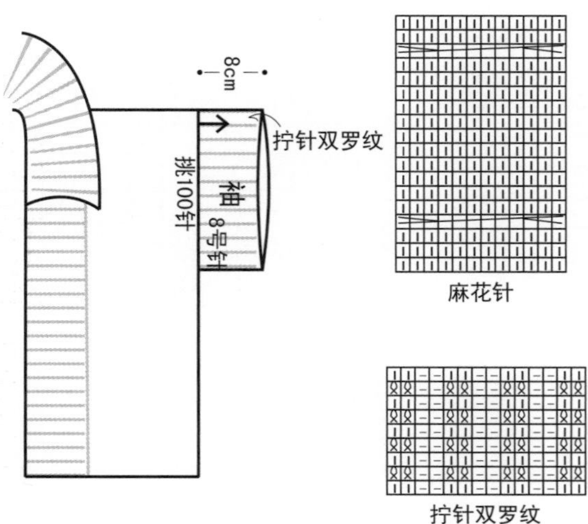

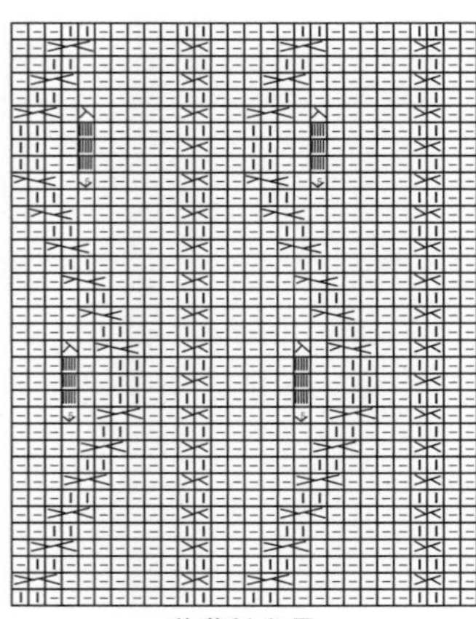

花蕾针鱼骨

小提示

挑领子时织拧针双罗纹，前3针和最后3针织正针，最后领侧面内卷1针，刚好是2正2反针的拧针双罗纹效果。

NO.73

第76页

编织简述:

从下摆起针环形织正身，平加袖针后合针继续环形织相应长，平收肩部针数后，将余针分前后两片织相应长后在肩头缝合，最后从两个开口处分别挑针织袖子。

编织步骤:

- 用 6 号针起 156 针按排花环形织 36cmX 形针加星星针。
- 在一侧平加 52 针与 156 针合圈按花纹排列织与正身一样的花纹至 18cm 后，平收袖一侧的 96 针，余下 112 针均分两片织 18cm 后对头缝合，形成的开口是另一袖口。
- 用 8 号针从 "V" 形领口整圈挑出 100 针织 3cm 拧针双罗纹后紧收双机械边。
- 用 6 号针分别从两个袖子开口处挑 48 针环形织 40cm 拧针双罗纹后收双机械边。

材料:
286规格纯毛粗线

用量:
425g

工具:
6号针 8号针

尺寸(cm):
以实物为准

平均密度:
边长10cm方块=22针×26行

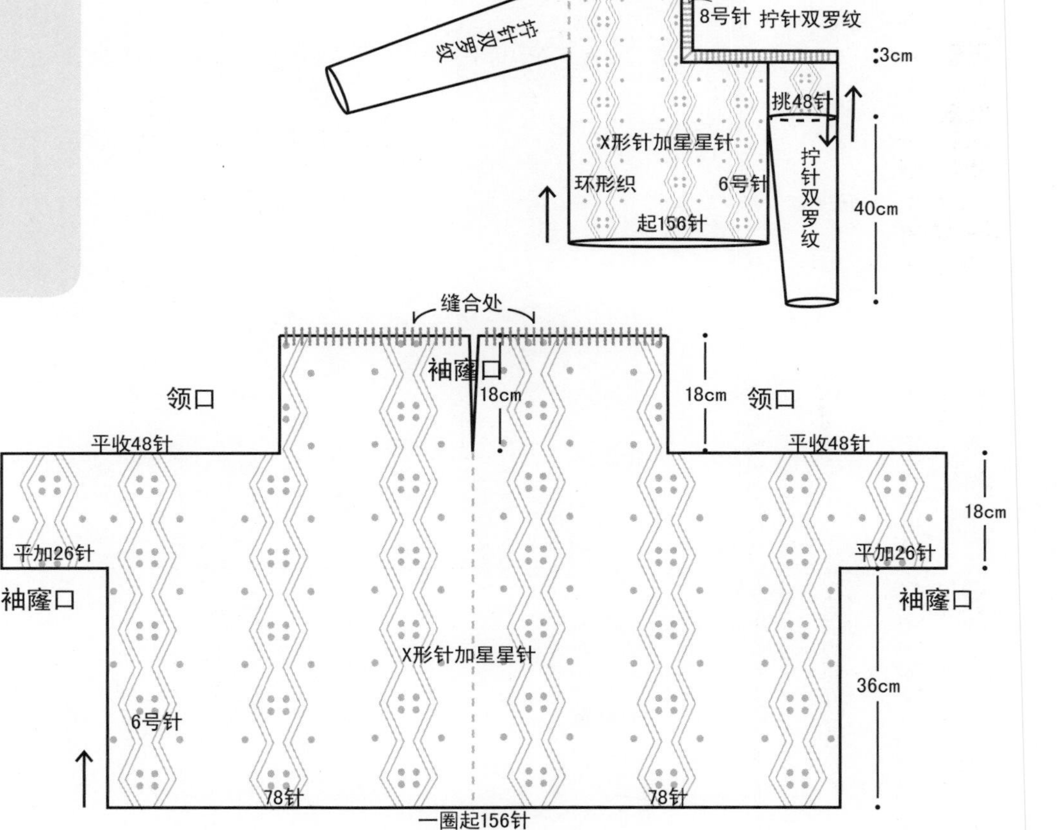

袖子排花:

20	6	20	6
X形针	星星针	X形针	星星针

正身排花:

	20	6	20	6	20	6	20	
6 星星针	X形针	星星针	X形针	星星针	X形针	星星针	X形针	6 星星针
	20	6	20	6	20	6	20	
	X形针	星星针	X形针	星星针	X形针	星星针	X形针	

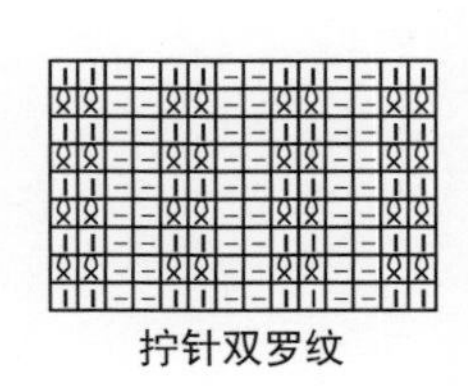

拧针双罗纹

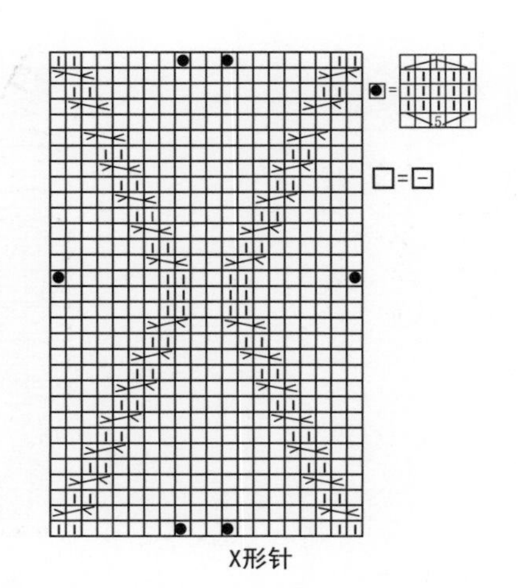

X形针

小提示

门襟或领子需要后挑针再织，正确的方法是挑出所有针数，第2行时再减至需要的针数并同时排好花纹，接缝处整齐又漂亮。

编织简述:

从下摆起针后整片按花纹向上织，至腋下时分前后片往返向上织，袖窿不减针，前后肩头缝合后，从袖窿口挑针环形向下织短袖。

编织步骤:

- 用 8 号针起 216 针，往返向上织 2cm 拧针单罗纹。
- 换 6 号针按排花往返向上织 33cm 后分针织前后片，袖窿不减针，向上织 25cm 后缝合前后肩头；30 针绵羊圈圈针门襟不缝，继续向上织至后脖正中时，按相同数字对头缝合形成领子。
- 用 6 号针从袖窿口挑出 70 针环形织 10cm 绵羊圈圈针后，改织 4cm 拧针双罗纹并收机械边形成袖子。

材料:
278规格纯毛粗线

用量:
550g

工具:
6号针　8号针

尺寸(cm):
衣长60　袖长14　胸围102　肩宽43

平均密度:
边长10cm方块=21针×25行

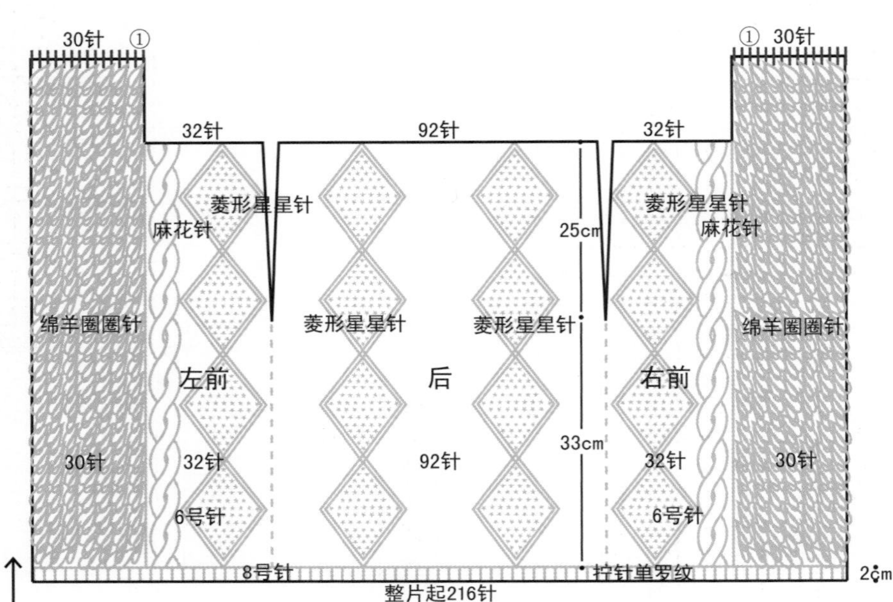

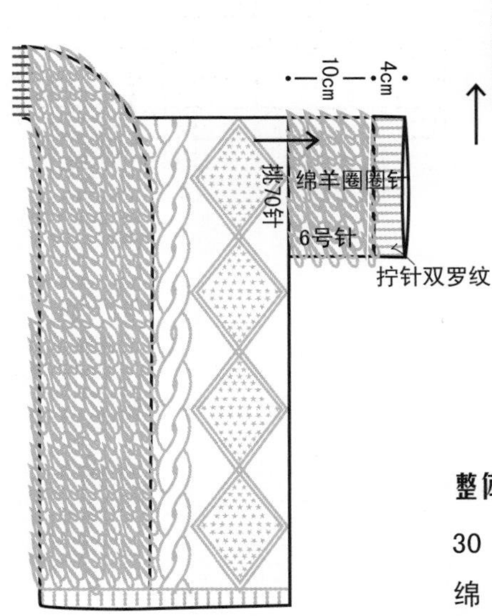

整体排花:

30	10	1	12	1	16	1	12	1	48	1	12	1	16	1	12	1	10	30
绵羊圈圈针	麻花针	反针	菱形星星针	反针	正针	反针	菱形星星针	反针	正针	反针	菱形星星针	反针	正针	反针	菱形星星针	反针	麻花针	绵羊圈圈针

小提示
注意绵羊圈圈的长度控制在4cm以内。

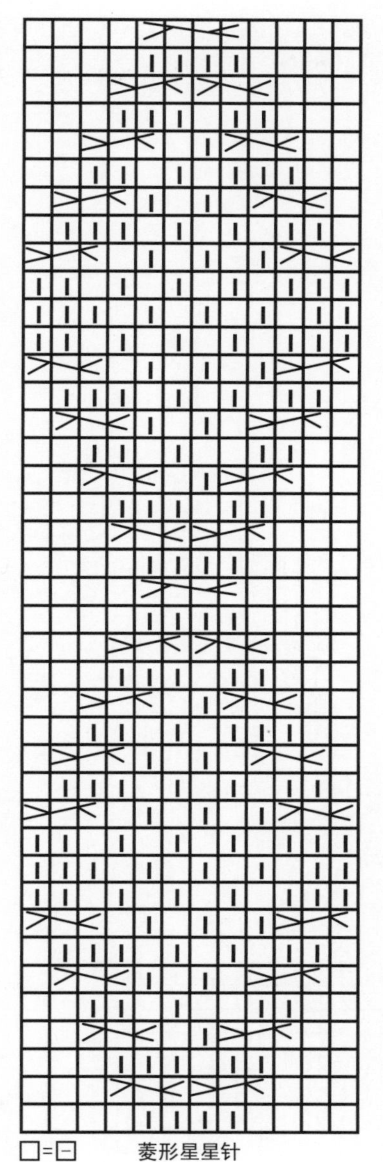

□=⊟　菱形星星针

麻花针

拧针单罗纹

拧针双罗纹

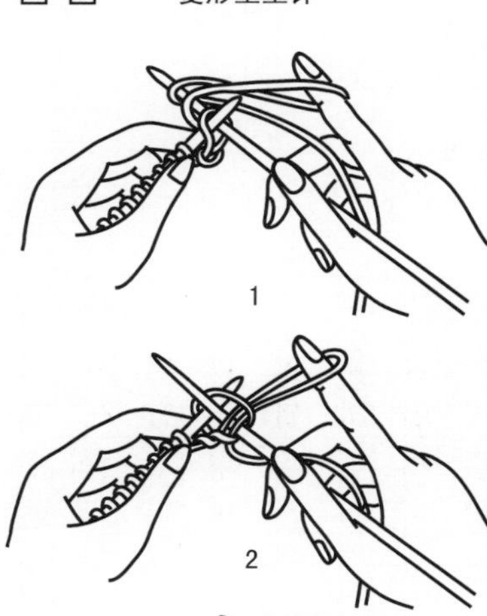

绵羊圈圈针

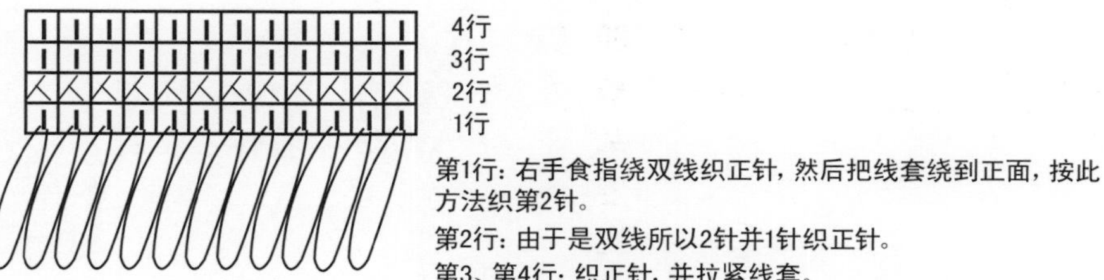

绵羊圈圈针

第1行：右手食指绕双线织正针，然后把线套绕到正面，按此方法织第2针。

第2行：由于是双线所以2针并1针织正针。

第3、第4行：织正针，并拉紧线套。

第5行以后重复第1~4行。

编织简述:

织一个长方形大片，按要求缝合各部位，分别从开口处环形挑针织下摆和袖口。

编织步骤:

- 用 6 号针起 82 针往返织片，如图 50 针织金鱼草针，另 32 针织菠萝针。
- 总长到 100cm 时收针，按图缝合①-①、②-②、③-③、④-④后，分别从袖开口①和②处环形挑 40 针织 25cm 拧针双罗纹，收双机械边形成袖口。
- 从领开口处环形挑 140 针织 25cm 拧针双罗纹，收双机械边。

材料:
286规格纯毛粗线

用量:
600g

工具:
6号针

尺寸(cm):
以实物为准

平均密度:
边长10cm方块=20针×24行

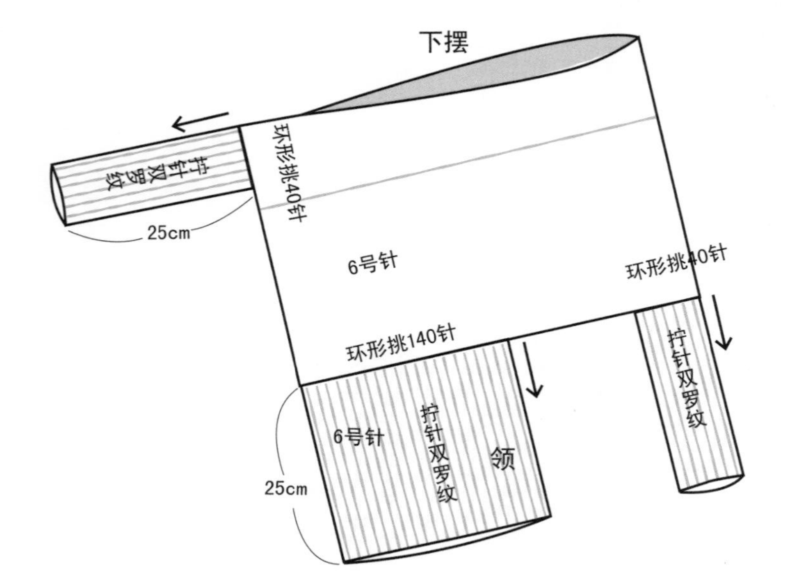

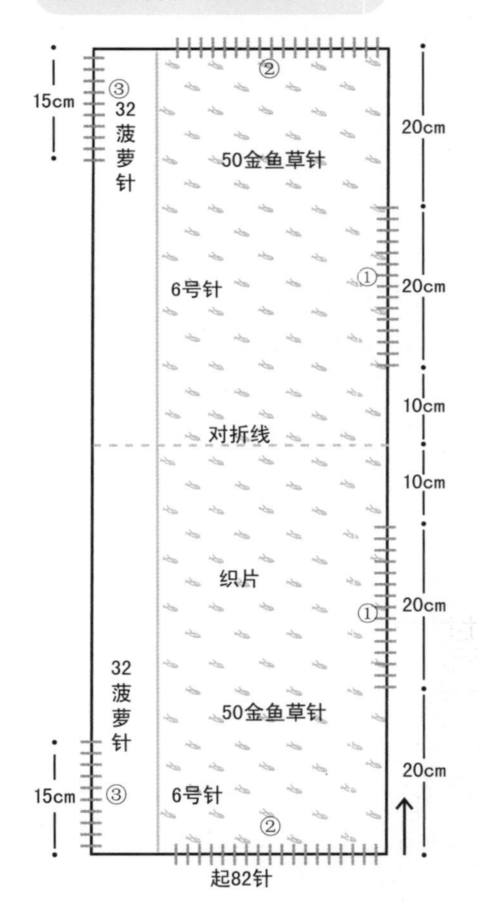

1

2

缝合方法

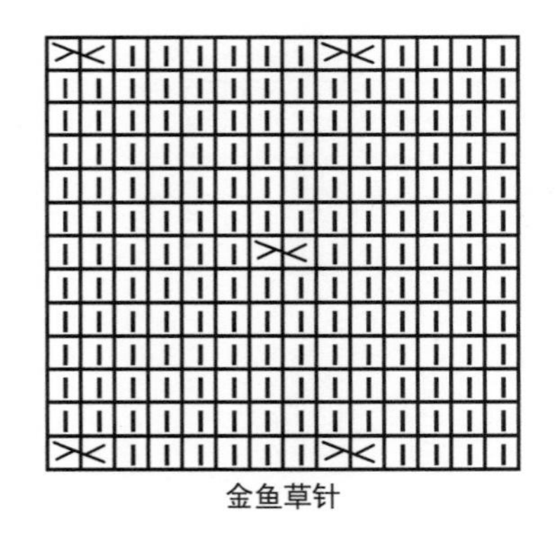
金鱼草针

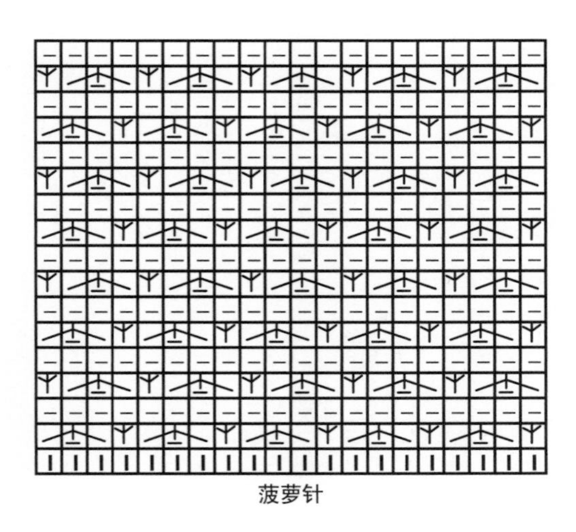
菠萝针

拧针双罗纹

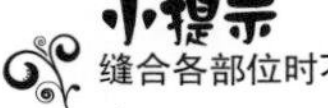
小提示
缝合各部位时不要过紧，以免影响服装尺寸。

NO.07

第10页

编织简述:

从后腰起针后往返向上直织后背，织至后脖时取中间针数平收，两边余下的针数为左右前片，往返向上织相应长后规律减针形成圆下摆，然后在两肋缝合形成背心，并从袖窿口挑针向下织袖子，最后沿虚线挑针织圆门襟边。

编织步骤:

- 用6号针花色线起70针往返向上织正针。
- 至38cm后，平收中间的18针，左右各26针向上直织27cm后减门襟边，隔3行减1针减2次，隔1行减1针减4次，隔1行减2针减2次，隔1行减3针减1次，隔1行减4针减2次。
- 沿虚线上下对折，两肋各取20cm按相同数字缝合形成背心。
- 两肋缝合后自然形成袖窿口，用8号针从此处挑出48针环形织50cm拧针单罗纹后收机械边形成袖子。
- 沿后脖、左右门襟、后腰处挑出216针，用6号针纯色线环形向下织10cm樱桃针后收机械边形成门襟边。

材料:
273规格纯毛粗线

用量:
500g

工具:
6号针　8号针

尺寸(cm):
衣长48　袖长50(腋下至袖口)
胸围81　肩宽35

平均密度:
边长10cm方块=20针×25行

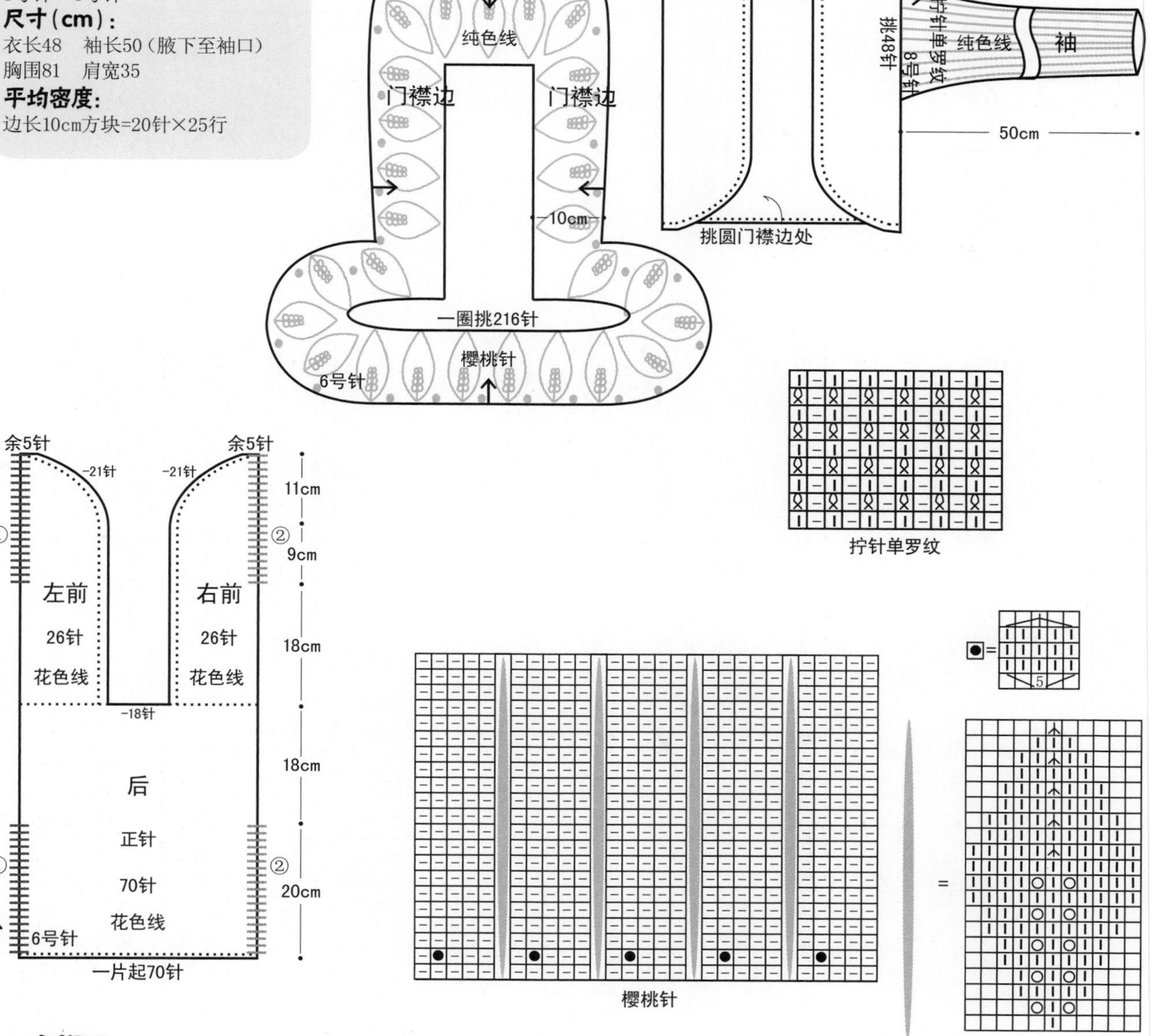

小提示

门襟边的樱桃针完成后收机械边，以保持边沿有足够的弹性。

编织简述:

织一个长方形的大片，在相应位置留开口为袖口，从开口处挑针按排花向下织相应长后改织拧针单罗纹形成袖子。

编织步骤:

- 用 6 号针起 116 针往返织 3cm 拧针单罗纹。
- 中间 96 针织 10 针半菱形加花蕾针和 6 反针，领一侧织 8 针锁链针，下摆处织 12 针锁链针。
- 总长至 21cm 时领 8 针锁链针改织绵羊圈圈针。
- 总长至 33cm 时，左 76 针右 40 针分片织 13cm 后再合针织完整片，形成的开口是袖口，两开口间距 33cm。
- 从开口处用 6 号针挑 50 针按排花环形织 26cm，并隔 11 行减 1 次针，共减 4 次，余 42 针改织 18cm 拧针单罗纹，收机械边形成袖子。

材料:
286规格纯毛粗线
用量:
550g
工具:
6号针
尺寸(cm):
以实物为准
平均密度:
边长10cm方块=21针×24行

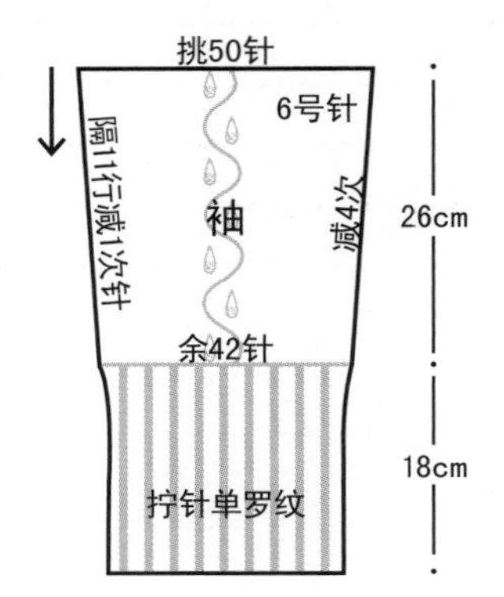

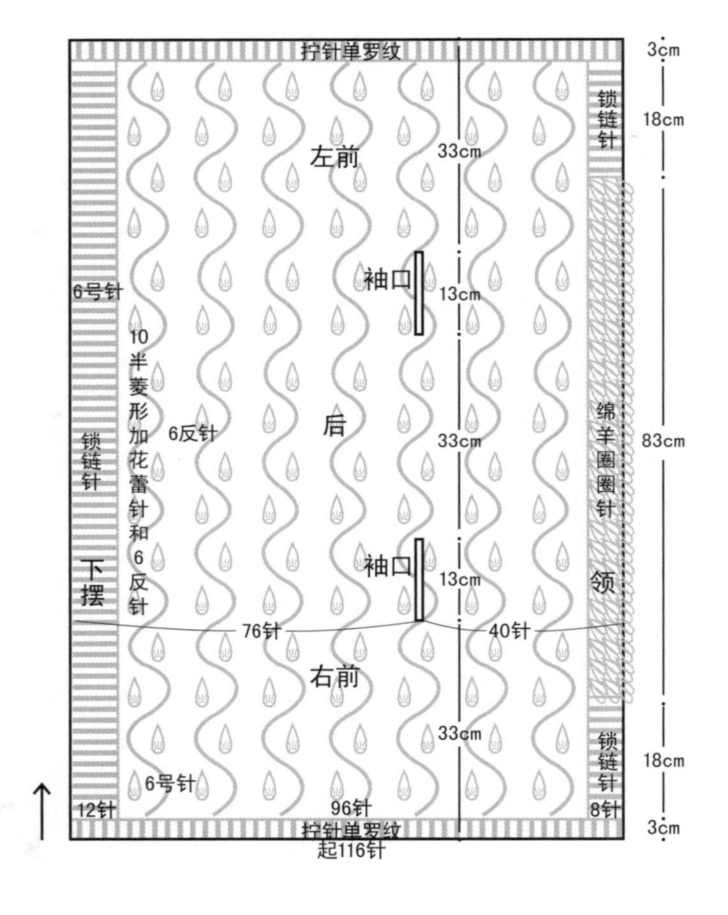

袖子排花:

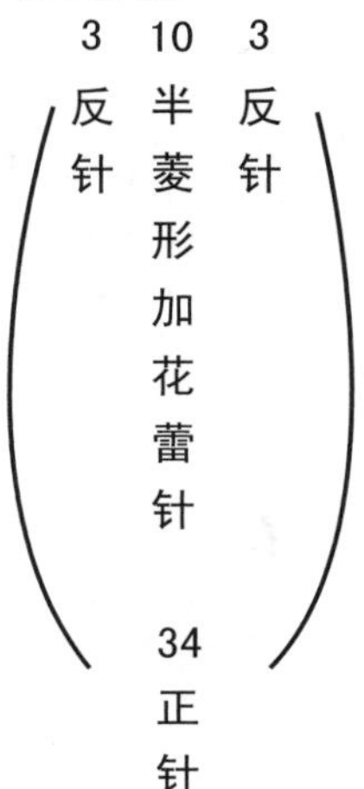

小提示
在开口处挑针时，第1行要针针挑出，特别是接线处，要挑紧密，第2行时再减至需要的针数，接缝处会非常整齐。

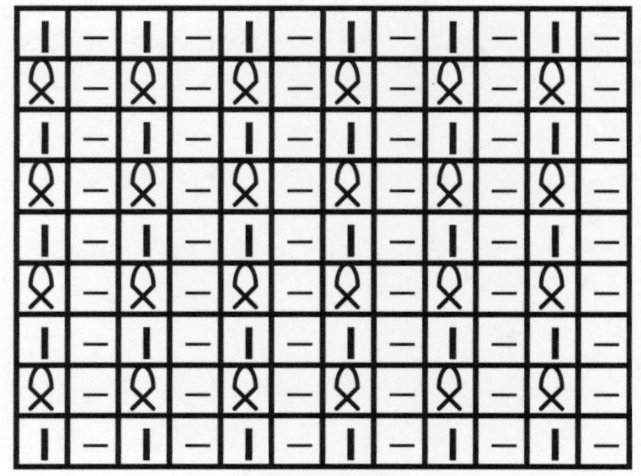

拧针单罗纹

□=⊟ 10半菱形加花蕾针和6反针

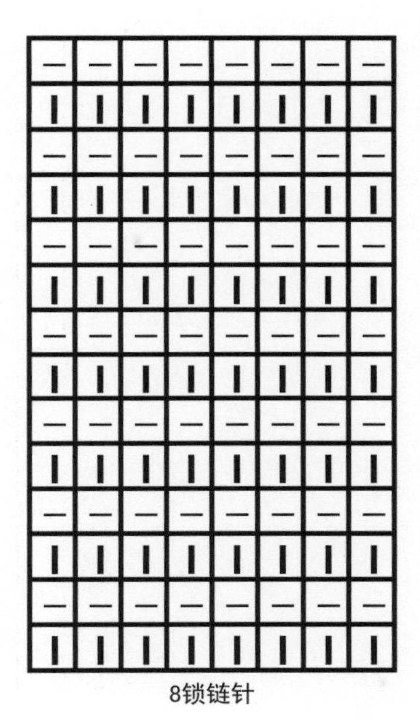

8锁链针

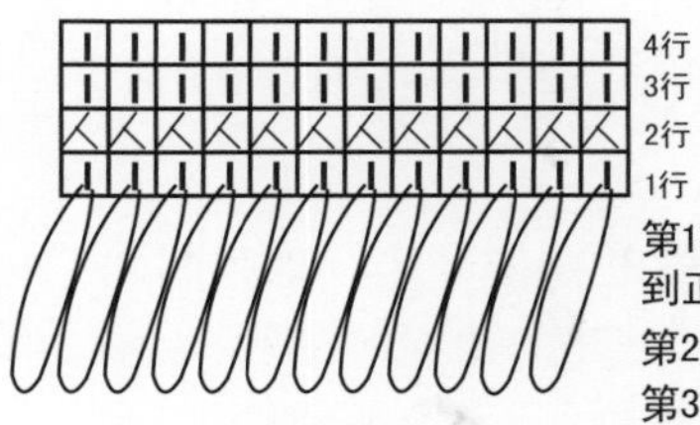

绵羊圈圈针

第1行：右手食指绕双线织正针，然后把线套绕到正面，按此方法织第2针。

第2行：由于是双线所以2针并1针织正针。

第3、第4行：织正针，并拉紧线套。

第5行以后重复第1~4行。

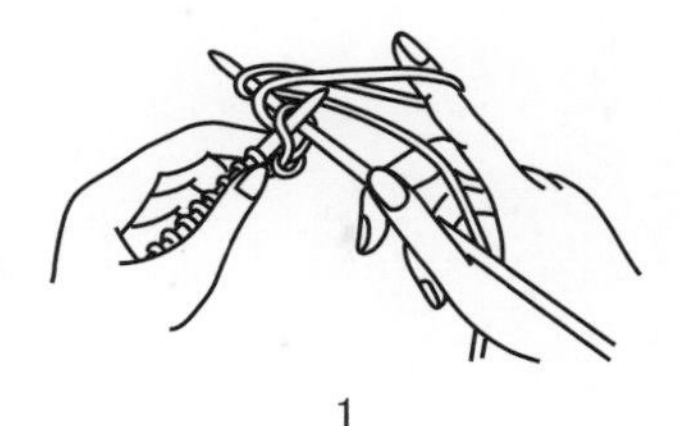

1

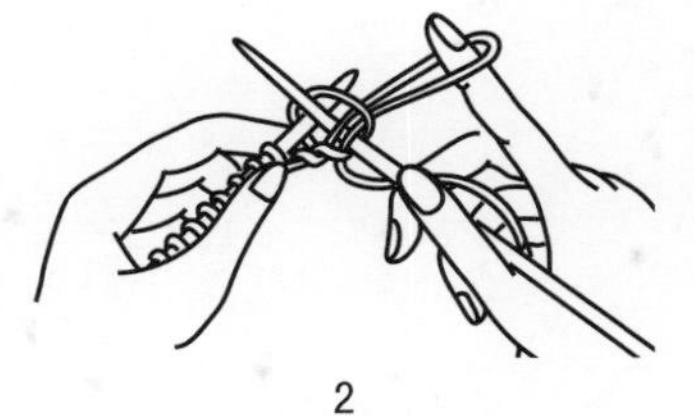

2

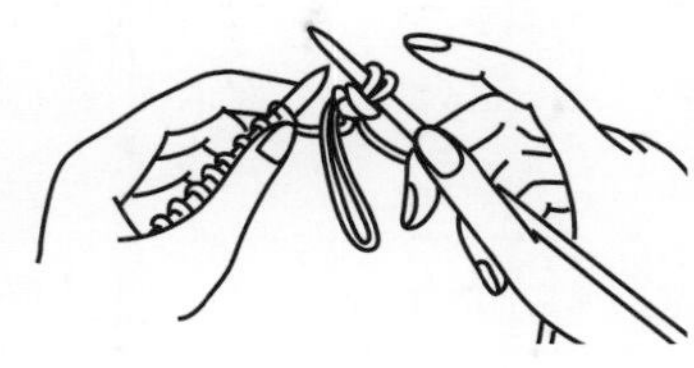

3

绵羊圈圈针

图书在版编目（CIP）数据

不减袖子织美衣 / 王春燕著. —北京：中国纺织出版社，2013.10
（编织人人会）
ISBN 978-7-5064-9917-0

Ⅰ.①不… Ⅱ.①王… Ⅲ.①女服－毛衣－编织－图集 Ⅳ.①TS941.763.2-64

中国版本图书馆CIP数据核字（2013）第179087号

责任编辑：阮慧宁　　特约编辑：刘　茸
责任印制：何　艳　　装帧设计：培捷文化

中国纺织出版社出版发行
地址：北京市朝阳区百子湾东里A407号楼　邮政编码：100124
邮购电话：010-67004461　传真：010-87155801
http://www.c-textilep.com
E-mail:faxing@c-textilep.com
北京市雅迪彩色印刷有限公司印刷　各地新华书店经销
2013年10月第1版第1次印刷
开本：889×1194　1/16　印张：12
字数：180千字　定价：39.80元

凡购本书，如有缺页、倒页、脱页，由本社图书营销中心调换